U0157684

海绵城市遥感监测

邵振峰 张红萍 著

科学出版社

北京

内 容 简 介

针对当前海绵城市建设的需求和进展，本书系统分析海绵城市遥感监测的科学问题，提出海绵城市遥感监测生态模型、海绵城市下垫面遥感监测、城市水系统遥感监测、海绵城市遥感监测系统等新模型和新方法。全书共 9 章：第 1 章提出海绵城市遥感监测科学问题，第 2 章分析海绵城市遥感监测内容，第 3 章构建海绵城市遥感监测生态模型，第 4 章阐述多尺度城市下垫面遥感监测方法，第 5 章论述海绵城市土地利用空间格局遥感动态监测方法，第 6 章探讨多源遥感影像融合的海绵城市监测方法，第 7 章阐述面向城市水系统的海绵城市遥感监测方法，第 8 章介绍海绵城市遥感监测系统，第 9 章分享海绵城市示范区遥感监测应用实践。

本书可作为遥感、地理信息、测绘、规划、水务、环保和地学等领域的本科生和研究生及教师的参考书，也可作为城市信息化相关专业科研工作人员学习或研究海绵城市的参考资料。

图书在版编目（CIP）数据

海绵城市遥感监测/邵振峰，张红萍著.—北京：科学出版社，2022.7
ISBN 978-7-03-071629-3

Ⅰ.① 海⋯　Ⅱ.① 邵⋯　②张⋯　Ⅲ.① 遥感技术-应用-城市建设
Ⅳ.① TU984-39

中国版本图书馆 CIP 数据核字（2022）第 032281 号

责任编辑：杨光华/责任校对：高　嵘
责任印制：彭　超/封面设计：苏　波

科 学 出 版 社 出版
北京东黄城根北街 16 号
邮政编码：100717
http://www.sciencep.com

武汉精一佳印刷有限公司印刷
科学出版社发行　各地新华书店经销
＊

开本：787×1092　1/16
2022 年 7 月第 一 版　印张：16 1/2
2022 年 7 月第一次印刷　字数：388 000
定价：**198.00** 元
（如有印装质量问题，我社负责调换）

序

邵振峰教授 2000 年至今跟随李德仁院士从事城市遥感应用研究。2019 年,他参与了我牵头的国家自然科学基金重大项目"长江经济带水循环变化与中下游典型城市群绿色发展互馈影响机理及对策研究"(41890820),负责流域、城市群和城市尺度的下垫面遥感监测研究,为长江大保护提供基础的数据支撑和遥感分析方法。

邵振峰教授将自己 20 多年来的研究整理成《海绵城市遥感监测》,这部著作是一部继往开来的创新成果。2018 年 3 月,我受邀参加了该著作成果的科技成果鉴定会;2018 年 6 月,邵振峰教授受邀参加了我作为大会主席的"第二届智慧海绵城市论坛",交流了武汉市 1990~2017 年时间序列不透水面监测成果,还交流了珠江三角洲城市群 1988~2017 年共 30 年的演进规律;2018 年 9 月,我们共同参加了在西安举办的"2018 海绵城市建设国际研讨会"并就共同关心的问题开展了研讨;2019 年 1 月,我见到了该著作的初稿。该著作继承了遥感科学的原理与认知方法,创新性地提出了海绵城市遥感监测系列新模型和新方法。该著作从分析全球城市化进程出发,总结了过度城镇化引起的城市病,剖析了海绵城市生态新理念,提出了海绵城市遥感监测科学问题。围绕如何解决这些科学问题,作者分章节重点阐述了海绵城市遥感监测内容、海绵城市遥感监测模型、多尺度城市下垫面遥感监测方法、海绵城市土地利用空间格局遥感动态监测方法、多源遥感影像融合的海绵城市监测方法、面向城市水系的海绵城市遥感监测方法、海绵城市遥感监测系统和应用实践。

城市是人类居住的主要场所,也是人类文明的结晶。当前城市环境的变化是城市可持续发展的重要挑战,城市环境监测是学术前沿和研究热点,也是联合国 2030 年可持续发展的重要内容。21 世纪是全球进一步城市化的世纪,也出现了城市热岛和内涝等城市病。十分欣慰的是作者首次完成了全国 2 米不透水面一张图专题信息,并研制了具有全自主知识产权的高分辨率遥感影像下垫面提取和监测软件,能够高效快速地为海绵城市规划和建设提供急需的下垫面基础数据。在实践的基础上,作者建立的多尺度下垫面遥感提取和监测技术体系,对中国的海绵城市建设具有重要的现实意义,对国际该方向的研究也具有重要的学术价值。

遥感大数据的特征提取和信息挖掘,方兴未艾。高分辨率对地观测是中国的重大科技专项,也是国内外同行关注的热点。遥感大数据的挖掘、人工智能和深度学习模型日新月异,邵振峰教授自主开发分析模型和软件系统,创立应用基础理论,不断开拓应用新领域,开展基于多源遥感影像的城市不透水面遥感监测。多尺度不透水面对海绵城市和生态城市的贡献,值得期待。

特此作序。

夏 军

中国科学院院士

2022 年 2 月

前　言

　　广义的海绵城市是指建设新一代城市生态管理系统，是希望城市能够像海绵一样，在适应环境变化和应对自然灾害方面具有良好的"弹性"，下雨时能够积水、蓄水、净水，在需要时把积存的雨水释放出来加以利用。

　　海绵城市的规划和建设旨在解决当前城市内涝灾害、雨水径流污染、水资源短缺等突出问题，有利于修复城市水生态环境，还可以带来综合生态环境效益。如通过城市植被、湿地、坑塘、溪流的保护和修复，可增加城市"蓝""绿"空间，减少城市热岛效应，改善城市人居环境。同时，为更多生物特别是水生动植物提供栖息地，提高城市生物多样性水平。

　　海绵城市的建设是解决我国水环境问题的客观需求，目前我国城市水环境面临诸多问题："逢雨必涝、雨停即旱"、水资源缺乏、径流污染与合流制污水溢流所带来的面源污染等。以往中国水污染治理行业更强调的是点对点治理，未来必然向流域治理、城市水系统的综合解方案的面源或立体治理模式发展。海绵城市的规划和建设符合这一发展趋势，是绿色可持续发展的城市水环境系统解决方案。

　　建设海绵城市，关键在于不断提高"海绵体"的规模和质量，包括最大限度地保护城市自然的河湖和湿地等"海绵体"不受开发活动的影响，通过综合运用物理、生物和生态等手段让城市受到破坏的"海绵体"逐步修复，维持一定比例的城市生态空间。同时，建成区的海绵城市建设又需要细化到城市建筑、小区、道路、绿地与广场等建设载体。"绿色"屋顶在滞留雨水的同时还起到节能减排、缓解热岛效应的功效，如何让城市屋顶"绿"起来？可以把哪些城市道路和广场改为透水铺装？哪些城市绿地可以"沉下去"？城市下垫面环境"海绵效应"究竟怎么样？诸如此类的海绵城市生态本底调查、海绵布局规划、建设效应分析等问题，可以从遥感的视角开展监测和评估。

　　全书共9章：第1章是海绵城市遥感监测概述，提出海绵城市遥感监测科学问题，分析海绵建设遥感监测对象；第2章阐述海绵城市遥感监测内容，分析海绵城市建设遥感监测需求，提出海绵城市遥感监测技术的关键问题，剖析海绵城市下垫面遥感监测关键技术；第3章阐述海绵城市遥感监测生态模型，提出海绵城市生态学碳水通量遥感监测模型、海绵城市下垫面遥感观测和信息表达模型、海绵城市生态学遥感监测生态模型；第4章阐述多尺度城市下垫面遥感监测方法，介绍像元尺度、亚像元尺度、对象尺度及景观尺度的城市下垫面遥感监测方法；第5章论述海绵城市土地利用空间格局遥感动态监测方法，介绍海绵城市土地利用空间格局用地模式，并分享基于中低分辨率影像、基于高分辨率遥感影像的海绵城市下垫面遥感监测方法；第6章阐述多源遥感影像融合的海绵城市监测方法，介绍海绵城市多源遥感影像融合的基本方法，阐述海绵城市多源遥感影像时空谱融合方法，也介绍基于多源遥感影像融合的海绵城市下垫面动态监测方法、基于空-天-地联合的海绵城市建设成效遥感监测方法；第7章论述面向城市水系统的海绵城市遥感监测方法，分析海绵城市水系统及要素遥感监测技术，介绍海绵城市水系统要素遥感监测方法，并分享城市水系统洪涝承载力遥感评估案例；第 8 章介绍海绵城市遥感监测系统，分析海绵城市遥感监测系统建设需求，讨论海绵城市不同阶段遥感监测任务，总结海绵城市典型专题的遥感监测业务，设计海绵城市遥感监测系统的建设思路，分享海绵城市遥感监测系统建设实践；第 9 章分享海绵城市示范区遥感监测应用实践，剖析海绵城市示范区建设阶段的遥感监测需求，并以武汉市为例，介绍海绵城市遥感监测内容及监测实践，分析海绵城市遥感监测面临的挑战。

本书是国家自然科学基金、国家重大科技专项、测绘基金的成果结晶。具体资助项目如下所示。

（1）国家自然科学基金重大项目"长江经济带水循环变化与中下游典型城市群绿色发展互馈影响机理及对策研究"（项目编号：41890820）。

（2）国家自然科学基金重大项目"陆表智慧化定量遥感的理论与方法"课题"辐射能量平衡参量跨尺度智慧反演"（课题编号：42090012）。

（3）国家自然科学基金面上项目"融合高分辨率遥感影像和 LiDAR 数据的城市复杂地表不透水面提取方法"（项目编号：41771454）。

（4）香港研究资助局基金项目"Continuous multi-angle remote sensing data: Feature extraction and image classification"（No.14611618）。

（5）云南省重点研发计划（科技入滇专项）"融合天-空-地多源高空间-光谱遥感影像的城市不透水面提取及海绵城市监测应用"（项目编号：2018IB023）。

（6）教育部新世纪优秀人才支持计划"高分辨率遥感影像处理与分析"（项目编号：NCET-12-0426）。

（7）湖北省自然科学基金杰青项目"基于车载对地观测传感网的城市环境移动监测关键技术与应用"（项目编号：2013CFA024）。

（8）江西省 03 专项及 5G 项目"自然资源大数据平台研究与应用"（项目编号：20212ABC03A09）。

（9）珠海市产学研合作项目"基于高分卫星和无人机遥感的城市违章建筑智能检测系统研发及产业化"（项目编号：ZH22017001210098PWC）。

（10）中国气象科学院灾害天气国家重点实验室开放基金项目"郑州 7·20 特大暴雨城市内涝过程模拟中的尺度效应研究"（项目编号：2021LASW-A17）。

（11）武汉大学知卓时空智能研究基金项目"融合时空大数据和水文水动力学模型过程模拟的洪灾城市易涝点计算"（项目编号：ZZJJ202202）。

本书由我任主编，博士后张红萍参与撰写。夏军院士对本书做了审阅，提出了许多宝贵意见，谨此表示感谢。团队已博士毕业的刘冲副研究员为第 3 章的内容提供了支撑成果，博士后胡滨参与了高光谱遥感影像监测透水铺装空间分布的实验，我的研究生吴文福、庄庆威、徐小迪、王志强、熊婉华、周紫凡、张雅参与了部分章节的成果整理工作，在此一并表示感谢。

由于学识和时间有限，书中难免存在不足之处，欢迎读者批评指正。

邵振峰

2022 年 2 月

目　　录

第1章　海绵城市遥感监测概述

　　海绵城市是一个生态理念，通常是指采用"渗、滞、蓄、净、用、排"六位一体的措施，旨在实现城市化发展过程中水安全、水资源、水生态、水环境、水景观等城市水问题的系统治理。海绵城市理念与国际上更早出现的低影响开发、可持续排水计划、水敏感性城市等理念类似，也是为应对"城市内涝"等城市病而提出的一项城市生态可持续发展战略。

　　海绵城市本身是一项涉及规划、建设、运行维护的系统工程。调查城市渍涝点分布特征及城市黑臭水体等典型水问题，客观评估海绵城市建设动态进程中城市水文效应，是支撑全域系统推进海绵城市建设的关键科学问题。不同城市韧性能力及生态本底的差异，决定了城市水问题的严峻程度及其变化趋势的差异。多平台、多传感器及多尺度的遥感监测技术在海绵城市规划、设计、建设及运行维护等全生命周期中具有广泛的应用潜力。

　　本章为海绵城市遥感监测概述，分析全球城市化进程，剖析过度城市化引起的城市水问题，阐述海绵城市生态理念，提出海绵城市遥感监测科学问题，描述海绵城市建设遥感监测对象。

1.1　城市化进程

　　城市作为人类居住的主要载体，处于不断变化过程中（沈建国，2000）。当前，城市环境的变化是城市可持续发展的重要挑战，城市环境监测是学术前沿和研究热点，也是联合国 2030 年可持续发展目标的重要内容。21 世纪是全球进一步城市化的世纪，出现了一些诸如城市热岛、交通拥挤、环境恶化等城市病。本节将介绍城市化的概念和特点，分析全球城市化发展历程和趋势，以及中国城市化发展进程。

1.1.1　城市化概念和特点

　　城市化（urbanization），最早出现在 1867 年西班牙巴塞罗那城市规划师 Ildefons Cerdà 编著的《城市规划概论》一书中（Puig，1995）。诺贝尔经济学奖得主 Kuznets（1972）将城市化进程定义为"城市和乡村之间的人口分布方式的变化"。中国社会科学院版本的《城市经济学》中定义"城市化，系指人类进入工业社会时代，社会经济发展开始了农业活动比重逐渐下降而非农业活动的比重逐渐上升的过程"（中国社会科学院研究生院城乡建设经济系，2001）。

　　城市化，也称城镇化，是一个人口持续向城镇集中的过程（郑菊芬，2009）。城镇化形成的以"城市""城镇"为支撑的二元结构，是统筹城乡发展方式转型的重大课题（迟

福林 等，2010）。本书中，统一将"城市化""城镇化"称为"城市化"。当今世界，发达国家城市化程度普遍较高，以中国为代表的发展中国家是全球城市化的主力。

广泛的非城镇人口持续向城镇流动，是城市化持续发展的动力。然而，大量人口涌入城市，必定会带动城市规模的持续扩张。受城市资源、环境容量等制约，城市扩张到一定阶段，不可避免地出现诸如交通拥挤、环境恶化、城市内涝等典型"城市病"。虽然世界城市化以聚集为主，但其分散发展趋势越来越明显。尤其是在发达国家，大城市中心区的吸引力不断下降，导致城市经济和人口向外围或者小城市区域迁移和扩散（沈建国，2000）。

从城市水文学角度看，以自然地表持续向不透水面转化为代表的城市化进程，必然会对城市原有的水资源、水环境、水生态及水安全等产生一定的影响。例如：城市建成区广泛覆盖的高比率的不透水面，会削弱地表下渗能力、增大降水产流量；城市鳞次栉比的建筑、交织的路网，会加速城市地表汇流过程；除此之外，地下空间（如停车场、轨道交通、商业综合体等）的出入口，成为城市地表汇流的潜在泄洪口。

全面提升城市化质量是新型城市化的内在要求（李爱民，2013）。从平安城市、韧性城市、生态城市等可持续发展视角来看，城市发展需要正视城市自然环境、资源及城市动态发展的优化资源配置对人类活动承载能力的限制。总之，需要理性地控制城市的过度扩张。

1.1.2 全球城市化发展历程和趋势

城市化是全球经济发展的重要趋势之一。城市人口占有率一般采用城市人口相对包括农村人口在内的总人口占有比率来计算。城市人口占有率是衡量一个地区、国家甚至全球尺度的城市化程度的指标之一。世界城市化起步于18世纪中叶开始的工业革命，到20世纪末，世界城市化水平已达到47.2%（叶裕民，2004）。从发展时期来看，全球城市化主要经历了18世纪与19世纪、20世纪、21世纪三个重要时期（童庆禧，2016）（表1.1）。

表 1.1　世界城市化率发展时期

项目	第一时期（18世纪、19世纪）			第二时期（20世纪）		第三时期（21世纪）	
	1800年	1850年	1861年*	1900年	1950年	2000年	2017年**
城市化率/%	5.1（叶裕民，2004）	6.3（叶裕民，2004）	7.8（童庆禧，2016）	13.3（叶裕民，2004）	29.6（UN DESA，2019）	46.7（UN DESA，2019）	54.8（UN DESA，2019）

注：*1861年，英国城市化率已达62.3%，法国城市化率为28.9%，美国城市化率仅为19.8%

　　**2017年，美国城市化率为82.06%，英国城市化率为83.14%，法国城市化率为80.18%，德国城市化率为77.26%，日本城市化率为91.54%，中国城市化率为57.96%

联合国经济和社会事务部（United Nations Department of Economic and Social Affairs，UN DESA）公布的《世界城市化趋势：2018年修订版》（World urbanization prospects: The 2018 Revision）显示，当今世界，居住在城市中的人口占总人口的55%，预计到2050年，全球城市化率有望达68%，这其中近90%的城市化率增长来自亚洲和非洲（UN DESA，2019）。1950～2030年世界城市化发展变化迅速，到2030年全球新增城市面积将达到120万km²，其中近乎一半的贡献来自亚洲，尤其是中国和印度等发展中国家（图1.1）。

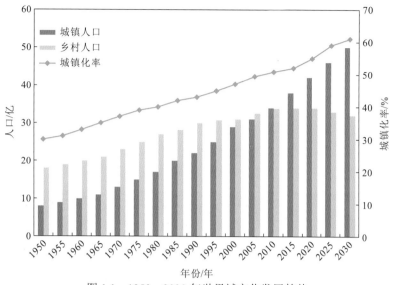

图 1.1　1950～2030 年世界城市化发展趋势

重绘自 UN DESA（2018）

1.1.3　中国城市化发展进程

自 1978 年改革开放以来，中国城市化率以每年超过 1% 的速度不断上升，中国成为了全球城市化速度最快、城市化规模最大的国家之一（图1.2）。其中，1978 年，中国城市人口占总人口的 17.90%；2016 年，中国城市人口占总人口的 57.35%；2018 年底，中国城市人口占总人口的 59.60%；2019 年，中国城市人口占总人口的 60.60%；2020 年，中国城市人口为 9.0 亿，占总人口的 63.89%[①]。

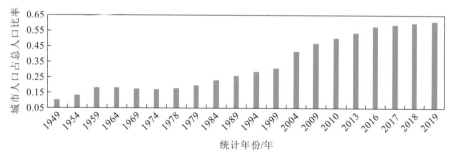

图 1.2　1949～2019 年中国城市人口占总人口比率分布情况

数据来自《中国统计年鉴 2020》

城镇面积变化趋势也可以反映城市化发展进程。据国家遥感中心全球生态环境遥感监测报告显示，截至 2010 年，中国城镇总面积为 16.1 万 km^2，是 1985 年的 20 倍，仅次于美国，位居全球第二位。以武汉市为例，1952 年，武汉市建成区面积仅为 37.7 km^2；2018 年底，武汉市建成区面积增至 723.74 km^2（表 1.2）。

① 引自：国家统计局. 第七次全国人口普查. http://www.stats.gor.cn/ztjc/zdtjgz/zgrkpc/dqcrkpc/.

表 1.2 1952 年、2009 年、2018 年武汉市建成区面积及城镇人口情况

年份/年	建成区面积/km²	城镇人口数/万人
1952	37.7	131
2009	475	910
2018	723.74	1 108

注：数据来自《中国统计年鉴 2020》

一方面，城市内部已建区域的开发强度增大。以 2003 年、2013 年、2020 年 Google Earth 武汉市汉阳地区墨水湖周边遥感影像组图（图 1.3～图 1.5）为例，城市不透水地表及人工构筑物的面积和密度明显增大，城市建筑物高度显著增高。

图 1.3 2003 年武汉市汉阳地区墨水湖周边遥感影像

图 1.4 2013 年武汉市汉阳地区墨水湖周边遥感影像

另一方面，在我国异地搬迁、扶贫安置等政策影响下，部分村镇建成区的面积也呈现出一定的增加趋势。图 1.6 为甘肃省白银市平川区黄峤镇神木头村易地搬迁点建设前后的遥感影像。

张翰超等（2018）利用航空影像，以及 IKONOS、SPOT-5、WorldView-1、WorldView-2、天绘一号、ZY-3 等卫星影像，结合目视解译方法提取出了 2000 年、2005 年、2010 年、2015 年中国 31 个省会城市（不含港澳台）建成区边界（图 1.7）。可以看出，2000～2015

图 1.5　2020 年武汉市汉阳地区墨水湖周边遥感影像

（a）神木头村迁入地建设前遥感影像

（b）神木头村迁入地建设后遥感影像

图 1.6　甘肃省白银市平川区黄峤镇神木头村易地搬迁建设前后遥感影像

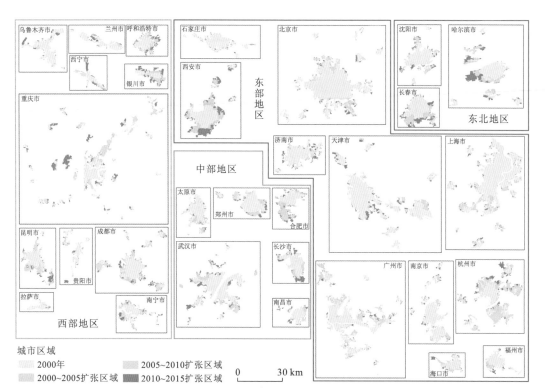

图 1.7　2000～2015 年中国 31 个省会城市（不含港澳台）区域分布和扩展状况

年期间，中国省会城市的面积持续增长。其中，东部省会城市的建成区扩张速度逐步放缓；西部、东北地区省会城市的建成区面积扩张速度较快；中部省会城市的建成区处于稳步扩张状态。

城市化是全球经济发展的重要趋势。城市用地规模增长弹性系数是反映城市化发展协调程度的重要指标（李爱民，2013），该系数利用城市建设用地面积增长率与城市人口增长率的比值来计算，国际上公认阈值为1.12。本书以城市建成区面积增长率来代表城市建设用地面积增长率，分析显示，1981~2020年，我国城市用地规模增长弹性系数为2.38，城市扩张远远快于人口城市化进程（表1.3）。其中：1981~1991年，城市用地规模增长弹性系数为1.68；1991~2001年，城市用地规模增长弹性系数为1.62；2001~2011年，城市用地规模增长弹性系数为1.67；2011~2020年，城市用地规模增长弹性系数为1.59。

表1.3　1981~2020年中国城市用地规模增长弹性系数统计表

年份	建成区面积/km²	城镇人口/万	人地协调性发展阶段信息			
			发展阶段	建成区面积增长率/%	城镇人口增长率/%	弹性系数
1981年	6 720.00	20 171	/	/	/	/
1991年	12 907.90	31 203	1981~1991年	92.08	54.69	1.68
2001年	24 192.70	48 064	1991~2001年	87.43	54.04	1.62
2011年	41 805.30	69 079	2001~2011年	72.80	43.72	1.67
*2020年	62 190.35	90 199	2011~2020年	48.76	30.57	1.59
			1981~2020年	825.45	347.17	2.38

注：*2020年的建成区面积62 190.35 km²，为《中国统计年鉴2020》发布的未包含北京市在内的建成区面积60 721.3 km²，累加《中国统计年鉴2019》中公布的北京市建成区面积1 469.05 km²得出的数值

夜光遥感也被用来监测城市社会经济活力。基于时序夜间光照遥感影像，可以建立反映城市夜间经济活动（如餐馆、酒吧和剧院等）的模型，进而可以在一定程度上预测城市经济活动的变化情况。Fu等（2017）利用1992~2012年中国DMSP/OLS夜间灯光数据，建立了反映城市夜间经济与城市化的动态模型，揭示了中国城市化和夜间经济水平，1992~2012年的增长幅度很大。

1.2　城市水问题

城市化可以在一定程度上看作自然地表向半透水面或不透水面转化的过程。过度城市化给城市水安全、水资源、水环境等带来挑战。例如，在同一场降雨事件中，不透水率为20%的汇水区对应的产流量是不透水率为5%的汇水区产流量的2倍多（Shao et al.，2019）。

1.2.1　不利水文效应

不透水面是指地表水不能渗透的人工材料硬质表面。不透水面通过改变城市下垫面组

分的性质及结构，引起地表反照率、比辐射率、地表粗糙度的变化，从而对垂直方向辐射平衡产生直接影响。这不仅改变了反射面、吸收面的性质，还改变了近地表层的热交换和地面的粗糙度，使大气的物理状况受到影响，从而改变局地微气候。相关研究显示，城市地区年平均温度相比郊区高 0.5～3 ℃，城市地区比郊区更可能出现降雨，并在城市地区出现"城市热岛""城市雨岛""城市干岛"和"城市湿岛"等现象（Ning et al., 2017）。

城市化过程将对区域水循环和水文过程产生影响，进而出现诸如城市降雨过程特征突变、城市耗散强度增大及城市产汇流过程畸变等城市化水文效应现象（刘志雨 等，2014）。其中，城市不透水面比率的变化，会从根本上改变降水的再分配过程。Arnold 等（1996）提出的全球不透水面分布影响城市生态环境模型（图1.8）显示，自然地表的径流量约为降雨量的10%，浅层土壤渗透率和深层土壤渗透率约为降雨量的25%，植被蒸散发量约占余下降雨量的40%。随着不透水面比率增加，地表径流量显著增大，浅层土壤渗透能力降低，深层土壤下渗能力锐减。尤其在不透水面比率为75%~100%的极端状态时，地表降雨产流量将达到55%，浅层土壤渗透率和深层土壤渗透率分别锐减到10%和5%。

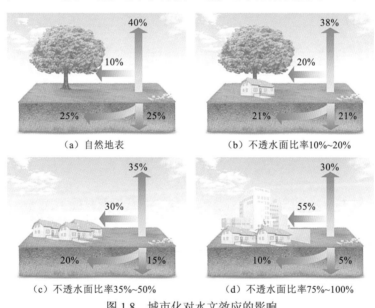

（a）自然地表　　　　　　　　　　（b）不透水面比率10%~20%

（c）不透水面比率35%~50%　　　　（d）不透水面比率75%~100%

图 1.8　城市化对水文效应的影响

重绘自 Arnold 等（1996）

1.2.2　洪涝灾害问题

洪涝灾害是世界范围内具有强大破坏力的自然灾害。极端降雨或连续暴雨事件是引发洪涝灾害的重要原因之一。人类活动会改变地球生态系统及地球下垫面环境，将会对整个大气-海洋-陆地碳水循环系统产生一定影响，进而导致全球范围内出现温度升高、极端降雨、连续干旱等气候变化事件（张建云 等，2016）。

受东亚夏季季风气候的影响，中国是世界上受洪涝灾害影响最严重的国家之一（Guha-Sapir et al.，2016；陶诗言 等，1997）。在全球气候变化背景下，中国降水长期变化总体上呈增加趋势，未来中国部分地区强降水、洪涝等极端灾害事件可能增加（刘志

雨 等，2016）。

城市内涝是城市安全及可持续发展的重要挑战。城市内涝问题出现的本质原因是城市调蓄、排水能力与城市空间范围内汇流雨量不匹配。然而，中国较多的城市依水而建，例如长江流域的成都、武汉、上海等，辽河流域的沈阳，黄河流域的兰州，珠江流域的南宁，东南诸河流域的福州（图1.9）。夏军等（2017）指出，尽可能消除城市化引起的不利水文效应、客观评估城市抵御洪涝灾害能力，是减轻我国洪涝灾害问题的重要途径。

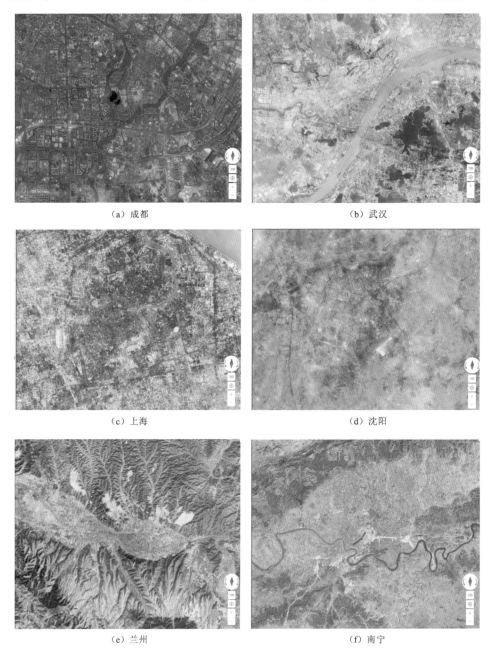

（a）成都

（b）武汉

（c）上海

（d）沈阳

（e）兰州

（f）南宁

（g）福州

图 1.9　中国干、支流沿岸建设发展的部分城市区域的遥感影像

城市内涝是制约城市可持续发展的重要因素。联合国 2030 年可持续发展目标明确提出"建设包容、安全、有抵御灾害能力和可持续的城市和人类居住区"。调动城市下垫面渗透蓄滞优势、提升城市水系抽排能力，是治理城市内涝的重要措施。一方面，需要建立适宜的调蓄排水体系，例如北美尼亚加拉大瀑布放水渠、法国巴黎的城市"下水道博物馆"、英国谢菲尔德市的地下排水隧道、德国柏林的地下水库、澳大利亚地下排水渠、日本东京的地下排水"宫殿"等，都可以称为现代城市排水系统建设的典范。另一方面，在城市建设过程中推行"留白增绿"的生态雨洪管理理念，预留出城市应对洪涝灾害的行洪蓄滞空间。

1.2.3　水环境问题

城市内的河流、湖泊、坑塘、湿地等水域，共同构成了城市水环境。工业污水、生活污水、雨污合流等是造成城市水环境水质污染的重要来源。这些污染物富含的有机物成分会造成城市水环境富营养化，进而出现蓝藻爆发、消耗水环境溶解氧、破坏水环境生态链等现象。图 1.10 为某个城市湖泊雨后打捞浮游植物后的实景图，湖泊水色透明度低，目视判断水质较差。

图 1.10　某个城市湖泊雨后打捞浮游植物后实景图

城市水体为典型的内陆水体，一般存在悬浮颗粒物、黄色物质、浮游植物等，水色光谱特征相对较为复杂。水质较好的水体的水色透明度较高。黑臭水体是一种严重而极端的水质恶化污染现象，属于劣 V 类*水体。黑臭水体一般可以理解为严重污染的水体，视觉上呈现出显著的颜色异常，嗅觉上有气味异常特征。城市生活污水、工业废水、餐饮排污、固体废弃物（如生活垃圾、建筑垃圾）的投放和堆放等是黑臭水体产生的直接原因。这些有机污染物进入水体后会大量消耗溶解氧，进而导致水体变黑变臭。此外，河床底泥污染物释放与再悬浮、水体重金属污染、水资源量不足、水环境容量低等，也是导致水体黑臭的重要原因。国务院颁布的《水污染防治行动计划》提出，到 2020 年，地级及以上城市建成区黑臭水体均控制在 10% 以内；到 2030 年，城市建成区黑臭水体总体得到消除。

1.3　海绵城市生态理念

海绵城市是治理以城市内涝为代表的城市水问题的一种综合模式[①]（张建云 等，2016），旨在促使城市水平衡回归或等价回归自然状态（夏军 等，2017）。从城市水系统循环角度来看，城市内涝是城市化引起城市水生态系统失衡的直观表现（陈晓玲 等，2016）。

1.3.1　海绵城市概念

海绵城市是指希望城市能够像海绵一样，在适应环境变化和应对自然灾害等方面具有良好的"弹性"，下雨时吸水、蓄水、渗水、净水，需要时将蓄存的水"释放"并加以利用。海绵城市建设将尊重自然、尊重生态、尊重表土、尊重水资源的城市-社会-生态系统可持续建设理念融入我国城市化建设过程中（伍业钢，2015），结合"渗、滞、蓄、净、用、排"末端控制技术，建设成自然保存、自然渗透、自然净化的城市水系统，最终实现城市水资源、水生态、水环境、水安全、水景观为一体的城市水问题系统治理。

2015 年 10 月，国务院办公厅印发了《关于推进海绵城市建设的指导意见》（国发办〔2015〕75 号），意见明确指出最大限度地减少城市开发建设对生态环境的影响，将 70% 的降雨就地消纳和利用，到 2020 年，城市建成区 20% 以上面积达到目标要求；到 2030 年，城市建成区 80% 以上的面积达到目标要求。2015 年，我国确立的首批海绵试点城市有：迁安、白城、镇江、嘉兴、池州、厦门、萍乡、济南、鹤壁、武汉、常德、南宁、重庆、遂宁、贵安新区和西咸新区。2016 年，确立的第二批海绵城市试点城市有：北京、天津、大连、上海、宁波、福州、青岛、珠海、深圳、三亚、玉溪、庆阳、西宁和固原。

---

* 我国水环境水质由高到低分为 I～V 类。其中：I 类主要适用于源头水、国家自然保护区；II 类主要适用于集中式生活饮用水地表水源地一级保护区等；III 类主要适用于集中式生活饮用水地表水源地二级保护区等；IV 类主要适用于一般工业用水区及人体非直接接触的娱乐用水区；V 类水体主要适用于农业用水区及一般景观要求水域。对于氨氮等污染浓度超过以上五类的水体，称之为劣 V 类水体。

① 引自：吴跃军，秦海峰. 中国为什么要建设"海绵城市"？人民网. http://politics.people.com.cn/n1/2019/1020/c429373-31409450.html. [2019-10-20]。

2014 年 11 月，住房和城乡建设部印发《海绵城市建设技术指南——低影响开发雨水系统构建（试行）》，要求各地结合实际，参照技术指南，积极推进海绵城市建设。该指南中定义海绵城市的专业术语为"低影响开发（low impact development，LID）雨水系统构建"。其中，海绵城市概念于 2012 年在低碳城市与区域发展科技论坛上首次被提出（满莉 等，2018）。2013 年，中央城镇化工作会议正式提出建设海绵城市。随后提出各城市可根据海绵城市的规划和建设理念，因地制宜基本形成"源头减排、管网排放、蓄排并举、超标应急"的城市排水防涝工程体系。2018 年，在西安举行的海绵城市建设国际研讨会（http://city.cri.cn/live/xixianhmcs）上：Robert Traver 表示，在 2014 年，全球已经设立了海绵城市目标，希望能够吸收再利用 70%的雨水，这就需要通过土壤、水和植被的相互作用，结合气候的关系，设计一个弹性工程系统；任南琪院士表示，美国-英国-欧洲等国家和地区的海绵城市相应的成功实践和理念对中国海绵城市建设起到了助推作用，但中国需要结合国情，建设城市水自然循环和社会循环系统并行的海绵模式，让城市像海绵一样，在适应环境和应对自然灾害方面具有良好弹性；英国帝国理工大学 Čedo Maksimović 教授认为，"海绵城市"标志着环境和生态保护进一步合作交流的良好开端，最终促进全球生态环境的健康发展。海绵城市作为一个新兴的概念，随着其影响蔓延到其他领域，将成为一个新的多学科术语（Wang et al.，2018）。

2021 年 4 月，财政部办公厅、住房和城乡建设部办公厅和水利部办公厅印发的《关于开展系统化全域推进海绵城市建设示范工作的通知》（财办建〔2021〕35 号）指出，"十四五"期间，财政部、住房和城乡建设部、水利部通过竞争性选拔，确定部分基础条件好、积极性高、特色突出的城市开展典型示范，系统化全域推进海绵城市建设，中央财政对示范城市给予定额补助，并在 2021～2023 年间确定第一批 20 个示范城市。

1.3.2 国内外生态雨洪管理理念

国际上与生态雨洪管理类似的理念有"最佳管理实践"（best management practices，BMPs）、"低影响开发"（low impact development，LID）、"可持续城市排水系统"（sustainable urban drainage system，SUDS）、"水敏感城市设计"（water sensitive urban design，WSUD）（Fletcher et al.，2015）、"多用途水服务"（multiple-used water services，MWS）（Maksimović et al.，2015）、"与水共生"（living with water）、"活跃、美丽、清洁"水计划设计导则（active，beautiful，clean waters design guidelines）等。

（1）美国雨洪管理体系——"最佳管理实践 BMPs"、"低影响开发 LID"。1977 年，美国清洁法中就引入了最佳管理实践，主要用于控制非点源污染。20 世纪 70 年代开始，美国主要依靠水塘、湿地和渗透池等末端控制措施，完成了大量的最佳管理实践工程。但是，这种措施存在投入太大、效率不高、实施困难等问题。20 世纪 90 年代初，马里兰州在充分总结末端集中控制设计及传统灰色排水设施存在的诸多不足后，第一次提出了低影响开发理念。该理念强调充分结合小型生态措施实现水环境污染的源头控制，进而在生态修复中充分兼顾经济性与环保性。

（2）英国雨洪管理计划——"可持续城市排水系统 SUDS"计划。英国在美国最佳管理实践的基础上形成了可持续城市排水系统。20 世纪 90 年代，英国政府专门颁布包括城市洪涝控制、水环境保护等相关法律法规来推动可持续发展。排水系统规划相关管理部门逐步认识到控制地表径流也需要考虑水质、水量、生态景观等问题。可持续发展理念逐渐扩展到源头、传输、末端等各个环节。英国建筑服务研究与信息协会为可持续城市排水系统制定了系列手册。在英国政府出台的关于城市开发洪涝风险规避相关规划政策中，都写入了可持续排水理念，并且结合规划过程控制、雨水排放许可监管、建设维护管理三种机制推行可持续城市排水系统保障措施。英国帝国理工大学 Maksimović 等（2015）在蓝绿梦想计划（blue green dream project，BGD）理念上提出"多用途水服务"，它是一种高效的城市环境规划与管理新供水范式。一方面，可以实现最大化的生态系统服务，最小限度地减少环境足迹，提高城市应对不断变化的气候、人口和社会经济条件的适应能力；另一方面，与大多数能源效率或绿色项目不同的是，BGD 多用途水服务结合自上而下规划和自下而上群众主动性推动模式，而不是采用自上而下由政府推动模式。因此 BGD 能够更有效地保证资源管理和目标效率。

（3）澳大利亚的"水敏感城市设计"。澳大利亚在 20 世纪 90 年代左右就主张根据水文循环的敏感性来进行城市规划和设计的水敏感城市设计理念。水敏感城市设计理念是将城市的规划设计与城市水文环境的保护、修复及管理相结合，并进行资源整合，提高城市可持续发展能力，进一步提升人类生活环境。水敏感城市设计理念以追求更经济适用、对环境的综合性管理影响较小的措施，来实现对污水、洪水、雨水的资源化和效率化管理。

（4）其他代表性国家雨洪管理体系。新西兰形成的较为完整的现代雨洪管理体系为低影响城市设计与开发（low impact urban design and development，LIUDD）。低影响城市设计与开发理念的核心特征是强调自然，即政府在颁布相关立法、规划时更加注重自然。2000 年，新西兰奥克兰大区政府颁布了"低影响设计"指南。该指南更加强调利用非技术性手段，例如要重点配合跨专业跨学科与自然水文要素的融合，尽量减小对环境的影响来进行城市规划和开发，从而实现城市低影响雨洪资源化管理。德国也比较注重雨洪管理系统管理及低影响开发技术的推广与应用。比如，德国绿色屋顶应用率已达 10%以上。除此之外，德国在减排、雨水利用等各方面也较为突出，已经形成和发展了雨洪管理体系，强调"水敏感城市设计"必须融合城市水循环的各个子系统，在城市设计原则下充分整合经济、生态及文化、社会等各个层面。

（5）海绵城市与其他类似城市雨洪管理理念的对比。我国提出的"海绵城市"吸收了低影响开发、雨洪资源化利用、社会生态系统等先进理念。海绵城市优先利用"绿色"基础设施，并联合"灰色"雨水基础设施，共同构建起应对洪涝灾害的弹性城市（车伍 等，2015）。

1.3.3 城市海绵体主要类型

海绵体是构成海绵城市的基本单元，是城市规划、城市改造过程中的海绵工程建设实体（俞孔坚，2015）。本小节按照《海绵城市建设技术指南——低影响开发雨水系统构建》，主要介绍以下 16 种典型海棉体。

1. 透水铺装

透水铺装（图 1.11）内部构造由一系列与外部空气相通的多孔结构形成骨架，用以满足路面压力和耐久度的要求。透水铺装主要包括透水砖铺装、透水水泥混凝土铺装和透水沥青混凝土铺装。其中，透水砖铺装和透水水泥混凝土铺装主要适用于广场、停车场、人行道及荷载较小的道路，透水沥青混凝土路面可用于机动车道。

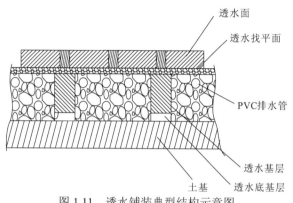

图 1.11　透水铺装典型结构示意图

2. 绿色屋顶

绿色屋顶（图 1.12）也称为种植屋面、屋顶绿化等，适用于符合屋顶荷载、防水等条件的平屋顶建筑和坡度小于等于 15°的坡屋顶建筑。绿色屋顶作为绿色基础设施重要组成部分之一，能有效缓解热岛效应、减少建筑能耗、削减暴雨径流，从而引起人们的广泛关注。

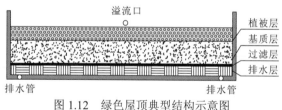

图 1.12　绿色屋顶典型结构示意图

3. 下沉式绿地

下沉式绿地（图 1.13）相当于一个小型的蓄水库。雨水通过绿地下渗，在过滤了雨水表面径流的污染物的同时，还能够保证地下水不被污染，从而达到促进城市内部水循环的目的。

4. 生物滞留设施

生物滞留设施是指在地势较低的区域，通过植被、土壤和微生物系统蓄渗、净化径流雨水的设施。生物滞留设施分为简易型生物滞留设施（图 1.14）和复杂型生物滞留设施（图 1.15），按照应用位置不同，又分为雨水花园、生物滞留带、高位花坛、生态树池等。复杂型生物滞留设施的结构层外侧及底部应设置透水土工布，防止周围原土侵入。

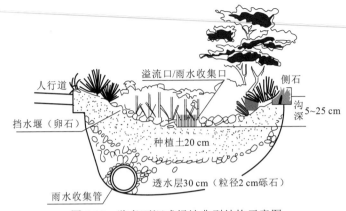

图 1.13 狭义下沉式绿地典型结构示意图

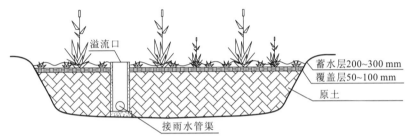

图 1.14 简单型生物滞留设施典型构造图

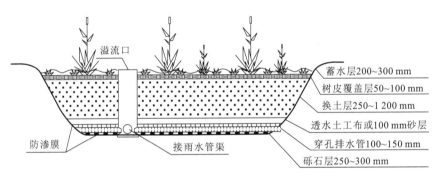

图 1.15 复杂型生物滞留设施典型构造图

生物滞留设施具有雨洪调控功能和较强的径流调蓄效果，同时也塑造了良好的景观视觉效果。生物滞留设施作为公园绿地海绵化改造的重要一环，将有效地提升场地的生态功能，同时也为场地增添了美妙的景观和适宜的空间，主要适用于建筑或小区内建筑、道路及停车场的周边绿地，以及城市道路绿化带等城市绿地内。

5. 渗透塘

渗透塘（图 1.16）是一种用于雨水下渗补充地下水的洼地，具有一定的净化雨水和削减峰值流量的作用。渗透塘主要适用于汇水面积较大（大于 1 hm²）且具有一定空间条件的区域，但应用于径流污染严重、设施底部渗透面距离季节性最高地下水位或岩石层小于1 m、距离建筑物基础小于 3 m（水平距离）的区域时，应采取必要的措施防止次生灾害。渗透塘设置有前置塘、沉泥区等预处理设施，用来去除大颗粒的污染物并减缓流速。

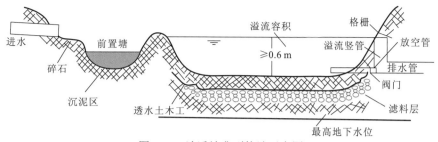

图 1.16　渗透塘典型构造示意图

6. 渗井

渗井（图 1.17）是通过井壁和井底进行雨水下渗的设施。渗井主要适用于建筑与小区内建筑、道路及停车场的周边绿地内。渗井的水源应通过植草沟、植被缓冲带等设施对雨水进行预处理，且出水管的内底高程应高于进水管管内顶高程，但不应高于上游相邻井的出水管管内底高程。当应用于径流污染严重、设施底部距离地下水位或岩石层小于 1 m 及建筑物基础小于 3 m（水平距离）的区域时，应采取必要措施防止发生次生灾害。

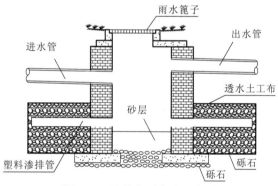

图 1.17　渗井典型构造示意图

7. 湿塘

湿塘（图 1.18）是指常年保持一定水域面积且具有拦截、临时蓄存径流雨水，并通过限制最大流量的排水口慢慢将其引入雨水排放系统或受纳水体等功能的低洼区。湿塘一般由进水口、前置塘、主塘、溢流出水口、护坡及堤岸、维护通道等构成。湿塘适用于建筑小区、城市绿地、广场等具有空间条件的区域，受纳汇水面积不宜小于 4 km^2（王浩程 等，2019）。

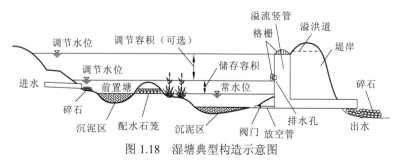

图 1.18　湿塘典型构造示意图

8. 雨水湿地

雨水湿地（图 1.19）是指通过模拟天然湿地的结构，人为建造的以雨水沉淀、过滤、净化和调蓄及生态景观功能为主，由饱和基质、净水植被和水体组成的复合体。雨水湿地一般设计有一定的储存容积，同时还可与湿塘等合建并设计一定的调节容积。为了常年保持一定的水域面积，雨水湿地需要相对比较大的汇水面，面积至少应为 4 hm² （孙玉童 等，2020）。雨水湿地适用于具有一定空间条件的建筑小区、城市绿地、滨水带等区域。

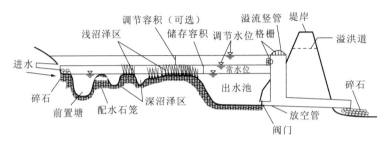

图 1.19　雨水湿地典型构造示意图

9. 蓄水池

蓄水池是指用人工材料修建、具有防渗作用的蓄水设施，是重要的雨水蓄积工程设施。蓄水池适用于有雨水回用需求的建筑与小区、城市绿地等，但需结合回用用途，配建相应的雨水净化设施；不适用于无雨水回用需求和径流污染严重的地区，切忌在散粒体、坡积物、滑坡体、裂隙发育的乱石上建池。

10. 雨水罐

雨水罐也称雨水桶，为地上或地下封闭式的简易雨水集蓄利用设施，多适用于单体建筑屋面的雨水收集利用。雨水罐适用于用地密度极高的城市中心区域，其与屋顶落水管直接连接，用于拦截、存储由建筑屋顶产生、排放的雨水。

11. 调节塘

调节塘（图 1.20）也称干塘，以削减峰值流量功能为主，一般由进水口、调节区、出口设施、护坡及堤岸构成，也可通过合理设计使其具有渗透功能，起到一定的补充地下水和净化雨水的作用。调节塘作为重要的地上生态型调节设施，主要功能为调控径流洪峰。调节区深度一般为 0.6～3 m，塘中可以种植水生植物以减小流速、增强雨水净化效果，调节塘适用于建筑与小区、城市绿地等具有一定空间条件的区域（朱一文 等，2020）。

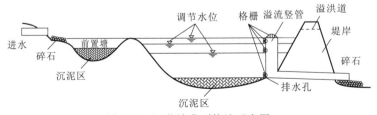

图 1.20　调节塘典型构造示意图

12. 植草沟

植草沟是指有植被的地表沟渠，可收集、输送和排放径流雨水，并具有一定的雨水净化作用，可用于衔接其他各单项设施、城市雨水管渠系统和超标雨水径流排放系统。植草沟适用于建筑与小区内道路，广场、停车场等不透水面的周边，城市道路及城市绿地等区域，也可作为生物滞留设施、湿塘等低影响开发设施的预处理设施。植草沟最大流速应小于 0.8 m/s，曼宁系数宜为 0.2～0.3，转输型植草沟内植被高度宜控制在 100～200 mm。

13. 渗管/渗渠

渗管/渗渠（图 1.21）是指具有渗透功能的雨水管、雨水渠。渗管/渗渠适用于建筑与小区及公共绿地内转输流量较小的区域，不适用于地下水位较高、径流污染严重及易出现结构塌陷等雨水不宜渗透的区域。

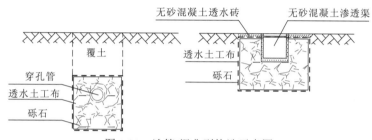

图 1.21　渗管/渠典型构造示意图

14. 植被缓冲带

坡度较缓的植被区，经植被拦截及土壤下渗作用可以减缓地表径流流速，并去除径流中的部分污染物。利用不同植被对土壤养分吸收能力的互补性和对面源污染的截留、过滤能力，在汇流区和集水区之间建立合理的林带或草地过滤带，可以有效地减少地表和地下径流带来的非点源污染物。植被缓冲带（图 1.22）可作为生物滞留设施等低影响开发设施的预处理设施，也可作为城市水系的滨水绿化带。

15. 初期雨水弃流设施

初期雨水弃流设施（图 1.23）是指通过一定方法或装置将存在初期冲刷效应、污染物浓度较高的降雨初期径流予以弃除（例如排入市政污水管网或排入雨污合流管网）的设施。降雨前期 2～5 mm 的初期雨水一般污染严重，该部分雨水宜弃流后排入市政污水处理系统集中处理。常见的初期弃流方法包括容积法弃流、小管弃流（水流切换法）等，弃流形式包括自控弃流、渗透弃流、弃流池、雨落管弃流等。

16. 人工土壤渗滤

人工土壤渗滤主要作为蓄水池等雨水储存设施的配套雨水设施，以达到回用水的水质指标。人工土壤渗滤设施的典型构造可参照复杂型生物滞留设施，适用于有一定场地空间条件的建筑、小区及城市绿地。

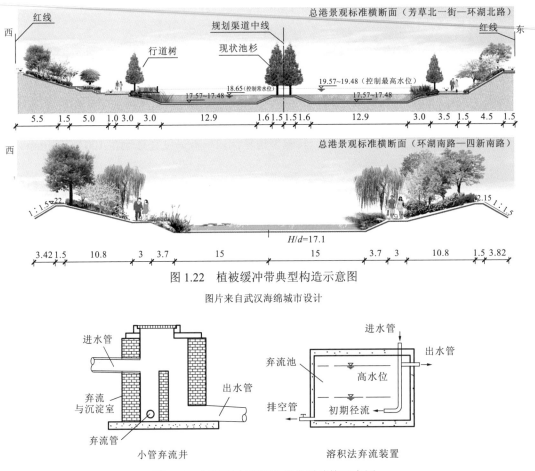

图 1.22 植被缓冲带典型构造示意图

图片来自武汉海绵城市设计

图 1.23 初期雨水弃流设施典型结构示意图

1.3.4 城市海绵体空间分布形式

对城市内部建筑和小区、道路、绿地公园、城市水系等场地构建的渗透性地面、绿色屋顶、雨水花园、蓄水池、植草沟等海绵体（图 1.24），其目标是实现雨水资源的渗透、蓄滞和资源化利用。即将雨水"留"在城市地表土壤地层中，"留"在城市生态涵养及植物生息的生态环境中，"留"在城市江河湖库水系统循环中。

海绵城市给人们的直观感受，莫过于让城市更加生态、田园、自然、亲民；海绵城市也可以用"小雨不湿鞋、大雨渍水少"，空气更清新、土壤更湿润、生态更有活力来直观描述。

1. 城市建筑与小区

城市建筑与小区的屋顶、道路、植被、景观、排水系统等，都是海绵建设的主要场地。建筑屋面和小区路面径流雨水应通过有组织的汇流与转输，经截污预处理后引入以雨水渗透、储存、调节等为主要功能的低影响开发设施。因空间限制等原因，不能满足控制目标的建筑与小区，径流雨水可以通过城市雨水管渠系统引入城市绿地和广场内

（a）公共广场海绵体——下沉式绿地　　　　（b）小区海绵体——透水铺装及下沉式绿地

（c）公园海绵体——海绵绿地与公园　　　　（d）建筑海绵体——雨水花园

图 1.24　不同场景的海绵体

的低影响开发设施。小区绿地和景观水体优先设计生物滞留设施、渗井、湿塘和雨水湿地等。城市建筑与小区低影响开发雨水系统的典型流程示例如图 1.25 所示。

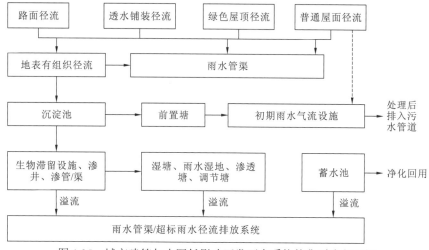

图 1.25　城市建筑与小区低影响开发雨水系统的典型流程示例

小区是城市地区降雨产汇流的主要源头。小区一般具有规则分布的建筑物和一定面积的公共空间。小区作为海绵建设的主要场地，主要结合道路透水化铺装、下沉式绿地建设、雨水花园建设等措施，提升小区地表的渗透能力。对于排水能力较弱的小区，还需要对应提升排水系统中子汇水面的雨水收集、小区地表的雨水排水能力。对于雨污合流的小区，还宜对排水系统进行雨污分流改造。图1.26是某小区海绵城市建设前后的效果图。

（a）建设前　　　　　　　　　　　　　　（b）建设后

图1.26　某小区海绵城市建设前后效果图

在降雨过程中建筑物屋顶一般会直接产流。屋顶的雨水沿着建筑物顶面或导水槽汇聚，最终通过雨落管流向地面。在大型城市的中心城区，建筑物一般占有不透水面的面积的30%左右。因此，增强建筑物屋顶渗透净化、雨水资源收集能力，能在一定程度上控制降雨径流量。

然而，对于屋顶的"绿色"改造（图1.27），需要考虑建筑承重力、屋顶防水等问题。尤其在对以个人或公司拥有产权的建筑进行改造时，还需要考虑与房屋产权人进行协调的成本。因此，在海绵城市改造中，绿色屋顶的推广难度较大。

（a）绿色屋顶种植图一　　　　　　　　　（b）绿色屋顶种植图二

图1.27　屋顶雨水花园

实施绿色屋顶改造项目时，需要从屋顶坡度、屋顶面积、屋顶配置种植所需种植环境，如土壤、设备的重量、成型植物的重量等方面进行综合评估。一般考虑屋顶适宜改造的面积、承重能力及具体的植物选型等问题。绿色屋顶还宜配合雨水罐或蓄水池等储水设施联合使用。例如，绿色屋顶收集的雨水首先会通过屋顶截留设施（如绿色屋顶等雨水收集系统）进行收集，溢流的雨水才会流向排水系统。

雨水其实是一种非常宝贵的资源。在我国部分城市面临比较严重的缺水问题的背景下，对具有条件的建筑体设计雨水收集系统具有现实意义。屋顶收集的雨水可以用来浇灌植物、洗车、冲洗厕所等。在雨水资源化利用方面，建筑物屋顶雨水收集系统（图 1.28）设计雨水罐等蓄水设施的布署方案时，需要考虑雨水罐在储满水后的重量，考虑将其安装在建筑物顶部、侧面还是建筑物底部地表，或者将其掩埋在地下。同时，还需要结合收集雨水的用途，考虑配置相应的净水设备等。

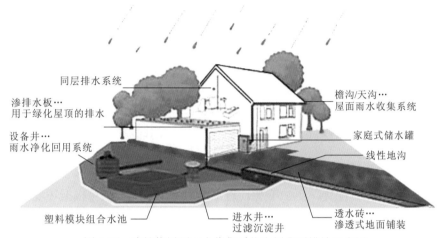

图 1.28　建筑物屋顶雨水收集系统布署典型措施示意图

2. 城市道路

城市道路径流雨水应通过有组织的汇流与转输，经截污等预处理后引入道路红线内、外绿地内，并通过设置在绿地内的以雨水渗透、储存、调节等为主要功能的低影响开发设施进行处理。溢流的雨水应排入雨水管渠或超标雨水径流排放系统内。

低影响开发设施的选择应因地制宜，如结合道路绿化带和道路红线外绿地优先设计下沉式绿地、生物滞留带、雨水湿地等。城市道路低影响开发雨水系统典型流程示例如图 1.29 所示。

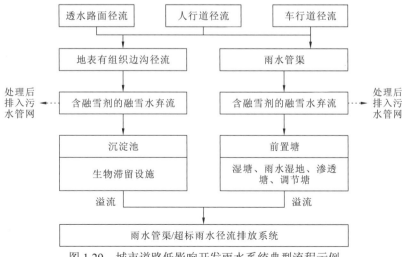

图 1.29　城市道路低影响开发雨水系统典型流程示例

城市道路是径流雨水产生的一个主要场所，同时也汇集屋面雨水，因此，控制城市道路路面径流雨水非常重要。从 20 世纪 70 年代开始，一些发达国家把透水路面应用于车行道、停车场等。透水路面较常规路面可以实现多重效益。

（1）减少地表径流洪峰流量，减轻排水压力。透水性沥青路面可减少地面 70%～80% 的径流量，设置简单的路侧排水沟即可满足排水要求；集中降雨时透水路面能减轻城市排水管线的泄洪压力，减少地下的排水设施的建设投入。

（2）提高行车安全性、舒适性。透水路面下雨时能较快消除道路积水，防止发生水漂现象，减少交通事故发生率，大大提高行车安全性。透水路面的水膜和镜面反射情况要明显好于常规路面。反光现象减少后，行车更加安全和舒适，尤其是在夜间时，效果更加突出。

（3）环保效益良好。透水路面具有良好的生态环境效益，主要体现在：可将雨水渗入地下，自然补充地下水资源；有利于植物的生长；能避免因过度开采地下水而引起地基下沉；经路面和路基的截留、吸附、降解等作用，净化径流，使其水质更好。此外，透水路面的孔隙率较大，具有吸音作用，与常规路面相比，可减少行车噪声。

（4）透水路面可以起到隔热层的作用，缓解城市热岛效应。

（5）拥有系列色彩配置，更加美观。透水路面颜色较丰富，可根据环境及功能需求设计图案，能够体现设计师独特的创意，有利于提高城市市容市貌，具有较强的装饰性。

目前，透水铺装已经广泛应用于公园、停车场、人行道、广场、轻载道路等区域。透水铺装系统的总体原则是收集、储存、处理雨水径流，通过渗透进而补充地下含水层，这对提升城市整体的水文调蓄功能具有重要意义。图 1.30 为某区改造雨水收集装置和地表道路排水图。

图 1.30　某区改造雨水收集装置、地表道路排水图

3. 绿地与广场

城市绿地、广场及周边区域径流雨水应通过有组织的汇流与转输，经截污等预处理后引入城市绿地。采用雨水渗透、储存、调节等低影响开发设施，衔接、净化、下渗、消纳自身及周边区域径流雨水，并形成壤中流，汇进城市雨水排放系统。城市绿地与广场低影响开发雨水系统典型流程示例如图 1.31 所示。在城市广场公园等地区，可以通过地形改造、地面铺装改造等为雨水径流提供生态基质，图 1.32 为某区海绵公园改造建设场景模型。

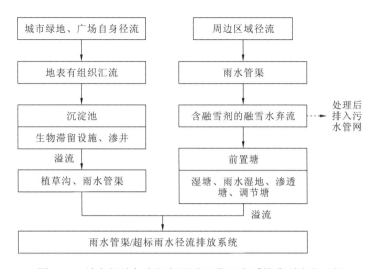

图 1.31 城市绿地与广场低影响开发雨水系统典型流程示例

图 1.32 某区海绵公园改造建设场景模型

雨水花园、大型下凹绿地能够有效收集周边的雨水径流，同时减少城市内涝风险。大部分城市在城市广场还会设立生态科普点，展示各类海绵城市的生态措施。

4. 城市水系

城市水系是城市水循环过程中的重要环节，在城市排水、防涝、防洪及改善城市生态环境中发挥着重要的作用。城市水系应根据功能定位、水体现状、岸线利用及滨水区现状等，进行合理保护、利用和改造。城市水系低影响开发雨水系统典型流程示例如图1.33所示。

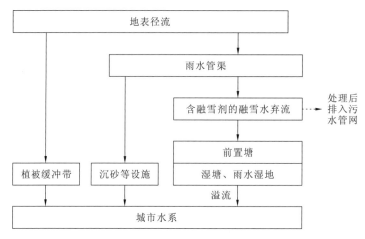

图1.33 城市水系低影响开发雨水系统典型流程示例

在海绵城市建设理念下，城市水系生态建设面临调蓄能力不足、生态功能有待修复、雨水资源开发利用不足等问题。城市水系生态修复治理具体措施包括以下几方面。

（1）构建城市水系生态廊道。在生态走廊的构建过程中，应考虑综合生态效应，形成有效的滨水缓冲绿带。在进行水系划分时，应考虑周边生物的栖息地，因地制宜发挥水的作用，将湿地和沟渠等密切联系起来，贯彻落实蓝绿交融的理念，构造生态文明网络城市。

（2）建设生态岸线。通常来说，不同水系遇到的问题及其解决方案也不同，应当根据不同环境制订合理的措施来修复生态系统。在建设过程中，应重视湿塘和湿地的作用，二者能够将水量控制在一个合理的范围之内，并在此基础上大大改善生态环境的稳定性。湿塘和湿地通常依水系而建，净化能力强，并且可以减小雨水的冲刷力度，保证河岸形态的稳定性，有利于为周边生物提供一个好的繁衍生息条件。

（3）修复污染水体。要想保证生态系统功能的稳定性，首先要做好污染水体的修复工作，主要是从调整水流动力、修复河道底质等方面入手。通常来说，当水体中的溶解氧含量足够维持分解作用时，就可以认为水体的净化能力达标。

（4）修复河道生态系统。随着社会的发展与进步，人工湿地的建设也得到了巨大的改进，例如多级复合流人工湿地，这项技术有效克服了传统人工湿地的弊端，脱氮效率显著提高，稳定性强，可以在很长一段时间内保证水体的水质。

（5）城市河水强化处理。在城市水系统修复中，城市河水强化处理是其关键步骤，在此过程中需要对水系进行强化处理，减少污染物的浓度。当污染物组成十分复杂且不易降解时，需要使用河道水体侧沟强化治理集成技术，并在此基础上完善污水处理厂尾水处理的方式。

1.4 海绵城市遥感监测科学问题

海绵城市建设是城市可持续发展的前沿研究课题。在系统全域海绵城市推进进程中，结合遥感技术调查并辅助识别出海绵工程建设目标、利用遥感技术持续监测或反演参量（如用地分类、地表渗透性、地表植物生物量、土壤湿度等）约束城市水系统智能优化，以及建立海绵水文生态效应动态评估模型，是海绵城市遥感监测研究中的重要科学问题。

1.4.1 城市水系统复杂场景海绵体"时-空-谱-角"遥感监测

海绵城市的规划和建设，需要确定保护天然海绵体和新增的海绵体。

城市山、水、林、田、湖、草空间格局是城市天然海绵体本底。城市地理位置决定具体的水安全、水资源、水环境等水问题。不同城市地下空间开发强度、防洪排涝能力及城市水系统本身具有的韧性能力也有差异。

城市下垫面是海绵城市建设的主要场景，且长期受人类活动的影响，尤其是老旧城区，更加体现出人地矛盾突出、土地利用破碎等特征。同时，在城市复杂下垫面背景下，还存在高层建筑、高大行道树遮挡等问题。

因此，需要采用"时-空-谱-角"遥感调查和监测技术（Shao et al.，2021a），开展非连续、非均匀分布的海绵空间分布格局的遥感监测，为持续推进海绵城市建设决策提供科学支撑。

1.4.2 城市水系统海绵建设布局智能优化

在全球气候变化及城镇化背景下，愈发频繁的城市内涝严重影响城市的可持续发展。城市不透水面增加、地表汇流雨水自然向低洼区域汇聚、城市排水系统"大管套小管"、城市排水与外排系统衔接不合理等，都可能是顽固渍涝点治而无效的重要原因。

水文水动力模型是模拟水系统循环的重要工具。其中，下垫面环境水文空间响应异质性特征是影响水系统产流、汇流等水文过程准确性的重要影响因素。结合城市本身下垫面特征参数化的水文水动力模型，可以在一定程度上分析城市渍涝灾害成因机理，也可以在一定程度比对不同海绵规划方案对治理内涝的成效差异。

遥感技术具有调查空间异质性水文特征的优势。遥感技术可以获取不同尺度的城市下垫面水文条件及水通量参数，进而可以提升水文模型参数化模拟的客观性，有望提升场地、汇水区及城市多尺度水文过程模拟的客观性与科学性。

1.4.3 海绵城市水文生态综合效应定量遥感评估

海绵城市建设方兴未艾，它是一项分步实施、统筹规划、艰巨而长期的持续治理城市复杂生命体的系统工程。针对海绵城市修复水生态、改善水环境、涵养水资源、提高水安全、复兴水文化五位一体的目标，保护城市生态本底，因地制宜地利用山、水、林、田、湖、草等天然海绵体，可以极大化地促进城市水文效应回归自然水文过程。

然而，辨识亟待实施海绵城市建设的区域，兼顾水系统优化、生态环境目标开展合理的海绵城市建设规划，比对海绵城市规划方案的有效性，客观评估海绵城市建设实际效应，常态化监测海绵体健康状况，都是海绵城市规划、设计、建设、运维全生命周期需要探究的问题。

遥感技术在对水循环监测中发挥着重要作用，利用光学遥感、微波遥感和激光雷达等技术可以对降雨、土壤湿度、蒸散量、地下水、水位、地表径流、用水量和水质等各种水文气象参数进行监测（Singh et al.，2016）。这些遥感监测的参量，可以在海绵城市建设水文效应评估、生态环境效应评估方面，定量地评估出海绵建设客观效应。

从海绵城市远期运行维护来看，采用遥感技术定期对海绵城市开展"体检"，也是保障海绵建设工程健康运行、支撑海绵体科学维护的重要技术支撑手段。

1.5　海绵城市建设遥感监测对象

城市下垫面是指与大气下层直接接触的城市地球表面。海绵城市全要素，比如各类交通、建筑、绿地、裸土和水体等要素，都包含在城市下垫面环境中。

海绵城市遥感监测对象为城市下垫面，主要监测的指标是明显影响水量平衡及水文过程的要素。余永欣等（2019）指出，在城市地理国情监测对城市下垫面数据的采集中，为兼顾海绵城市建设的特殊需求，需对城市下垫面铺装体系（即地表覆盖类别）采集内容进行分类，主要包括：交通要素（区分城市道路、内部道路、农村道路）、建筑要素（区分平房、楼房）、绿地要素（区分耕地、园地、林地、草地）、裸土要素、水体要素等。本节将以海绵城市下垫面这 5 个方面的要素为对象探讨遥感监测技术。

1.5.1　交通要素

道路信息是地理信息的重要组成部分，同时也是海绵城市建设过程中的重点建造和改造要素之一。道路监测信息可以为城市地表径流和城市交通管理提供有效的资料。

应用遥感技术监测道路的主要方法有：Snakes 模型方法、数字形态方法、基于知识的方法、基于分割的方法、多尺度方法和深度学习方法（Shao et al.，2021b）。

（1）Snakes 模型方法。利用高层次知识构建函数模型，可以从数学思维角度进行考虑，通过求解目标函数的最小值，来获取道路信息。

（2）数学形态方法。从道路几何形状方面进行考虑，利用专业的结构元素，通过开闭运算、腐蚀、细化等多种方法对道路遥感影像进行处理，提取相关道路信息。

（3）基于知识的方法。以道路判识规则的形式对道路特征进行定义，进而可以有效提高道路信息提取的完整性和准确性。

（4）基于分割的方法。作为当前遥感影像道路信息提取工作中的一种常用方法，其具体应用过程是先选定分割标准，以此为基准，将整个道路影像分为多个二值影像字块，使其更加简单化。

（5）多尺度方法。多尺度方法能够将一个高分辨率影像降低为一系列低分辨率影像，消除噪声对提取道路信息的干扰，借助遥感影像道路上下文信息，完成道路信息的提取（杨晓雯，2017）。

（6）深度学习方法。此方法能够最大程度地增大感受野的范围，促进多尺度特征融合，同时不会造成特征图分辨率的损失，尽量保留道路的空间细节信息（Shao et al.，2021b）。

图 1.34 为几种经典网络的道路预测图。

在海绵城市建设的道路透水性改造中，不太适宜对城市主干道路和载重要求较高的路面进行透水性改造；而对于城市老旧城区内部的道路，有些还是具有改造为透水的路面的条件。尤其是建筑小区的内部道路，其对行驶速度等要求相对不高，是海绵城市透水改造的主体。与此同时，对于新规划和建设的道路，可以从功能性需求及建设维护等方面，综合考虑是规划为透水的海绵体道路，还是不透水的普通道路。图 1.35 展示了不同透水性能的道路。

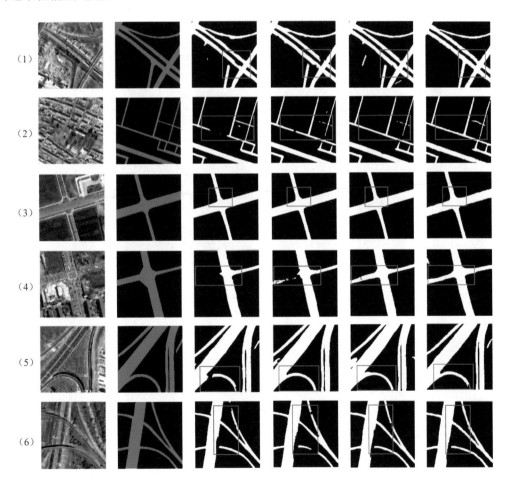

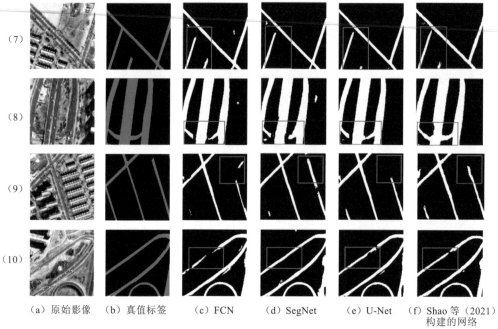

（a）原始影像 （b）真值标签 （c）FCN （d）SegNet （e）U-Net （f）Shao 等（2021）构建的网络

图 1.34 几种经典网络的道路预测图

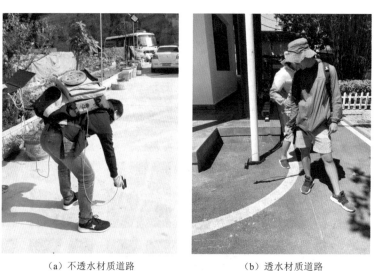

（a）不透水材质道路 （b）透水材质道路

图 1.35 不同透水性能的道路

1.5.2 建筑要素

　　从城市遥感的角度，可以监测到城市场景中建筑物的空间分布。而从海绵城市遥感监测的角度，只监测到哪里有建筑物是不够的，还需要监测哪些建筑物的屋顶做了绿化改造，哪些建筑物的屋顶未来具备屋顶绿化改造的潜力。图 1.36 展示了城市建筑物屋顶的三种类别。

| （a）绿化改造的屋顶 | （b）有改造潜力的屋顶 | （c）无改造潜力的屋顶 |

图 1.36　城市建筑物屋顶分类

对建筑物进行提取，既是海绵城市建设的重要研究方向，也是遥感应用中的关键科学难题。建筑物作为基础地理数据库中最重要的人工目标类型之一，其变化最频繁，因此也最需要及时更新。国内外的相关研究主要针对建筑物提取的某个或某方面特定问题展开，在阴影和多源辅助信息等的基础上，利用计算机视觉、模式识别和机器学习等学科领域新方法，实现计算机半自动或全自动的建筑物提取。

建筑物的界定、数理模型的抽象与构建、建筑物形态和阴影信息等先验知识，是实现建筑物提取的重要前提。建筑要素遥感监测的提取主要有基于区域分割、基于辅助知识及基于直线和角点检测的方法（周紫凡，2021），主要利用影像中的光谱信息、空间信息、其他延伸的高阶语义信息及辅助信息等进行。

1.5.3　绿地要素

城市绿地是海绵城市生态系统的重要组成部分。城市绿地可以净化空气、净化水体、美化环境、供人们运动娱乐和提高人们的文化修养。城市绿地尺度不一，分布范围广。此外，某些绿地与城市中的农田交错，在分类时极易被混淆，这使得中低空间分辨率的遥感影像难以满足高精度分类的要求。传统的人工目视解译方法精度较高，但耗时耗力，且要求解译人员具有丰富的先验知识。语义分割是指通过语义单元将影像分割为若干具有不同语义标识的区域，进而产生按类分割的影像。极大似然（maximum likelihood，MX）法、支持向量机（support vector machine，SVM）、随机森林（random forest，RF）等算法是典型的监督分类方法。

近年来广为关注的深度学习语义分割网络，兼具计算机视觉的速度与精度。在自然图片及视频场景分类研究中，基于卷积神经网络和空洞卷积的深度学习网络，既能够兼顾场景实例个体空间特征，也能够较好地识别出场景内实例各部件间连续性分布的高级语义信息。空洞卷积的深度学习网络，如 DeepLabv3+，广泛应用在场景语义分割中，并且取得了高精度的分类结果，可以应用在城市下垫面遥感监测业务中。

在城市复杂下垫面背景下，城市绿地空间本身具有一定的连续性，同时，城市绿地与不透水面之间存在交错分布的空间特征。如图 1.37 所示：由于高分辨率遥感影像可以捕捉复杂下垫面的局部细节纹理，传统的机器学习（machine learning，ML）、支持向量机和随机森林分割出的绿地结果存在较为明显的"椒盐"现象；DeepLabv3+在单个像素识别基础上，同时确保感受野能够获取绿地信息的空间邻近性及连续性特征，比其他方法更能够有效提升绿地的识别度。

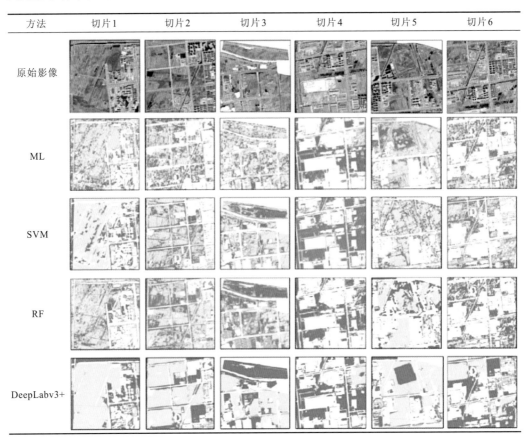

方法	切片1	切片2	切片3	切片4	切片5	切片6
原始影像						
ML						
SVM						
RF						
DeepLabv3+						

图 1.37　不同方法提取城市绿地结果对比图

1.5.4　裸土要素

裸土（包括自然裸土和待开发裸土）作为重要的一类下垫面，不仅在区域生态系统中发挥着重要作用，也是沙尘暴等灾害性气候的孕灾环境，同时也可作为城市扩张的重要指示因子。同时，裸土是城市环境扬尘的重要来源，也是海绵城市建设的主要对象。减少城市裸土面积，提高城市绿化率，成为海绵城市建设的重要任务。

基于遥感手段进行裸土信息自动提取的方法主要有监督分类法和非监督分类法［如主成分分析法、迭代自组织数据分析技术算法（iterative self-organizing data analysis techniques algorithm，ISODATA）、缨帽变换法和最大似然法等］。Chen 等（2006）据此构建了归一化裸土指数用以提高裸土的二级分类及裸土区的制图精度。林楚彬等（2014）基于热红外波段像元的分解与重构，对缨帽变换指数和归一化裸土指数进行逻辑组合，提出了一种新的裸土指数，并利用 Landsat ETM+数据对珠江三角洲进行了裸土信息自动提取实验，该方法还可以有效抑制背景地物的干扰、提高检测精度。

1.5.5 水体要素

城市水体作为城市生态系统中重要的因素,对城市的发展、居民的生活环境质量和生态系统的稳定性起着重要的作用,因此,城市水体信息的提取一直是遥感技术在信息提取领域的研究重点。与开阔的海洋水体相比,内陆水体具有连续水域面积小且分散分布的特征。同时,内陆水体中存在悬浮颗粒物、黄色物质、浮游植物等物质,相对蔚蓝透明的海洋水体,其具有更复杂的光学特征。城市水体主要提取方法如下。

(1)阈值法。利用水体在近红外波段上反射率较低,易与其他地物区分的特点,选取单一的近红外波段,确定区分水体和其他地物的阈值。

(2)指数法。如适用于城镇水体提取的改进的归一化差异水体指数(modified normalized difference water index,MNDWI),利用建筑物阴影在绿光和近红外波段的波谱特征与水体相似性特征,采用中红外波段替代近红外波段,使水体与建筑物指数的反差明显增强,从而增强水体提取的准确性。

(3)基于知识的遥感影像分类方法。其关键是建立知识规则。一般通过知识工程师和解译专家协同建立规则,但是存在知识规则冲突或差异等问题,可能影响分类结果的客观性。

下垫面水体的变化检测技术可以识别出洪涝灾害淹没范围,图 1.38 为安徽巢湖常规湖泊及叠加洪涝期间合成孔径雷达(synthetic aperture radar,SAR)监测水量影像图。在图 1.38(a)中,可以观察到巢湖区域的绝大部分水域分布在湖堤内,极小部分细窄水域分布在巢湖西侧及南侧的河流中。观察洪涝灾害期间提取的水体[图 1.38(b)中的蓝色部分],可以显著地看到相对湖泊河流的常态性水域,大量新增水域出现在巢湖的西侧及南侧。由水体与光学影像的叠加图可以直观判断出,该区域的洪涝淹没灾情主要分布在巢湖西侧及南侧的低洼地处,此外,巢湖湖堤的西南岸有湖泊水体溢出堤外的情况。

(a)城市常态性湖泊光学影像图 (b)湖泊洪涝期间SAR影像图

图 1.38 安徽巢湖常规湖泊及叠加洪涝期间 SAR 监测水量影像图

参 考 文 献

车伍,赵杨,李俊奇,2015. 海绵城市建设热潮下的冷思考. 南方建筑(4): 104-107.

陈晓玲,陈莉琼,陆建忠,2016. 从武汉内涝看城市水生态管理及新型人地关系构建. 生态学报,36(16):

4952-4954.

迟福林, 夏锋, 2010. 城乡二元结构能否实现历史性突破. 人民论坛(17): 19-21.

李爱民, 2013. 我国新型城镇化面临的突出问题与建议. 城市发展研究, 20(7): 104-109.

李德仁, 丁霖, 邵振峰, 2016. 关于地理国情监测若干问题的思考. 武汉大学学报(信息科学版), 41(2): 143-147.

林楚彬, 李少青, 2014. 基于热红外像元分解的裸土信息自动提取方法. 遥感技术与应用, 29(6): 1067-1073.

刘志雨, 夏军, 2016. 气候变化对中国洪涝灾害风险的影响. 自然杂志, 38(3): 177-181.

满莉, 李雨霏, 2018. 海绵城市生态环境的绩效评价. 城市住宅, 25(8): 6-10.

邵振峰, 潘银, 蔡燕宁, 等, 2018. 基于 Landsat 年际序列影像的武汉市不透水面遥感监测. 地理空间信息, 16(1): 1-5.

沈建国, 2000. 世界城市化的未来趋势. 城市发展研究, 7(2): 17-20.

孙玉童, 方志华, 夏明升, 等, 2020. 基于海绵城市理念的雨水湿地系统构建. 工业用水与废水, 51(1): 79-81.

陶诗言, 李吉顺, 王昂生, 1997. 东亚季风与我国洪涝灾害. 中国减灾, 7(4): 17-20.

童庆禧, 2016. 我们如何构筑"智慧城市". 智能城市, 2(1): 8-9.

王浩程, 王琳, 卫宝立, 2019. 基于 GIS 和 LID 的雨水集蓄技术研究: 以山东省滨河小镇营丘镇为例. 水土保持通报, 39(2): 155-160.

伍业钢, 2015. 海绵城市设计: 理念、技术、案例. 南京: 江苏凤凰科学技术出版社.

夏军, 石卫, 王强, 等, 2017. 海绵城市建设中若干水文学问题的研讨. 水资源保护, 33(1): 1-8.

杨晓雯, 2017. 遥感图像道路信息提取方法研究进展. 中小企业管理与科技(25): 189-190.

叶裕民, 2004. 世界城市化进程及其特征. 红旗文稿(8): 36-38.

俞孔坚, 2015. 海绵城市的三大关键策略: 消纳、减速与适应. 南方建筑(3): 4-7.

余永欣, 刘博文, 秦飞, 等, 2019. 基于地理国情的疑似违法用地违法建设监测方法. 北京测绘, 33(9): 1051-1056.

张翰超, 宁晓刚, 王浩, 等, 2018. 基于高分辨率遥感影像的 2000—2015 年中国省会城市高精度扩张监测与分析. 地理学报, 73(12): 2345-2363.

张建云, 王银堂, 贺瑞敏, 等, 2016. 中国城市洪涝问题及成因分析. 水科学进展, 27(4): 485-491.

郑菊芬, 2009. 关于城市化理论研究的文献综述. 现代商业(11): 197-198.

中国社会科学院研究生院城乡建设经济系, 2001. 城市经济学. 北京: 经济科学出版社.

周紫凡, 2021. 基于卷积神经网络的遥感影像城市道路和道路中心线提取. 武汉: 武汉大学.

朱一文, 王文亮, 2020. 基于水文方法的暴雨调节塘规模计算. 中国给水排水, 36(7): 114-117.

ARNOLD C L, GIBBONS C J, 1996. Impervious surface coverage-the emergence of a key environmental indicator. Journal of the American Planning Association, 62(2): 243-258.

CHEN X, ZHAO H, LI P, et al., 2006. Remote sensing image-based analysis of the relationship between urban heat island and land use/cover changes. Remote Sensing of Environment, 104(2): 133-146.

FLETCHER T D, SHUSTER W, HUNT W F, et al., 2015. SUDS, LID, BMPs, WSUD and more-the evolution and application of terminology surrounding urban drainage. Urban Water Journal, 12(7): 525-542.

FU H, SHAO Z, FU P, et al., 2017. The dynamic analysis between urban nighttime economy and urbanization using the DMSP/OLS nighttime light data in China from 1992 to 2012. Remote Sensing, 9(5): 416.

GUHA-SAPIR D, HOYOIS P H, WALLEMACQ P, et al., 2016. Annual disaster statistical review 2016: The Numbers and Trends. Brussels: CRED.

KUZNETS S, 1972. Innovations and adjustments in economic growth. The Swedish Journal of Economics, 74(4): 431-451.

MAKSIMOVIĆ Č, KURIAN M, ARDAKANIAN R, 2015. Rethinking Infrastructure Design for Multi-Use Water Services. Cham: Springer.

NING Y, DONG W, LIN L, et al., 2017. Analyzing the causes of urban waterlogging and sponge city technology in China. IOP Conference Series: Earth and Environmental Science, 59: 012047.

SHAO Z, FU H, LI D, et al., 2019. Remote sensing monitoring of multi-scale watersheds impermeability for urban hydrological evaluation. Remote Sensing of Environment, 232: 111338.

SHAO Z, WU W, LI D, 2021a. Spatio-temporal-spectral observation model for urban remote sensing. Geo-Spatial Information Science, 24(3): 1-15.

SHAO Z, ZHOU Z, HUANG X, et al., 2021b. MRENet: Simultaneous extraction of road surface and road centerline in complex urban scenes from very high-resolution images. Remote Sensing, 13(2): 239.

SINGH, R, GUPTA P, 2016. Development in Remote Sensing Techniques for Hydrological Studies. Proceedings of the Indian National Science Academy, 82(3):773-786.

UN DESA, 2019. World Urbanization Prospects: The 2018 Revision (ST/ESA/SER. A/420). New York: United Nations.

WANG D, WU J, 2018. Experts gather in Fengxi new city of Xixian new area to share new ideas, innovations and insights into sponge city development. http://news. cri. cn/2018-09-13/60c58f75-5fcc-ec1b-c9d3-a7d550984ae9. html.(2018-09-13).

第 2 章　海绵城市遥感监测内容

海绵城市建设是一项复杂的系统工程，需要自然地理、社会经济、城市水系统等多源异构城市综合信息大数据作为决策支撑。海绵城市将自然途径与人工措施相结合，在确保城市排水防涝安全的前提下，最大限度地实现雨水在城市区域的积存、渗透和净化，促进雨水资源的利用和生态环境保护。那么，海绵城市首要解决的城市水问题是什么，城市水问题的严重程度如何，以及如何评估海绵城市"渗、滞、蓄、净、用、排"措施治理城市水问题的实际效应，这些都是开展海绵城市建设遥感监测的重要科学问题。

海绵城市的"渗、滞、蓄、净、用、排"等低影响开发技术与城市排水系统灰色工程措施，是实现城市区域降雨蓄滞、地表渗透和雨水净化等的重要技术手段。遥感技术具有动态监测下垫面用地类型、下垫面渗透及含水量等物理参量的优势。

本章将面向海绵城市规划、设计、建设、运行维护全生命周期，从海绵城市遥感监测需求、海绵城市遥感监测可利用影像资源、海绵城市遥感监测面临的关键问题、海绵城市下垫面遥感监测关键技术 4 个方面，阐述海绵城市遥感监测内容。

2.1　海绵城市遥感监测需求

遥感技术是一种应用广泛、成本低、速度快、适合用来动态监测特定对象物理及化学特征的技术。目前，遥感技术已经应用于海绵城市建设的各个阶段（图 2.1）。狭义上的遥感特指利用电磁波成像方式获取信息的技术。根据电磁波段的不同，遥感可以分为可见光/近红外遥感、热红外遥感和微波遥感。根据遥感传感器承载方式的不同，可以将遥感技术分为星载遥感、机载遥感、车载遥感、无人机遥感、背负式或手持式遥感等；从遥感影像类型来看，可以分为影像遥感、视频遥感等等。

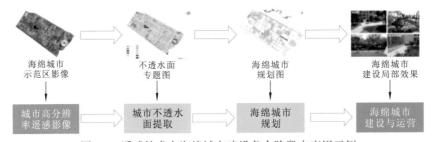

图 2.1　遥感技术在海绵城市建设各个阶段中应用示例

广义遥感技术泛指所有通过非接触方式获得特定对象监测信息的一种技术。除基于电磁波原理的传感器可获得信息外，利用视频成像的方式进行监测，也属于遥感技术范畴。特别是在 5G 通信、物联网、云计算、大数据、人工智能等技术发展的大背景下，以城市定点基础摄像头获取的数据，比如平安城市布设在街道、社区、广场的视频监控器，智能交通系统布设在交通要道上的卡口监控器，以及市民个人为主体的移动式的监控视频，包括行车记录仪、移动手机等设备获得的视频数据，都可以视为广义上的遥感数据。随着存储设备及传输技术的发展，地面、机载及星载等视频遥感数据为城市下垫面动态监测、洪涝灾害灾情监测及淹没态势等应急处置决策等，提供了广泛而持续的信息支撑。

2.1.1　海绵城市下垫面水文效应特征监测

下垫面是大气层以下、地球表面以上，大气与地表直接接触到的环境的统称。不透水面是人类活动的基本区域，也是自然灾害主要的孕灾环境。大面积的天然植被和土壤被街道、工厂、住宅等不透水面替代，使得下垫面的滞水性、渗透性、热力状况发生了变化。城市化水文效应是指在快速城市化区域，由于不透水面大幅度增加，该地区的雨水汇流特征改变。城市化水文效应表现为洪水总量增多，洪峰流量加大，洪水汇流时间缩短等（夏军 等，2017）。

不透水面占比是识别城市建成区的主要地表特征之一。在一定程度上，不透水面占比越高代表城市下垫面的下渗能力越弱。雨水径流，特别是初期径流，直接汇入城市水系统将会影响城市水质。城市前期雨水尽量多地经由绿地下渗及表土吸收，可以有效降低城市汇水面先期径流中聚集的污染物浓度（马海波 等，2007）。

除此之外，过度城市化也会对城市地下水产生影响。例如：①城市不透水面积增加，降雨入渗对地下水的补给量减少。过度城镇化的快速产流会减少小到中雨强度的降水对城市地下水的补给，可能造成地下水位下降。②城市建成后，由于城市工业用水及城市居民生活用水的增加，可能出现地下水超量开采现象，进而造成地下水位下降。③地下水位的下降会使城市局部对应地区地层应力发生变化，甚至出现地表下陷、地面建筑物稳定性变化等现象。

根据水文学相关理论，城市下垫面环境中的地形、地表覆盖物、下垫面环境中的土（地）层物理性质等特征，都会在一定程度上从某一方面反映局部的水文响应特征。随着遥感技术及遥感影像处理技术的发展，快速提取大范围不透水面、水面及城市水文生态效应相关因子，已经成为现实。

然而，受不同影像波谱特征和不同提取方法性能差异的影响，除了考虑下垫面地物物理特性差异，海绵城市下垫面遥感监测还需围绕方法优选、分类器性能改进、多源遥感数据融合等方面展开研究（王浩 等，2013）。以研究城镇化环境水文效应的重要参数——城市不透水面为例，由于城市水文效应具有显著的尺度异质性，需要从城市到城市群，再到流域，多尺度、多级别地提取并研究不透水面空间分布格局影响下的城市水文效应时空变化特征。

2.1.2　海绵城市下垫面用地覆盖特征监测

城市建筑和小区、道路、绿地等场地建设的海棉体，可以增强城市"渗、滞、蓄、净、用、排"等能力。城市下垫面渗透能力有利于提升城市蓄滞优势，增强城市调蓄能力，从而提升城市应对洪涝灾害的韧性。海绵城市提倡雨水就地保存及资源化利用，有利于缓解城市水资源缺乏问题，支撑水生态涵养及水环境修复。

从城市水文学来看，结合遥感技术反演的下垫面渗透、蓄滞、产流等特征参数，水文水动力模型可以模拟城市水系统降雨径流及降雨面源污染物运移情况。然而，遥感反演水文特征参数具有尺度差异。例如，采用不同分辨率的遥感数据，采用不同类型的影像数据源，解译出的水文特征不尽相同。尤其对于城市建成区来说，城市下垫面存在地物破碎、地面树木建筑等遮挡地表覆盖物的物理化学特性有效获取的问题，高精度的下垫面分类信息，是保护并放大位于城郊区的山、水、林、湖、草、湿地等大型天然海绵效应、改造提升已建区或者旧城区地表渗透性能力、落实新建海绵城市项目对地表径流量及面源污染控制指标的重要依据。

1. 城市不透水面渗透性变化检测

城市化会直接导致城市地区原有的自然地表转变为由水泥、沥青、金属和玻璃等材质构成的不透水地表。城市下垫面向不透水面、不透水层的变化，能够直接反映城市发展和扩张的特征。不透水面过度扩张，会导致地表下沉、水环境污染及"城市热岛"等一系列环境问题。因此，及时准确地获取不透水面，对城市生态建设及监测城市动态变化具有重要意义。

不透水面是海绵城市遥感监测关注的重要对象之一（图2.2、图2.3）。城市下垫面透水性地面与不透水地面的光谱物理特征、空间及几何纹理特征等具有差异。城市"海绵化"对城市下垫面地表下渗能力的影响，可以由地表覆盖物中透水面向不透水面或者半透水面转化的特征反映出来。根据与表土接触情况及空间关系，不透水面可以分为地表以上不透水面、地表不透水面及城市地下局部密闭的不透水体等。其中：地表以上的不

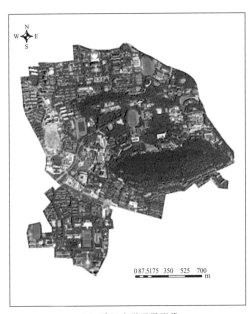

（a）武汉大学卫星影像 　　　　　　（b）武汉大学不透水面提取结果

图例
■ 建筑
■ 植被
■ 水体
■ 道路
□ 硬质铺装
▨ 裸地

0 87.5 175　350　525　700
m

图2.2　武汉大学卫星影像与不透水面提取结果

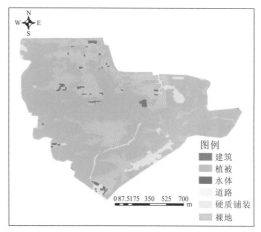

图例
■ 建筑
■ 植被
■ 水体
□ 道路
□ 硬质铺装
▨ 裸地

（a）济南市千佛山景区卫星影像　　　　　（b）济南市千佛山景区不透水面提取结果

图2.3　济南市千佛山景区卫星影像与不透水面提取结果

透水面指建筑物屋顶、高架桥路面等位于地表以上的不透水面；地表不透水面主要是指与城市表土直接接触的不透水面部分，比如水泥、沥青等覆盖交通路面，大理石、不透水砖铺砌的硬化地面等。不透水材料隔离了地表与表土的直接接触，阻止或减弱降水向土壤地层重力下渗过程，这会加大城市降水产流量。同时，降雨下渗减弱可能造成土壤水分缺失、土层与外界物质交换机会减少，进而导致土壤营养物质缺乏，影响不透水面覆盖区域的生物活性，甚至影响城市及所在流域的生态环境。城市地下空间形成的局部密闭不透水体，如地下停车场、地下轨道交通及商业体、桥隧等构筑物，可能会影响城市下垫面环境局部地区的自然下渗过程。

城市下垫面环境中的不透水面用地类型，可以采用可见光、近红外-短波红外、热红外和微波遥感等遥感影像进行提取。不透水面和透水面光谱差异明显，目前已有大量学者利用光学遥感手段提取不透水面信息（徐看 等，2020）。不透水面的光学遥感信息提取方法主要包括指数法、分类回归树法、支持向量机法和光谱混合分析法等。但是，光谱特征差异较大、高分辨率影像阴影等因素会影响不透水面提取结果的准确性。

不透水面地表粗糙度、形状、结构、介电性质与其他地物具有明显差异，合成孔径雷达（SAR）对上述特征较为敏感。高分辨率影像上展示出不透水面纹理信息与其他地物差异较大。利用长时间序列不透水面相干性特征，干涉合成孔径雷达（interferometric synthetic aperture radar，InSAR）可以区分自然地物与不透水面；利用 InSAR 反演不透水面的平均后向散射系数、振幅比等参数，并联合激光雷达（light detection and ranging，LiDAR）获取的下垫面高程信息，可以进一步分辨出具有一定高度的不透水面信息；多光谱可见光-近红外影像与 InSAR 联合可以提升不透水面提取的精度；融合 SAR 数据与光学影像，成为获取更高精度不透水面的研究热点。

2. 植被覆盖的滞留特征变化检测

下垫面环境中森林、草地及湿地等自然地表是城市有限土地资源中的天然海绵体。地表林地、草地具有较好的水土保持作用。高大乔木及灌木具有根系发达、叶片系统茂密的特征，发达的根系可以吸纳土壤中的水分，同时根系可以涵养雨水、减缓叶片蒸腾作用。林草地植被覆盖的滞留特征，在一定程度上具有雨水就地蓄滞的作用。

在开发自然地表为主的新城区开发中，城市建设不可避免地改变原有地貌。恢复并保持城市建设区原有地表生态系统，尤其是恢复原有地表生长具有一定年限的树木，是生态、可持续的城镇化建设的重要环节。

高分辨率遥感影像可以识别出下垫面中植被的覆盖情况。城郊区域中的森林、公园、草坪等植被具有地物较为连续、范围相对较大的特征。联合光学遥感、SAR 影像、LiDAR等多源数据，可以区分出草地、灌木、乔木等具有不同高度的植被；结合 LiDAR 数据也可以进一步区分出具有不同胸径的树木。

由此可见，通过遥感技术调查中心城区分布在建筑物、道路附近具有不同生长年限的小型、中型、大型灌木或乔木的覆盖情况，也可以在一定程度上动态监测海绵城市生态保护及恢复情况。然而，遥感提取的不透水面与植被存在相互遮挡情形，可以进一步结合地理信息系统（geographic information system，GIS）缓冲区分析和 SPSS 统计分析等功能，尝试识别出城市不透水面附近不同生长年限的林木（Varol et al.，2019）。

3. 城市水系统调蓄能力变化检测

水系统由水资源、水安全、水环境、水生态、水文化及水经济六大要素组成。本书中的城市水系统，是指在城市特定空间范围内，在河流、沟渠、湖泊、水库中常态性赋存、蓄滞的水体，以及该区域下垫面降雨汇流形成的新增水体在河流、沟渠、湖泊、水库、行洪通道、洪泛区、渍涝区的汇聚、流动、蓄滞等形成的系统。

水体是海绵城市水系统遥感监测的重要对象之一。在城市下垫面环境中，河流、湖泊、水库、坑塘等水体覆盖的区域，代表城市水系统中自然调蓄体。城市地表调蓄能力的海绵体采用湿地、渗透塘、湿塘、调节塘等方式，通过规划亲水景观提升城市水生态环境的渗透、蓄水能力；另一部分具有蓄水功能的设施，主要是构筑在地下的蓄水池、排水管涵等设施，直接扩大了城市原有的调蓄空间。

研究城市下垫面蓄水能力，可以采用基于时序的遥感影像数据，以地表水体为研究对象，通过影像分析与提取技术，估计出自然调蓄实体的调蓄能力；在此基础上，结合自然调蓄体库容变化监测下垫面中地上海绵体蓄水能力的变化情况。

2.1.3　海绵城市下垫面产流水文状态参数监测

遥感技术可以获取水文水动力模型所需的下垫面用地类型、土壤前期湿度、植被蒸散等信息。例如，Shao 等（2019）将 GIS、遥感技术整合到 InfoWorks CS 中，确定了集水区每个子集面积、空间位置和功能区百分比，反映了城市化水文特征。

获取具有一定现势性的下垫面湖泊、水库等蓄水系统库容量，可以在一定程度上客观反映下垫面前置状态，有利于提高水文过程模拟的准确性。例如，朱长明等（2018）利用多源多时相遥感数据，构建了基于遥感信息的湖泊水文状态参数综合反演技术框架体系。该框架通过多光谱遥感影像完成水域面积参数的时间序列遥感提取，并利用 ICESat GLAS 的有效激光雷达点云数据反演出湖泊水位高程信息，进一步根据湖泊等构建了"面积-水位-水量"关系模型，实现了对湖泊水资源量估算的动态模拟。

2.1.4　海绵城市下垫面汇流特征监测

从降雨到地表产流的汇流路径来看，自然地表的降雨径流路径主要受地形起伏影响，地表汇流路径可以直接通过数字高程模型分析出的数字河道来确定；然而，对于城市地区的地表径流路径来说，在原有自然地表上构建了人工构筑物（如建筑或居民小区）的区域，其地形高程会根据工程需要进行一定程度的平整；此外，地表建筑物具有一定的阻水作用，也会改变地表径流的自然汇水路径。因此，高精度的地表高程模型是获得较为准确汇流路径的重要前提。

在城市尺度的汇流研究中，汇水区是反映城市汇流内部拓扑特征的重要参数。城市汇水区划分研究主要以地形、河流水系等数据为基础。对于低洼或平坦区域较多的河网交织地区，基于洼地填充方法提取的汇水区拓扑结构能否客观反映城市下垫面汇流拓扑特征，越来越多地受到研究人员的关注。

随着立体遥感和 LiDAR 影像在土地类型分类和变化检测研究中的广泛应用，更为精细的数字地形产品越来越多。高精度的 DEM 可以接近真实的地形特征。结合精细的建筑物、挡水围墙等微地貌特征，结合高分辨率遥感影像提取的城市道路、街区及排水管网雨水收集系统等信息来划分城市汇水区，使构建起更为精准的下垫面汇流拓扑结构成为可能。因此，结合遥感技术获得近实时的下垫面特征来模拟城市地表汇流特征，可以为海绵城市及水文效应模拟提供更为客观的信息支持。

2.2　海绵城市遥感监测可利用影像资源

具有大范围、高时间分辨率优势的星载遥感影像，是系统性全域海绵城市规划、建设成效周期性监测的重要数据源；高分辨率、甚高分辨率的航空遥感、无人机遥感影像可以为海绵城市重点海绵工程、海绵体等开展机动性较强的遥感监测提供重要数据保障。

2.2.1　海绵城市下垫面用地覆盖特征监测影像资源

随着遥感传感器技术及小卫星技术的发展，遥感数据具有"三多"（多平台、多传感器、多角度）和"三高"（高空间分辨率、高时间分辨率、高光谱分辨率）特征，这为海绵城市规划、设计、建设、运行维护等全生命周期遥感监测提供重要的数据保障。本小节将简要介绍海绵城市下垫面用地覆盖特征遥感监测的常用遥感监测资源，如表 2.1 所示。

表 2.1 海绵城市下垫面用地覆盖特征常用的遥感监测资源

名称	传感器	国家/地区	空间分辨率/m	波段/个	重返周期	获取途径
Landsat 系列	MSS/TM/OLI	美国	30	4~11	16~18 天	https://www.usgs.gov
Sentinel-2	多光谱成像仪	欧洲	10/20/60	13	单星 10 天, 双星 5 天	https://scihub.copernicus.eu
QuickBird	全色、多光谱	美国	全色 0.61, 多光谱 2.44	5	1~6 天	商业卫星
WorldView-4	全色、多光谱	美国	全色 0.31, 多光谱 1.24	8	8 天	商业卫星
ZY-3	正视、前视、后视、多光谱四台相机	中国	正视相机 2.1, 前后视相机 3.5, 多光谱 5.8	4	5 天	http://www.dsac.cn
GF-2	全色、多光谱	中国	全色 1, 多光谱 4	5	5	高分中心
机载高光谱	AVIRIS	美国	1×10^{-8}	224		

MSS: multispectral scanner, 多光谱扫描仪; TM: thematic mapper, 专题制图仪; OLI: operational land imager, 陆地成像仪

以 Landsat 系列影像和 Sentinel-2 为代表的光学遥感影像（图 2.4）广泛应用在海绵城市下垫面信息提取研究中。Landsat-8 OLI 获取的多光谱影像包含 15 m 分辨率的全色波段和 30 m 分辨率的 8 波段影像。但是，海绵城市的精细化管理对下垫面的监测提出了更高的要求。Sentinel-2A 凭借更高的空间分辨率和更加丰富的光谱特征，越来越多地应用在城市下垫面提取研究中。Sentinel-2A 包括 10 m 空间分辨率的 4 波段影像、20 m 分辨率的 6 波段影像和 60 m 分辨率的 3 波段影像。例如，邵振峰等（2018）基于超分辨率深度学习模型将 Landsat-8 OLI 和 Sentinel-2A 影像进行融合，得到了具有更高时间和空间分辨率的城市不透水面分类结果。

（a）Sentinel-2A原始影像　　　（b）Landsat-8 OLI原始影像

图 2.4 Sentinel-2A 与 Landsat-8 OLI 原始影像

QuickBird 和 WorldView 是两种常用的商业卫星（图 2.5）。QuickBird 卫星于 2001 年 10 月由美国的 DigitalGlobe 公司发射，是当时世界上唯一能提供亚米级分辨率的商业卫星。QuickBird 卫星波段包括 0.44~0.90 μm（全色）、0.44~0.52 μm（蓝）、0.52~0.60 μm（绿）、0.63~0.69 μm（红）、0.76~0.90 μm（近红外），其全色波段分辨率为 0.61 m，多光谱分辨率为 2.44 m，幅宽为 16.5 km。WorldView 是 DigitalGlobe 公司发射的商业成像卫星系统。以 WorldView-4 卫星为例，该卫星于 2016 年 11 月 11 日发射成功，可观测波

段为全色和多光谱,空间分辨率为 0.31 m(全色波段)和 1.24 m(多光谱),幅宽为 13.1 km,这款代表型商业卫星,在海绵城市下垫面精细提取研究中具有较大优势。

（a）QuickBird影像　　　　　　　　　　（b）WorldView影像

图 2.5　QuickBird 和 WorldView 影像

资源三号卫星（ZY-3）是中国第一颗自主研制的民用高分辨率立体测绘卫星[图 2.6（a）],星上搭载有前后视相机、正视相机和多光谱相机。ZY-3 前后视相机分辨率为 3.5 m,幅宽为 52 km;正视相机分辨率为 2.1 m,幅宽为 50 km;多光谱相机分辨率为 5.8 m,幅宽为 52 km。高分二号卫星（GF-2）是我国自主研制的首颗空间分辨率优于 1 m 的民用光学遥感卫星,搭载有两台高分辨率 1 m 全色相机、4 m 多光谱相机。GF-2 具有亚米级空间分辨率[图 2.6（b）]、高定位精度和快速姿态机动能力等特点。GF-2 于 2014 年 8 月 19 日成功发射,8 月 21 日首次开机成像并下传数据,其星下点空间分辨率可达 0.8 m,标志着我国遥感卫星进入了亚米级"高分时代"。

（a）ZY-3影像　　　　　　　　　　（b）GF-2影像

图 2.6　ZY-3 和 GF-2 影像

高光谱成像是指用很窄且连续的光谱通道对地物进行遥感成像的技术。高光谱遥感影像在可见光到短红外波段的光谱分辨率高达纳米数量级,通常具有波段多的特点。其光谱通道多达数十甚至数百个,且各个光谱通道间往往是波长连续的。其中,美国喷气推进实验室的机载可见红外成像光谱仪（airborne visible infrared imaging spectrometer,

AVIRIS）是较为常用的一种机载高光谱成像光谱仪，它被称为是一台革命性的成像光谱仪，极大地推动了高光谱遥感技术的发展（图2.7）。

图 2.7　AVIRIS 高光谱影像假彩色合成影像

合成波段为 50、27 和 17

无人机（unmanned aerial vehicle，UAV）遥感技术是通过无线设备对无人机进行操控进而快速获得测量作业所需要信息数据的一种新型测量技术。UAV 凭借其灵活性高、监测效率高、监测尺度大、信息处理速度快等优势，目前已经成为海绵城市下垫面土地覆被监测体系中非常重要的一项技术。

2.2.2　海绵城市下垫面产流遥感监测影像资源

城市化出现的大面积耕地、林地、草地和水面等天然下垫面被建筑物和道路替代的现象，促使下垫面的类型和格局发生改变，进而引起下垫面土壤结构、地形地貌和水热通量发生明显变化。与自然流域的产汇流过程相比，城市的降雨时空变异性较大、城市下垫面构成复杂且具有很大的空间异质性，城市化水文效应对产汇流过程的改变，使城市产汇流过程具有自然流域产汇流理论所不能描述的特征。

由于受道路铺设和土壤压实等综合作用影响，城市地表土壤入渗率较低。然而，随着城市规划趋于科学化，大量的城市绿地景观和海绵（如绿色屋顶、植草沟、下凹式绿地及各种人工湿地景观等）的建设会在城市地区逐渐形成更为生态的高植被覆盖特征。这将对城市产流特征产生直接的影响。

在下垫面产流研究中，多种类型的遥感资源（表2.2），包括气象遥感的风云二号，微波遥感的土壤水分和海洋盐度卫星（soil moisture and ocean salinity，SMOS）、欧州环境卫星（environmental satellite，ENVISAT）、Sentinel-1 卫星，多光谱的 MODIS、Landsat、SPOT 等卫星的一些数据产品得到较好的应用，此外，探地雷达也有用在产流研究中。

表 2.2 海绵城市下垫面产流遥感监测资源

名称	空间分辨率	时间分辨率	时间范围	空间范围	产流监测中的应用	获取途径
FY-2		连续观测	2004 年至今	中国及其周边	前期降水量	国家气象科学数据中心 http://www.nmic.cn
SMOS	30～50 km	3 天	2009 年至今	全球	土壤水分	https://eo-sso-idp.eo.esa.int/idp/umsso20/registration
ENVISAT /ASAR	10 m、30 m、150 m	不定期	2002～2012 年	全球	土壤水分	https://earth.esa.int/web/guest/missions/
Sentinel-1	5 m	单星 12 天,双星 6 天	2014 年至今	全球	土壤水分	https://scihub.copernicus.eu/
探地雷达	不定	不定期	根据需求设置	根据需求设置	土壤水分	根据需求自行购买,如 SIR 系列、GDE、JRC、EMRAD 等
MOD11A2	500 m	8 天	2001 年至今	全球	蒸散发量	https://www.nasa.gov/
GLASS	1 km	1 年	2000～2015 年	全球	蒸散发量	http://glass-product.bnu.edu.cn/
MOD13Q1/ MYD13Q1	250 m	16 天	2001 年至今	全球	植被长势和覆盖度	https://www.nasa.gov/
GIMMS NDVI 3g	8 km	15 天	1981～2015 年	全球	植被长势和覆盖度	https://ecocast.arc.nasa.gov
SPOT NDVI	1 km	10 天	1998 年至今	全球	植被长势和覆盖度	https://www.vito-eodata.be/
Landsat NDVI/ EVI/ET	30 m	16 天	1972 年至今	全球	植被长势和覆盖度、蒸散发等	https://www.usgs.gov 下载影像后自行计算

注:归一化植被指数(normalized difference vegetation index,NDVI);增强型植被指数(enhanced vegetation index, EVI);蒸散发(evapotranspiration,ET)

　　风云二号气象卫星(FY-2)是我国自行研制的第一代地球同步轨道气象卫星。风云二号气象卫星与极轨气象卫星相辅相成,构成我国气象卫星应用体系。风云二号卫星由 2 颗试验卫星(FY-2A、FY-2B)和 4 颗业务卫星(FY-2C、FY-2D、FY-2E、FY-2F)组成,其作用是获取白天可见光云图、昼夜红外云图和水气分布图,进行天气图传真广播,气象、水文和海洋等气象监测数据收集,供国内外气象资料利用站接收利用(图 2.8)。风云二号气象卫星对暴雨具有很强的监测能力,可以对产流前期的雨量进行较为精确的估算。

　　根据蓄满产流原理,降水首先补充土壤缺水量,当土壤含水量达到饱和以后,下垫面产流。传统土壤水分研究耗时耗力,且研究区域有限;遥感技术为大范围、多时空监测土壤水分提供了有力手段,同时还具有快速、及时和便捷等优点。各国为监测地表土壤水分已发射多种高时空分辨率卫星,如被动微波产品 SMOS[图 2.9(a)]、主动微波产品 ENVISA/ASAR、Sentinel-1[图 2.9(b)]等。

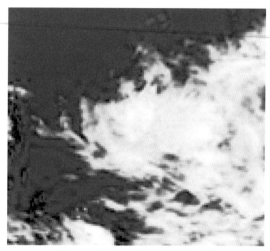

图 2.8 风云二号气象卫星云图

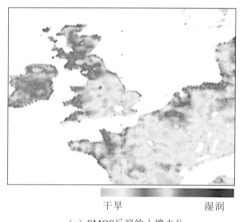
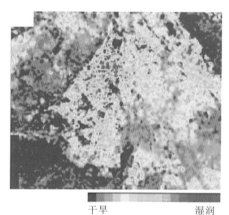

（a）SMOS反演的土壤水分　　　　　　　　（b）Sentinel-1反演的土壤水分

图 2.9　SMOS 和 Sentinel-1 反演土壤水分

Sentinel-1 是迄今为止首个向公众免费提供高分辨率 SAR 数据的雷达卫星计划，该计划由 A、B 两颗卫星组成，分别于 2014 年 4 月和 2016 年 4 月发射，两颗卫星组网可提供时间分辨率高达 6 天的卫星观测数据。作为 ENVISA/ASAR 的后继星，Sentinel-1 在表层土壤水分反演方面继续受到广泛关注[图 2.9（b）]。

探地雷达（ground penetrating radar，GPR）具有无损、测量精度高、探测深度大、适用于多种地质条件等优点，能够弥补传统方法和卫星遥感方法在土壤含水量监测中的不足，是用来反演城市土壤含水量的有效方法。在没有明确地下反射层的条件下，探地雷达地波法是测定浅表层土壤体积含水量的最佳方法。

植被截留对产流计算具有重要的影响，监测海绵城市的植被覆盖度可以有效估算植被对雨水的截留作用。植被覆盖度的计算可分为样方法和遥感监测两种。样方法属实地调查法。通过设置样方得到某个地点的植被覆盖度，精度较高，但是费时费力且在空间上难以保持连续性。因此，通过遥感方法监测植被覆盖度成为学者们的必然选择。该方法多以植被指数为基础，结合地面实测数据，建立实测数据和植被指数间的回归模型，得到具有空间连续性和长时间序列的植被覆盖度产品。

国际上广泛使用的植被指数产品包括 MODIS 系列的 MOD13Q1/MYD13Q1、GIMMS NDVI3g、SPOT NDVI 和 Landsat 系列的 NDVI 或 EVI 产品。MOD13Q1/MYD13Q1 提供每 16 天 250m 空间分辨率的植被指数数据，主要包括 NDVI 和 EVI，其中 EVI 在高生物量地区具有更高敏感性。该数据集由 2000 年至今，可在 https://www.nasa.gov/上下载。GIMMS NDVI3g 有 V0 和 V1 两个版本，数据集时间范围为 1981~2015 年，空间分辨率为 1/12°（约 8 km），时间分辨率为 15 天，可在 https://ecocast.arc.nasa.gov/data/pub/gimms/上下载。SPOT NDVI 由 SPOT-4 卫星搭载的 VEGTATION 传感器获取，该数据集由 VEGETATION 影像处理中心负责预处理成逐日 1 km 全球数据，预处理后生成 10 天最大化合成的 NDVI 数据，可在 https://www.vito-eodata.be/上下载。

上述三种数据产品空间分辨率较低，在进行海绵城市产流计算时往往需要更高分辨率的植被覆盖度，因此 30 m 空间分辨率的 Landsat 系列 NDVI 和 EVI 产品被重点采用（图 2.10），NDVI 是根据每个场景的近红外和红色波段生成的，EVI 是根据每个场景的近红外、红色和蓝色波段生成的，目前 30 m 的 Landsat EVI 和 NDVI 尚没有全球免费公开的数据集，在部分地区可以获取到一些研究人员发布的区域性数据集，也可以根据自己的需求进行计算。

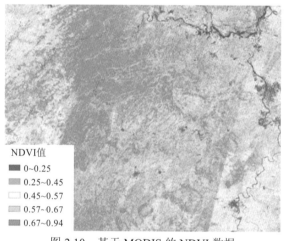

NDVI值
▉ 0~0.25
▨ 0.25~0.45
□ 0.45~0.57
▨ 0.57~0.67
▉ 0.67~0.94

图 2.10　基于 MODIS 的 NDVI 数据

城市蒸散发受下垫面特征和水热通量变化的控制，是下垫面产流形成过程中的一个重要环节。遥感技术对城市蒸散发的估算，其基本原理是利用搭载在各种平台上的传感器所接收的地表反射或发射的辐射信号，通过一定的反演机制获取地表水热特征信息，根据数学算法获得地表蒸散量。

当前国际上主流的蒸散发数据主要包括 MODIS 系列的 MOD11A2 产品和 GLASS 系列的蒸散量数据集。MOD11A2 数据产品是一种每 8 天空间分辨率为 500 m 的复合产品，是从 2001 年 1 月 1 日开始至今的全球数据集，下载地址为 https://www.nasa.gov/。GLASS 蒸散量数据集由北京师范大学制作，所用数据为 2000~2015 年多源遥感数据和实测站点数据，利用贝叶斯方法完成，空间分辨率包括 0.05° 和 1° 两种，可通过 http://glass-product.bnu.edu.cn/下载。但是这两种数据集空间分辨率较低，难以满足精细化的海绵城市产流计算，因此，基于 Landsat 系列数据计算城市蒸散发成为一种解决方案。尹剑等

（2019）结合地面气象资料，考虑地形效应增加了坡地辐射计算方法，结合 Landsat 8 波段特征构建了双层蒸散发遥感模型，该方法具有较高的精度，感热通量、潜热通量和日蒸散发的平均相对误差分别为 4.21%、8.36%和 8.12%。

2.2.3 海绵城市下垫面汇流遥感监测影像资源

汇流阶段是指净雨沿地面和地下汇入河网，并经河网汇集，形成流域出口断面流量的过程。城市雨水汇流可分为地表汇流和地下管网汇流。其中，地表汇流又分为河道汇流和坡面汇流，一般不考虑入渗和管网渗漏雨水在土壤中的汇流。城市河道一般具有规则的渠道断面，这与排水管道类似，相对自然流域河道的不规则断面，城市河道较为简单，符合渠道/管道非恒定流的基本特征。对坡面汇流而言，由于传统自然流域的地形和下垫面条件较为均一，通常将具有相同或类似地形特征和下垫面特征的区域当作统一的水文响应单元，采用相同的理论和参数描述其产汇流过程。城市地表人工构筑物会导致下垫面与自然地貌发生显著变化，这会影响雨水运移汇流路径。

多源遥感资源在下垫面汇流监测过程中得到了广泛的应用，本小节将重点介绍在河道汇流、坡面汇流和地下管网汇流过程中可以使用的遥感数据（表 2.3）。

表 2.3 海绵城市下垫面汇流遥感监测资源

名称	传感器	空间分辨率/m	时间分辨率	时间范围	空间范围	汇流监测中的应用	获取途径
Sentinel-1	C 波段合成孔径雷达	5	单星 12 天，双星 6 天	2014 年至今	全球	河道汇流	https://scihub.copernicus.eu/
COSMO-SkyMed	X 波段传感器	不同高：1	16 天	2007 年至今	全球	河道汇流、坡面汇流	根据需求自行购买
ENVISAT/ASAR	C 波段传感器	10、30、150	不定期	2002～2012 年	全球	河道汇流	https://earth.esa.int/web/guest/missions/
激光雷达	激光扫描仪					坡面汇流、河道汇流	根据需求自行购买
探地雷达	SIR、GDE、EMRAD、LT-1 等					地下管网汇流	根据需求自行购买
无人机	光学相机、多光谱成像仪、孔径合成雷达等					坡面汇流、河道汇流、地下管网汇流	根据需求自行购买

（1）提取河道的空间分布信息及测定河道的横截面是河道汇流研究中的重要工作。关于河道信息的提取，可使用的遥感数据较多，其中多光谱数据的信息可以参考表 2.2；此外，还可以使用 InSAR 数据获取河道的空间信息，使用 LiDAR 数据获取河道的横截面信息。

Sentinel-1 是一个全天时、全天候雷达成像系统，它是欧洲委员会和欧洲航天局针对哥白尼全球对地观测项目研制的首颗卫星,Sentinel-1 基于 C 波段的成像系统采用 4 种成像模式(分辨率最高达 5 m、幅宽达到 400 km)来观测,具有双极化、短重访周期、快速产品生产的能力,可精确确定卫星位置和姿态角。它采用预编程、无冲突的运行模式,可以实现对全球陆地、海岸带、航线的高分辨率监测,也可以实现对城市地区河道、湖泊信息的提取与监测,这也为海绵城市下垫面的河道和湖泊汇流监测提供了技术支撑。

COSMO-SkyMed 卫星是意大利航天局和意大利国防部共同研发的 COSMO-SkyMed 高分辨率雷达卫星星座的第二颗卫星,Cosmo-SkyMed 卫星的分辨率为 1 m,扫描带宽为 10 km,具有雷达干涉测量地形的能力。

ENVISAT 卫星是欧洲航天局的对地观测卫星系列之一,该卫星上载有 10 种探测设备,其中 4 种是 ERS-1/2 所载设备的改进型,所载最大设备是先进的合成孔径雷达(SAR),可生成河道和陆地的高质量高分辨率影像,以研究汇流过程中河道的变化。图 2.11 展示了 Cosmo-SkyMed 雷达卫星和 ENVISAT 雷达卫星拍摄的高分辨率影像。

(a) Cosmo-SkyMed 影像   (b) ENVISAT 影像

图 2.11　Cosmo-SkyMed 雷达卫星和 ENVISAT 雷达卫星拍摄的高分辨率影像

(2)坡面汇流路径受地形地貌、坡度、坡向及微地貌如路坎肩等的影响。因此,获取较为准确的城市下垫面高程信息是城市坡面汇流研究的重要基础。

地面高程数据通过地形图矢量化、传统外业测量、遥感测量(如摄影测量、合成孔径雷达干涉测量以及机载激光扫描)等方式进行采集。

数字摄影测量获取 DEM 可以分为全数字自动摄影测量方法、交互式数字摄影测量方法。全数字自动摄影测量方法采用规则格网采样,直接形成格网 DEM,如果与全球定位系统(global positioning system,GPS)自动空中三角测量系统集成,则可形成内外业一体的高度自动化 DEM 数据采集技术流程;交互式数字摄影测量方法增加了人工干预和编辑的功能。

合成孔径雷达干涉(InSAR)测量是近几十年发展起来的空间遥感新技术。InSAR 技术是传统的微波遥感与射电天文干涉技术相结合的产物。它通过对从不同空间位置获取同一地区的两个雷达图像,利用杨氏双缝干涉原理进行处理,从而获得该地区的地形信息。对于覆盖同一地区的两幅主、从雷达影像,可以利用相位解缠的处理算法得到该区域的相位差图,即干涉图像;再经过基线参数的确定,就可以得到该地区的 DEM 数据。

机载激光扫描系统又称为机载激光雷达。机载激光扫描利用主动遥感的原理,通过机载激光扫描系统发射出激光信号,经由地面反射后到达系统接受器,计算发射信号和反射信号之间的相位差或时间差，来得到地面的地形信息。LiDAR 数据能达到±0.02 m 的精度，能够发现地貌形态上微妙的变化，例如河岸的边沿改变、河道拓宽等。利用机载 LiDAR 系统能够进行大范围、长时间、高精度监测的特点，可以开展河岸侵蚀变化监测（图 2.12）。

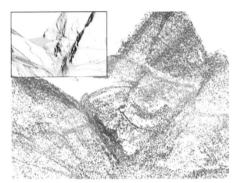

图 2.12 激光点云及影像数据

（3）下垫面汇流过程中，可以利用遥感技术探测城市地下管网空间分布状态及探测管网内部液体的流量等状态。

探地雷达技术广泛应用在地下管网探测研究中。探地雷达基于电磁波基本理论开发，是一种用于确定地下介质分布的广谱（1~3 GHz）电磁技术。其基本组成部分为发射天线、接收天线和主机，通过一个天线发射高频宽频带电磁波，另一个天线接收地下介质界面的反射波，发射天线发出的电磁波传播到地下，在各类管线与土质界面处产生反射波，其路径、电磁场强度与波形等将随通过介质界面的电性质差异等反映到几何形态上，经过主机对电磁信号的转换处理后传送到计算机并成像（图 2.13）。探测数据解译系统根据接收到的电磁波的振幅、波形及波速等信息进行相应的时深转换，以此推算、判别出地下管线的结构、走向和埋深。

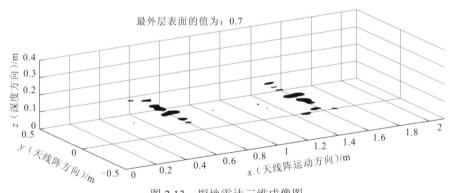

图 2.13 探地雷达三维成像图

地质雷达探测要求地面条件较为平坦，需要在了解测区地球物理特性及大致管线分布情况的基础上进行相关试验，调整合理的测试参数进行探测。探地雷达仪器成本较高，并需要对探测数据进行解译处理分析，一般用于非金属管线探测及复杂条件下的并行管线的补充探测。并且，城市内部复杂地电条件也给探地雷达外业探测及探测数据异常解释带来一定的困难，不适宜城市大面积地下管网探测。

对于有实测产汇流资料的城市，一般先运用实际的观测资料对模型参数进行率定、验证，之后再用于产汇流模拟。然而，现实中还存在许多缺资料的城市，而且对于已具备资料的城市，可能因为人类活动和环境变化使得历史资料也不再可用。城市水文模型是海绵城市建设中的一项关键性支撑技术和基础技术（图 2.14）。城市水文模型将海绵城市的规划设计、工程建设、运行管理等方面结合起来，综合考虑绿色和灰色设施在城市水系统中的作用，对城市水系统的建设和管理具有指导意义。

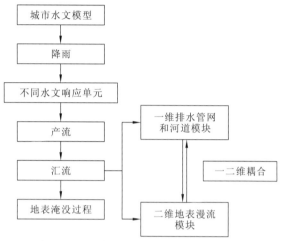

图 2.14 城市水文模型的主要计算流程

目前利用遥感技术可以快速准确地获得研究区域土地利用现状、植被覆盖情况，反演地表参数等，从遥感影像直接或间接获取模型运行所需的相关参数。赵海伟等（2007）根据遥感信息解译而来的下垫面特征值，从物理意义上推求了新安江模型部分参数，将推求出的参数进行长江上游流域水文模拟，验证了推求方法的可靠性；何虹等（2011）采用 MODIS 遥感数据和定量化的遥感技术，针对土地利用分类体系的确立和水文特征指标的提取对流域水文模拟的影响进行了研究。

2.3 海绵城市遥感监测面临的关键问题

在海绵城市监测研究中，多源、多时相遥感影像高质量的云遮挡、建筑物阴影遮挡、植被阴影遮挡等预处理，是利用遥感影像开展城市动态监测研究的重要基础。与此同时，遥感影像中的同物异谱、异物同谱，也是制约海绵城市遥感监测服务的关键问题。

2.3.1 城市多源多时相遥感影像色调差异问题

受传感器镜头畸变、气候条件及地形等因素的影响，遥感影像一般会存在光谱偏差和云雾覆盖，导致地物的光谱信息发生改变，且由于现有硬件技术的限制，获取低空间分辨率的多光谱影像和高分辨率的全色影像的信息量有限；同时，对于范围较大的研究区，需要采用多种来源的高分辨率遥感影像才能够在尽量接近的时间内得到完全覆盖研究区域的影像。

多时相（图 2.15）往往造成错分类：冬季植被与夏季植被会被分为不同类别，雨季河床和枯水季河床也会分为不同类别，冬季大雪覆盖区域分类结果不可靠。诸如此类的问题都是由不同时相影像引起的，因此，如何通过影像融合、特征提取等方式提高影像信息量是开展大面积高分辨率不透水面提取需要研究的第一个问题。

图 2.15　不同时相影像色调差异

高分辨率不透水面提取依赖于影像的光谱、纹理、形状、语义等低层与高层特征，给不透水面提取带来困难，如何提高影像的亮度和对比度、有效地恢复影像的光谱偏差、去除云雾影响、提高多光谱影像的空间分辨率、降低光谱损失、为影像分类提供更丰富的空间特征与光谱特征，是遥感影像预处理过程中需要解决的重要问题。

2.3.2　城市遥感影像云遮挡问题

由于云层遮挡，太阳光很难到达地球表面，从而在影像上形成了"盲区"。当地物被云层遮挡时，卫星传感器不能接收到地物的反射信号，使得获取的遥感影像不清晰，极大地阻碍了遥感影像的应用。因此，云检测在影像预处理中有着非常重要的地位。

准确地识别出遥感影像上的云还能为航空航天对地观测数据管理部门删除无用影像和发布可用影像云量提供依据。剔除云覆盖率较大的无用遥感影像，可以在一定程度上缓解数据传输压力，进而提升遥感影像数据的利用价值。然而，由于云在遥感影像上变化多样，且没有固定形状，精确提取云数据依旧是当前遥感影像预处理的重要挑战（图 2.16）。

厚云像素
薄云像素
无云像素

图 2.16　Landsat-8 云检测整景拼接结果图

2.3.3 城市遥感影像高层建筑阴影遮挡问题

高分辨率遥感影像具有地物细节清晰、空间信息丰富等特点，其分析、处理及应用逐渐成为遥感技术领域的重要发展方向之一。城市不透水面分布是海绵城市遥感监测的重要内容之一，高分辨率遥感影像逐渐成为精细尺度下城市不透水面提取的重要数据来源。但是，高分辨率遥感影像上存在大量的阴影（图2.17），阴影区域的辐射信息缺失，造成后续影像解译过程更加困难、处理结果精度降低。因此，阴影的检测和提取是高分辨率遥感影像数据预处理的重要步骤。

图 2.17　卫星遥感影像上的阴影及树木遮挡

目前研究中有效利用遥感影像中阴影的例子也很多，主要是估测建筑物高度。赵志明等（2015）研究提出建筑物高度和阴影大小的几何关系模型，利用面向对象分类方法提取建筑物轮廓和阴影信息，采用相交线平均法计算阴影大小，进而求解建筑物高度。黄蓉等（2012）利用 QuickBird 卫星影像对青岛市金华路街道办进行了建筑物高度提取，通过此实验提出了阴影长度估算城市建筑物高度的原理和方法。

2.3.4 城市遥感影像植被阴影遮挡问题

从图2.18可看到高分辨率遥感影像上存在明显投影到路面上的阴影，这使得该处光谱反射率较低，难以识别该处地物。但是结合街景地图，可以看出该处行道树下为不透水面。吴莉娟（2015）考虑了阴影对植被覆盖度的影响，并基于几何光学模型，提出了阴影情况下的植被覆盖度定量反演模型，提高了植被覆盖度提取精度。

美国学者通过大量实验及数学推导，得出植被覆盖度受植被光照程度、植被阴影、土壤光照程度和阴影土壤的反射率和植被类型等因素的影响，通过布尔模型和几何光学模型求解树木及叶片遮挡，并将其引入辐射传输模型，由此提出了林木双向反射模型。Jiang 等（2006）认为由于阴影存在，NDVI 不再呈线性关系，并提出用尺度差异植被指数（scale differential vegetation index，SDVI）进行植被覆盖度提取，该模型考虑了光照

图 2.18 阴影遮挡下的街景影像

植被、光照土壤和阴影土壤三个物理量。初庆伟等（2013）指出，光学影像中阴影主要集中在可见光至近红外波段，受卫星观测方位、太阳照射方位、卫星摄影姿态及地面接收太阳辐射能强度等诸多参数的影响，随着光照和观测角度改变，影像上的阴影也随着变化。

2.3.5　城市复杂下垫面同物异谱和异物同谱问题

道路和建筑是海绵城市建设中重要关注的不透水面类别。城区建筑存在明显的区域聚集性，在利用指数进行分类时，存在分类结果较为离散、漏分和错分问题。为了保证建筑类型的精度，往往要人工调整分类结果。道路作为不透水面的典型类别之一，其精度极大影响最终不透水面成图质量和精度。在道路分类过程中，道路容易与裸土、细长田埂混淆。从影像来看，细长田埂和较暗的道路很难区分，即便使用人工判别，识别结果依旧会因人而异。因此，如何精确提高道路提取效果，是城市不透水面中的道路提取研究的重要目标之一。

在水体分类问题中，采用归一化差异水体指数（normalized difference water index，NDWI）等指数有较好的分类效果，但是水体的纹理特征、光谱特征与阴影光谱相似度较高，造成水体与阴影的混淆。利用指数与监督分类结合的方法也无法解决这一问题。

在植被分类问题中常用的指数是 NDVI，但是单凭 NDVI 依旧会混淆植被与低反照率建筑。考虑建筑各波段标准差较大这一特征，利用两个波段标准差乘积扩大这一差异，使植被与建筑分类更可行。

2.3.6　城市复杂场景混合像元问题

混合像元（图 2.19）记录的是多种地表类型的综合光谱信息。遥感器所获取的地面反射或发射光谱信号是以像元为单位记录的。在遥感影像中，一个像元往往覆盖几平方米甚至上千平方米的地表范围，这就形成了混合像元。混合像元的存在主要有两个原因：一是传感器的空间分辨率较低，不同的地物可能存在于一个像元内，这种情况一般在遥感平台处于比较高的位置或拥有宽视角时发生；二是不同的地物组合形成同质均一化的地表类型，这种情况的发生不依赖于传感器的空间分辨率。

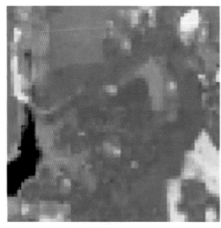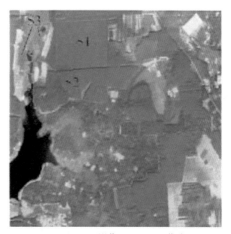

（a）TM影像（60×60像素）　　　　　　（b）GeoEye影像（900×900像素）

图 2.19　混合像元

以 Landsat 系列数据为例，其空间分辨率为 30 m，代表一个像元表征的是真实地球表面 30 m×30 m 的地物覆盖情况。通常 Landsat 一个像元内存在不同类型的地物，主要出现在地类的边界处。混合像元的存在是影响识别分类精度的主要因素之一，特别是对线状地类和细小地物的分类识别影响较为突出。解决混合像元难题的关键在于通过一定方法找出组成混合像元的各种典型地物的比例。

2.4　海绵城市下垫面遥感监测关键技术

城市下垫面遥感影像会受到传感器类型、光谱和空间分辨率、天气、光照变化和地面特征等多种复杂因素的影响。在高分辨率影像上，城市下垫面丰富的地物细节使得影像信息更加复杂，在光谱特征方面存在着大量的同物异谱和同谱异物的现象。

海绵城市下垫面遥感监测关键技术主要包括：城市典型下垫面时空谱特性监测技术、城市高空间分辨率遥感影像阴影检测技术、城市遥感影像超分辨率重建时空融合技术、海绵城市遥感监测模型构建技术及海绵城市建设成效遥感评价方法等。

2.4.1　城市典型下垫面时空谱特性监测技术

在城市复杂背景下，监测城市下垫面时空谱特征是开展海绵城市下垫面精细化分类、海绵城市水文效应、热岛效应及生态环境效应遥感监测研究的重要前提。

1. 城市下垫面地物光谱测量

城市下垫面地物光谱的测量通过光谱仪器完成。光谱仪器是将复杂的光分解成光谱线的科学仪器，它利用光学色散原理及现代先进电子技术，对地物样品进行光谱研究和物质结构分析。它的基本作用是测量被研究光（所研究物质反射、吸收、散射或受激发的荧光等）的光谱特性，包括波长、强度等谱线特征。根据工作原理可以将光谱仪器分成两大类：基于空间色散和干涉分光的经典光谱仪、基于调制原理分光的新型光谱仪。其中，经典光谱仪在对目标物进行光谱采集时，目标物的辐射能通过镜头收集并通过狭缝增强准直照射到分光元件上，经分光元件在垂直方向按光谱色散，经分光元件后成像在图像传感器上。与狭缝进光的经典光谱仪相比，基于调制原理分光的新型光谱仪由圆孔进光，它是非空间分光，具有高光通量、高分辨率的优势。

可移动、便携式光谱仪是野外城市下垫面地物样品库光谱信息采集的主要工具，适用于城市环境中进行外业地物样品的采集。图 2.20 是采用手持式光谱仪对城市下垫面中采用不透水材料铺砌的道路、停车场等地表进行野外光谱测量的照片图。

图 2.20　采用手持式光谱仪进行城市下垫面地物野外光谱测量照片

图 2.21 显示了采用便携测地雷达在透水铺装广场、公园绿地进行外业光谱测量的照片。图 2.22 是以车载式测地雷达，对城市下垫面中的道路进行外业光谱测量的照片。移动车载式地物光谱采集平台一般在测量车上加装采集平台设备，主要包括 GPS 定位系统、数据采集系统、天线等设备（图 2.23）。

图 2.21　便携测地雷达外业便携式光谱测量照片

图 2.22　车载式测地雷达地面光谱特征外业测量　　　图 2.23　移动车载式光谱采集平台

2. 城市典型下垫面地物光谱样本库构建

在城市下垫面分类研究中，异物同谱/同物异谱（图 2.24）是制约光学遥感影像提取精度的重要问题。以不透水面的主要组成部分（混凝土）为例，由于混凝土可以看作由一定比例的水泥与沙石混合而成，对由混凝土为主要成分的不透水面来说，其与裸土中的沙石组分属于同源物质，会导致不透水面与裸土存在比较明显的异物同谱问题。另外，不同的沙石的孔隙度、含水特性具有差异，进而导致城市地区不同空间位置、不同时相的沙石等组分拥有不同的含水饱和度。由于在城市较大区域的空间范围内，城市下垫面同一类物质中的水分含量可能不同，其光谱特征也会因为不同含水量下介电系数的差异出现同物异谱的问题（图 2.24）。

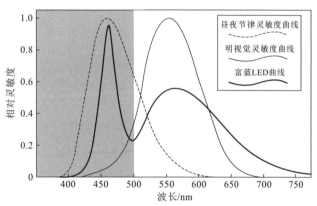

（a）典型地物样点　　　　　　　　　　　（b）地物样点光谱

图 2.24　城市不透水面典型地物异物同谱和同物异谱

同物异谱虽然在一定程度上限制影像分类结果的精度，但是，在精细度较高的城市下垫面分类提取研究中，可以结合物质不同状态下同物异谱的规律，探索下垫面同一种地物所属不同场景、同一种地物当前状态的差异。比如，在海绵城市建设的下垫面透水性铺装改造中，可能会采用透水性混凝土替代普通混凝土，增强道路、广场等场地下垫面的渗透能力。

2.4.2　城市高空间分辨率遥感影像阴影检测技术

与非阴影区相比，阴影区的灰度值小。同时，阴影区域的色度、饱和度等常见的颜色信息特征并不会随成像条件的改变而改变（陈琦，2019）。结合遥感影像上阴影区域色彩特征的这一性质，从视觉机制出发，在阴影粗检测中引入视觉特征；同时，结合阴影形状会随着光源位置、被遮挡物体的朝向和形状等因素的影响而发生改变的特征，将阴影的形状等几何特征引入阴影粗检测研究中，可以提高阴影的检测效率。

李文卓（2017）通过对高空间分辨率遥感影像上阴影的视觉特征、辐射特征、几何特征的分析，采用阈值分割、区域增长方法，从辐射特征、几何特征、视觉特征、拓扑关系等方面进行高空间分辨率影像阴影检测。该方法的主要步骤为：利用对象视觉特征、光谱特征、几何特征对高空间分辨率遥感影像阴影区域进行自适应阈值阴影粗检测；在原始粗检测结果上利用区域增长的方法获取对象，利用 NDVI 和 NDWI 剔除暗植被和水体形成的典型暗地物伪阴影，同时结合对象的几何特性和对象间的拓扑关系剔除其他伪阴影，将剔除结果做交运算，得到阴影精检测结果（图 2.25）。

图 2.25　高空间分辨率遥感影像阴影检测效果

2.4.3　城市遥感影像超分辨率重建时空融合技术

近年来，遥感影像的空间分辨率已经可达米级或亚米级。尽管如此，遥感影像的空间分辨率仍然不能满足日益增长的生产和应用需求，严重阻碍了遥感技术的进一步发展和应用。目前，直接通过提高传感器性能来进一步提升影像分辨率仍是一件费钱费力的工作。然而，影像超分辨率重建技术提供了一种低成本和有效的方式来缓解这个问题，能够突破传感器固有的分辨率和大气的影响，利用图像处理技术生成质量更好、分辨率更高的遥感影像，为进一步的遥感影像分析和应用提供基础。

武汉大学城市遥感团队 Shao 等（2018）利用耦合自编码网络从样本数据中学习低、高分辨率影像稀疏表示字典间的对应关系，从而建立了从低分辨率遥感影像到高分辨率遥感影像空间的映射模型。耦合自编码网络研究采用 1 m、5.6 m 和 18 m 等不同遥感影像进行实验验证，结果表明该方法在学习低、高分辨率影像映射关系时具有的鲁棒性和广泛适应性；该方法直接对低、高分辨率影像的稀疏表示字典（可看作影像块基本特征单元）间的映射关系进行学习，较其他深度学习方法更具抗噪性，如图 2.26～图 2.28 [（a）原始影像；（b）CSRD；（c）BPJDL；（d）SSME；（E）FSRCNN；（f）Shao 等（2018）提出的耦合自编码网络化方法]所示。

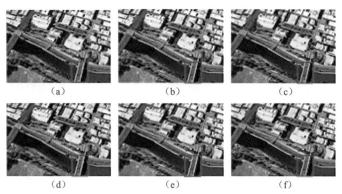

图 2.26 NWPU VHR-10 影像数据超分辨率重建结果图

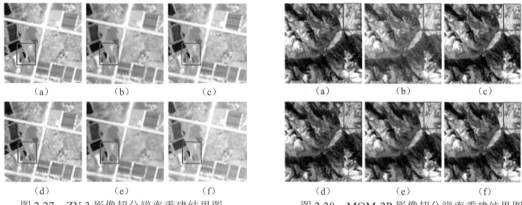

图 2.27 ZY-3 影像超分辨率重建结果图　　　图 2.28 MOM-2P 影像超分辨率重建结果图

2.4.4 海绵城市遥感监测模型构建技术

遥感技术是一项远距离、大范围、常态性反映监测目标阶段客观状况及发展趋势的基础支撑技术。遥感技术适宜从城市、地区、流域等多尺度开展下垫面地物覆盖状况、物理性质时序监测，分析多尺度下垫面空间组成结构、空间格局及趋势。因此，在海绵城市需求分析、规划设计、施工建设、运行维护等全生命周期阶段，从流域、城市及海绵体低影响开发技术场地控制等多尺度构建适宜海绵城市建设全生命周期的遥感监测模型（图 2.29）。

遥感技术可以常态性监测山、水、林、田、湖天然海绵体，包括监测河流、湖泊、坑塘、水库水系，也可以监测城市下垫面中开放沟渠、堤防设施等水保工程的空间分布格局及变化情况等。结合城市下垫面生物量、城市下垫面不透水面和城市水系的变化情况，遥感技术还可以从宏观尺度观测、发现并评估海绵体建设工程的运行状态，进而为海绵城市规划设计及建设主体等提供全生命周期的信息服务支撑。

1. 海绵城市需求分析阶段遥感监测过程模型

首先，根据城市及其所在流域的气象、水文、降雨及蒸散发等特征，明确海绵城市建设低影响开发技术措施的侧重点。比如：处于干旱、半干旱地带且位于流域上游的海

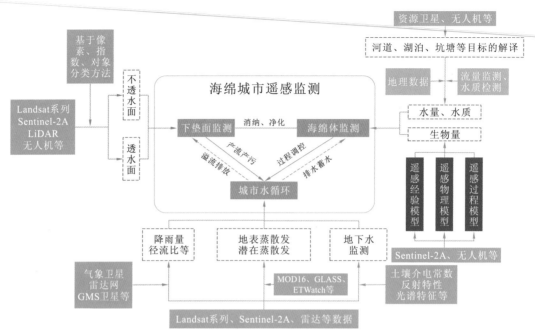

图 2.29　海绵城市遥感监测模型简要示意图

绵城市建设项目需要重点解决如何"留"下雨水的问题；处于湿润多雨地带且位于流域中上游地区的城市在开展海绵城市建设时，需关注如何增强渗透，增强城市蓄水、滞水、排水能力的问题；处于地势低洼、河网水系发达、降雨集中且洪涝灾害严重的流域中下游地区的城市，海绵城市建设则需迫切解决城市内涝问题。

其次，量化具有一定现势性的城市下垫面建设情况和城市排水工程规划情况，进一步分析城市承载雨洪灾害的能力。遥感技术可以分析城市所在流域的降雨、产汇流特征，并结合城市的地理位置及下垫面地形特征、城市产汇流特征、城市承载流域客水压力、城市影响下游洪峰等因素，充分评估宜调度的"山水林田湖草"天然海绵体承载城市雨洪灾害的基准库容能力，以及城市排水系统抽排汇聚雨洪的能力。

最后，厘清海绵体建设雨洪控制总体目标及具体场地控制技术目标，分解宏观、中观、微观不同尺度的降雨径流量管理目标和面源污染管理目标。在分析有效控制城市与其所在流域水量汇聚、洪峰压力问题的基础上，分析城市子汇水区海绵体建设规模、城市子汇水区之间的排水能力，提升改造工程规模。

2. 海绵城市规划设计阶段遥感监测过程模型

在海绵城市规划阶段，根据多尺度遥感技术监测海绵城市建设业务需求，因地制宜地开展海绵城市建设规划、海绵城市改造项目和新建工程项目的规划设计。海绵宜采用小区建筑、道路、绿地广场、水系统等场地低影响开发措施，规划并落实海绵体对城市雨水及生态的实际控制效应；同时，优化海绵城市内部排水系统，促进城市内部海绵体对应排水终端，控制降雨径流顺畅地到达城市子汇水区的调蓄工程，如湖泊、河流、调蓄池等；规划海绵城市"大排水"系统，结合"绿色"基础设施与"灰色"工程措施，实现海绵体对流域水文过程规模化效应的影响。

3. 海绵城市建设阶段遥感监测过程模型

在星载、机载遥感监测平台基于时序、常态性的监测技术支撑下，可以实现城市或流域下垫面用地分类及水文特征信息的提取。主要提取或检测信息包括：下垫面森林、草地、湿地等植被，建筑物屋顶、道路、广场等不透水面，湖泊、坑塘、河流等水体，耕地、景观用地、裸土等的分布及其变化情况。结合海绵城市建设工程空间分布格局等先验知识，可以进一步评估出海绵城市建设下垫面生物量、城市下垫面不透水面、城市水系统等的变化情况，进而从遥感技术地面景观监测角度动态评估海绵城市建设过程中产生的效应。

利用遥感技术提取下垫面透水面、不透水面、土壤及其含水性特征，结合流域水文模型、城市水文模型，可以预测并评估海绵城市建设对城市降雨径流总量、城市面源污染量的控制情况，能够在一定程度上支撑海绵城市及所在地区或流域水文效应影响评估。

4. 海绵城市运维阶段遥感监测模型

利用空-天-地相结合的遥感技术，结合地面观测数据及三维地质雷达等技术，可以对海绵城市建设工程中如生态驳岸、湿地水位、透水性铺装等海绵工程项目运行状况进行监测并做出评估。进一步，结合地面传感网络，如径流、蒸发、降雨、水质、土壤蒸散发等传感设备，可以实现对海绵城市建设场地运行健康状况的动态检测。

2.4.5　海绵城市建设成效遥感评价方法

结合海绵改造对下垫面水文效应参数的影响，以及具有一定现势性的下垫面湿度、调蓄能力等信息，客观地评估海绵城市在城市尺度、流域尺度对径流控制、水质控制方面的建设成效。

在相对较小的城市尺度上，其产汇流过程受下垫面覆盖物类型、坡面与河道分布情况、城市排水系统空间及运行效率等因素的影响。在相对较大的流域尺度上，流域产汇流过程主要受汇水区内部的降雨差异、蒸散发差异、土壤含水性等水文状态参数差异，以及汇水区内部下垫面环境地形地貌、河网分布等因素的影响。

在进行海绵城市建设成效评价时，需要在对城市排水系统管网适当概化的基础上，结合遥感大数据反演水文状态参数信息，将下垫面水文状态参数信息耦合到顾及降雨量、地表蓄滞能力、地形连通性差异的水文模型中，结合一维水动力模型模拟地表漫流及河道或管网汇流过程，建立起顾及城市下垫面水文状态时空异质性特征的降雨与雨洪产汇流之间的非线性关系，为海绵城市建设成效评价提供定量评估结果。

在开展流域尺度的降雨与径流雨洪模拟研究时，需要结合水平方向划分汇水区、垂直方向划分水源层的方式，将流域地形特征、流域下垫面不透水面分布特征、土壤含水性特征耦合至半分布式水文模型中，模拟流域下垫面降雨与径流雨洪特征。

结合城市水文模型来反映海绵体建设对城市水文的影响。然而，城市水文过程机理复杂、影响因素较多，不论采用水文模型还是水动力模型，都较难全面地反映城市水文客观现象。特别在城市汇水区产流、汇流过程中，城市下垫面及地表透水性分布格局差异，城市汇水区水文效应具有明显的非线性特征。建成区广场、道路、建筑体等密闭性较强的硬化地面具有渗透能力差、地表产流系数高的特点；即使在相同渗透能力的地表空间上，具有相同土壤成分的透水性地面，其土壤物理特征差异（如土壤导水性、土壤湿度条件），也会对下垫面的渗透、产流能力产生影响。以典型经验入渗模型霍顿模型为例，下垫面土壤的入渗能力会随时间变化。

$$f(t) = f_c + (f_0 - f_c) \times e^{\beta t} \tag{2.1}$$

式中：$f(t)$ 为 t 时刻的土壤下渗率，mm/h；f_0 为土壤初始下渗率，mm/h；f_c 为稳定下渗率，mm/h；β 为下渗衰减系数，与土壤物理性质有关，h^{-1}；t 为时间，h。其中，f_0、f_c 和 β 为常数，称为霍顿入渗参数。

夏军等（2017）提出的时变增益模型（time variant gain model，TVGM）同样描述了在下垫面水文效应过程研究中，降雨产流与土壤含水量之间存在非常强的非线性关系。

$$G(t) = \alpha \text{API}\{t, p(t)\}^{\beta} \tag{2.2}$$

式中：$G(t)$ 为产流量；$\text{API}(t)$ 为土壤湿度；$p(t)$ 为降雨强度；α、β 为下垫面参数。

城市是遥感对地观测研究中的重要研究对象，城市遥感数据具有影像数据格式多、空间分辨率高、时间分辨率高、数据时势性强、数据资源丰富等特点。城市影像大数据可以提取出城市多时相的下垫面不透水面、透水性或半透水地面、湖泊湿地、土壤湿度等影响城市水文效应的下垫面水文状态参数信息。

在构建海绵城市遥感监测模型时，可以结合多源、多时相的光学影像、SAR 影像，反演场地、城市、流域不同尺度的下垫面水文状态因子，研究兼顾尺度、时相且更为精细的水文效应影响因素的空间分布格局，以及城市、流域等多尺度的下垫面水文效应状态参数的时空变化特征。

参 考 文 献

陈琦, 2019. 基于特征和字典学习的图像阴影检测与去除方法研究. 武汉: 华中师范大学.

初庆伟, 张洪群, 2013. Landsat-8 卫星数据应用讨论. 遥感信息, 28(4): 110-114.

何虹, 夏达忠, 甘郝新, 2011. 基于 MODIS 的水文特征指标提取与应用研究. 水利信息化(4): 4-8.

黄蓉, 李丹, 乔相飞, 2012. 基于 QuickBird 卫星影像阴影的青岛市建筑物高度提取. 测绘通报(S1): 281-284.

李文卓, 2017. 时序无人机影像二三维综合的面向对象建筑物变化检测关键技术研究. 武汉: 武汉大学.

马海波, 刘震, 2007. 城市化引起的水文效应. 黑龙江水专学报, 34(1): 98-100.

邵振峰, 潘银, 蔡燕宁, 等, 2018. 基于 Landsat 年际序列影像的武汉市不透水面遥感监测. 地理空间信息, 16 (1): 1-5.

王浩, 卢善龙, 吴炳方, 等, 2013. 不透水面遥感提取及应用研究进展. 地球科学进展, 28(3): 327-336.

吴莉娟, 2015. 基于阴影情况下的植被覆盖度模型研究. 西安: 西安科技大学.

夏军, 石卫, 王强, 等, 2017. 海绵城市建设中若干水文学问题的研讨. 水资源保护, 33(1): 1-8.

徐看, 熊助国, 刘向铜, 等, 2020. 城市不透水面遥感提取应用探讨. 江西科学, 38(4): 498-503, 618.

尹剑, 欧照凡, 2019. 考虑坡面地形的蒸散发遥感估算及空间分布研究. 节水灌溉(5): 92-98.

赵海伟, 夏达忠, 张行南, 等, 2007. 传统新安江模型在流域分布水文模拟中的应用. 水电能源科学, 25(5): 27-30.

赵志明, 周小成, 付乾坤, 等, 2015. 基于资源三号影像的建筑物高度信息提取方法. 国土资源遥感, 27(3) : 9-24.

朱长明, 张新, 黄巧华, 2018. 基于完全遥感的湖泊湿地水文特征参数综合反演. 水文, 38 (5): 27-33, 96.

JLANG Z, HUETE A R, CHEN J, et al., 2006. Analysis of NDVI and scaled difference vegetation index retrievals of vegetation fraction. Remote Sensing of Environment, 101(3): 366-378.

SHAO Z, CAI J, 2018. Remote sensing image fusion with deep convolutional neural network. IEEE Journal of Selected Topics in Applied Earth Observations and Remote Sensing, 11(5): 1656-1669.

SHAO Z, FU H, LI D, et al., 2019. Remote sensing monitoring of multi-scale watersheds impermeability for urban hydrological evaluation. Remote Sensing of Environment, 232: 111338.

VAROL B, YILMAZ E O, MAKTAV D, et al., 2019. Detection of Illegal constructions in urban cities: Comparing LiDAR data and stereo KOMPSAT-3 images with development plans. European Journal of Remote Sensing, 52(1): 335-344.

第3章　海绵城市遥感监测生态模型

  在全球气候变化的严峻背景下，"碳达峰"和"碳中和"成为当前各国政府应对气候变化的重要议题。在海绵城市的构建过程中，因地制宜地规划和保护"山、水、林、田、湖、草、湿地"这些天然海绵体，符合碳达峰碳中和战略。坚持生态优先的可持续发展理念，规划增加城市植被生物量、净化城市水系统水质环境、提升城市土壤保水及水生态活性等相关措施，能够在一定程度上增加城市下垫面碳储量，进而有效支撑碳中和目标。

  围绕海绵城市遥感监测模型，本章将主要介绍海绵城市生态学碳水通量遥感监测模型，探讨海绵城市下垫面遥感观测和信息表达模型，聚焦海绵城市生态学遥感监测模型。

3.1 海绵城市生态学碳水通量遥感监测模型

  当前我国正大力推行生态城市、海绵城市、韧性城市等建设理念，正在实施碳达峰碳中和战略，这将影响城市用地布局及城市生态环境。土壤-植被-大气连续体水热和 CO_2 传输，是陆地水热循环和碳循环的重要组成部分（王靖 等，2008）。监测城市空间尺度的水热通量，包括碳通量、植被生物量、土壤碳储量等，可以定量评估海绵城市建设背景下城市碳源碳汇的时空分布格局及变化趋势，间接反映城市建设决策与宏观"碳中和"战略的适宜程度。

3.1.1 海绵城市碳水循环

  陆地生态系统的水蒸气、CO_2 等物质通过单位面积的输送流量，称为通量。在时间尺度上，通量指标既可以反映瞬时生态系统产率，又可以反映长时间生态系统的功能变化；在空间尺度上，可以从通量站的单点监测，扩展至区域乃至全球的通量监测（于贵瑞 等，2011）。与陆地生态系统类似，城市生态系统的碳循环和水循环相互耦合（图 3.1），构成城市表层物质与能量交换的核心，同时也成为连接城市大气圈、地圈和生物圈的重要纽带。

  碳汇，指吸收并储存 CO_2 的多少/能力。城市碳汇，指通过城市内部植树造林、森林管理、植被恢复等措施，利用植物光合作用吸收大气中的 CO_2，并将其固定在植被和土壤中，从而减少温室气体在大气中浓度的过程、活动或机制。碳源，指向大气中释放碳的过程、活动或机制。城市中碳源主要为土壤与生物体，此外城市生活场景中的工业生产、生活等都会产生 CO_2 等温室气体，也是主要的碳排放源。

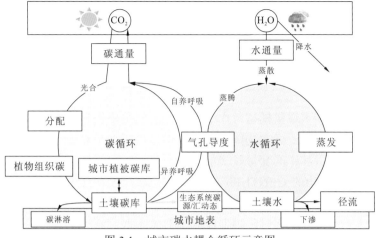

图 3.1　城市碳水耦合循环示意图

对于碳通量，绿色植物的减少将直接影响生态群落光合作用产能，生态系统的碳吸收功能会受到干扰甚至被逆转，从碳汇转变为碳源。对于水通量，绿地植被的减少使本应被冠层截留的水分以降水的形式落到地表，与难以下渗的地表径流一起汇入河湖网络，导致区域蒸散量下降，生态系统的水分涵养能力被削弱。

海绵城市保护城市蓝（水系统环境）、绿（城市绿地植被生态系统）空间，相当于从宏观上夯实了城市植被碳库、城市土壤碳库及滋养城市碳库的水系统循环的生态本底；海绵城市通过对城市下垫面"海绵化"改造，将城市人工构筑物合理地布局在城市水资源、水环境和水生态中，干预城市不透水面覆盖区域的植被、表土与城市水系统的协调性，促进城市透水、蓄水、滞水、持水能力，也为实现城市生态系统内部碳水微循环的局部平衡奠定了基础。

3.1.2　海绵城市生态系统碳水通量监测

和陆地生态系统碳水通量监测一样，海绵城市碳水通量监测主要可以划分为基于数理统计及参数推理的模型和基于机理过程的数值模拟的模型。根据采用数据的不同，可以划分为以生态系统定点站为依托的站点监测、以样地水平尺度和以遥感数据为支撑的大尺度碳水通量监测，以及以城市海绵示范区尺度为支撑的联合地面传感网与空天地遥感技术的碳水通量监测。

1. 基于数理统计及参数推理的海绵城市碳水通量监测

传统的陆地生态系统碳水通量测量，主要以生态系统定点站为依托进行监测。陆地生态系统碳水通量监测的推理理论及计算模型发展较早。比如，Boysen-Jensen（1932）在《植物的物质生产》中首次明确提出了植物总生产量和净生产量概念；Selm（1952）在对森林 CO_2 监测时发现了冠层下部 CO_2 浓度随高程递减的事实。在水通量监测方面，Penman（1948）基于空气动力学提出了著名的 Penman 公式，并引入阻抗因子用于植被蒸腾计算；Covey（1959）将气孔阻抗的概念上推至整个植被表面，Monteith（1965）提出了考虑边界层阻力的 Penman-Monteith 模型。

基于定点站的海绵城市监测,可以获取场地 LID 措施站点或样地水平精度很高的碳水通量特征,但是较难将碳水通量特征上推为海绵城市建设对区域、流域碳水循环的影响。

2. 基于机理过程模型的海绵城市碳水通量监测

基于机理过程的碳水通量模型考虑了生态群落的主要机理过程,如光合作用、水分蒸散、植物和土壤的呼吸、微生物降解等。机理过程模型是对现实世界的简化,具有模型机理复杂、输入参量和中间变量较多的特点。目前应用较为广泛的机理过程模型,如 Schimel 等(1996)提出的 CENTURY 模型采用空间尺度精细化的气象数据、生态群落信息对机理过程模型进行参数化,可以刻画生态群落受环境变化影响的反馈机制。同时,以未来气候情景为输入,机理过程模型能够预测生态群落响应结果。然而,基于机理过程模型的碳水通量监测存在一定的不确定性,限制了其在区域、全球等大尺度的碳水通量研究中的应用。对海绵城市碳水通量监测来说,可以将地面观测网观测数据同化到机理模型中,进而在一定程度上降低机理过程模型的不确定性。

3. 基于观测网络的海绵城市碳水通量监测

欧洲和美国从 20 世纪 90 年代中期开始建立通量观测网络,并长期开展陆地生态系统的定点监测。我国的通量观测网络建设起步略晚。2002 年,我国建立了中国陆地生态系统通量观测研究网络(ChinaFLUX),并与其他区域通量观测网络共同组成了国际通量观测网络(FLUXNET,图 3.2)。此外,在综合探索全球化干扰下的生态系统过程机制及其变化趋势方面,中美碳联盟(US-China Carbon Consortium,USCCC)开展了大量的研究工作。对于区域、流域尺度的海绵城市建设,可以考虑采用国内外全球尺度、区域尺度的碳水通量观测网络,开展较大空间尺度的海绵城市建设碳水通量监测研究。

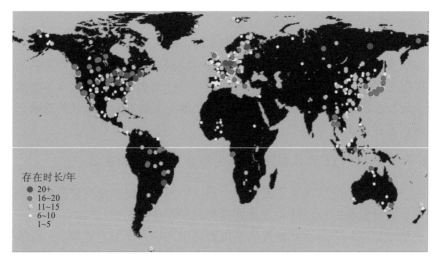

图 3.2　FLUXNET 全球站点分布

数据截至 2015 年 4 月,来自 https://fluxnet.org/sites/site-summary/

4. 基于遥感技术的碳水通量监测

自 Landsat 发射以来，遥感数据广泛应用在生态环境监测研究中。20 世纪 90 年代开始，美国国家航空航天局（National Aeronautics and Space Administration，NASA）实施的针对全球变化的新一代对地观测系统（Earth observing system，EOS）计划，其观测对象涵盖了陆地、大气和海洋等各个圈层。

遥感技术具有可重复、大面积获取地物信息的能力，在定量估算陆地生态系统碳水通量方面起到不可或缺的作用。截至目前，MODIS 系列先后发布了多套大气和陆表产品，包括定标参数、地表反射率、反照率、地表温度、土地覆盖类型、植被指数、植被覆盖度、叶面积指数、蒸散、初级生产力等，在陆表过程和低层大气研究等方面取得良好的应用效果。MODIS 标准陆地碳水通量产品也采取了遥感数据驱动的模型结构，其提供的 MOD16 蒸散产品和 MOD17 植被初级生产力产品模拟了 2000 年至今全球范围多种空间分辨率（8 天、月和年际）的碳水通量估算结果。

利用遥感数据驱动的陆地生态系统碳水通量模型可以分为统计模型和参数模型两类。

统计模型是基于遥感影像可获取的信息与地面实际观测值之间的统计关系建立经验或半经验的定量模型。对于碳通量，此类模型包括基于植被指数和辐射数据的模型（Gitelson et al.，2006）、基于植被指数和地表温度（temperature and greenness，TG）的模型（Sims et al.，2008）等。对于水通量，Gie 等（2011）提出了供水压力指数（water supply stress index，WaSSI）模型和考虑非线性关系的回归树模型（Xia et al.，2014）等。

参数模型是利用遥感数据和其他辅助数据模拟生态系统过程，进而获取时空连续的碳水通量模拟结果。陆地碳通量参数模型普遍采用基于资源平衡理论的光能利用率模型方法。根据光合有效辐射和环境胁迫因子不同的计算方法，著名的光能利用率模型有 Potter 等（1993）提出的卡内基-埃姆斯-斯坦福方法（Carnegie-Ames-Stanford approach，CASA）模型、Xiao 等（2014）提出的植被光合作用模型（vegetation photosynthesis model，VPM）等。在陆地水通量模型方面，Yuan 等（2010）基于 Penman-Monteith 公式提出的 PM-Yuan 模型应用较为广泛。

尽管陆地生态系统碳水通量模拟模型发展显著，但是，Schaefer 等（2012）利用北美 39 个通量站点数据系统，评估了包括基于遥感技术监测模型在内的 26 种植被总初级生产力模型，结果显示没有一种模型能够提供与碳通量实测值长时间相符的模拟结果。

3.1.3 基于涡度相关理论的海绵城市碳水通量观测模型

近二十年来，基于涡度相关（eddy covariance，EC）理论的生态系统碳水通量观测技术得到了长足发展。涡度相关理论的碳水通量观测仪器设备研究发展也比较快，这为海绵城市碳水通量观测提供了更为多源的数据资源选择。

近地界面湍流是陆地-大气进行物质与能量交换的主要方式，这些湍流由许多具有三维结构的湍涡造成。涡度相关技术通过测定和计算垂直风速脉动与 CO_2、温度、水汽等物理量的脉动协方差，进而获取湍流输送通量（于贵瑞 等，2006）。涡度相关技术的基本思想是将湍流视为一系列关于平均值的波动，而任意时刻物理量的瞬时值可以定量表示为一定时间段内均值和脉动值的叠加（谢静，2012）。

以 CO_2 通量为例，介绍涡度相关技术的理论推导过程。图 3.3（Leuning，2004）为笛卡儿坐标系控制体积内物质守恒示意图。CO_2 的标量物质守恒（图 3.3）方程可以表示为

$$\frac{\partial \overline{\rho_c}}{\partial t} + \frac{\partial \overline{w_i \rho_c}}{\partial n_i} - D\frac{\partial^2 \overline{\rho_c}}{\partial n_i^2} = \overline{S}(n_i, t) \qquad (3.1)$$

式中：ρ_c 为 CO_2 密度；n_i 为笛卡儿三维坐标系的 x、y 和 z 轴（i=1, 2, 3，下同）；w_i 为 x、y 和 z 轴相对应风速 u_c、v_c 和 w_c；D 为 CO_2 分子扩散率；$S(n_i, t)$ 为标量物质守恒控制体积内的汇/源强度，上横线表示时间均值。

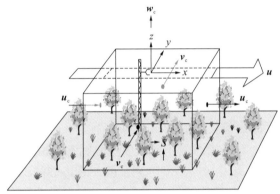

图 3.3　笛卡儿坐标系控制体积内物质守恒示意图

在满足常通量层的条件下：

$$\begin{cases} \overline{\dfrac{\partial \overline{\rho_c}}{\partial t}} = 0 \\[2mm] \dfrac{\partial \overline{w_{1,2}\rho_c}}{\partial n_{1,2}} = 0 \\[2mm] \dfrac{\partial^2 \overline{\rho_c}}{\partial n_{1,2}^2} = 0 \\[2mm] \overline{S} = 0 \end{cases} \qquad (3.2)$$

则相应变化为

$$\frac{\partial \overline{w\rho_c}}{\partial z} - D\frac{\partial^2 \overline{\rho_c}}{\partial z^2} = 0 \qquad (3.3)$$

对进行积分和雷诺分解可得

$$F_c = \overline{w'\rho_c'} \qquad (3.4)$$

式中：w' 和 ρ' 分别为垂直风速和 CO_2 密度的脉动；F_c 为 CO_2 的垂直湍流通量。与此类似，可以得到诸如水汽、热量等物理量在垂直方向上的湍流通量表达式。

在实际测量过程中，认为植被冠层–近仪器高度大气为常通量层，即满足冠层高度与仪器测量高度间的汇/源项为 0，则可以推得

$$\mathrm{NEE} = \overline{w'\rho_c'}(z_t) = \int_0^h \overline{S}(z)\mathrm{d}z + \overline{w'\rho_c'}(0) \qquad (3.5)$$

式中：NEE（net ecosystem exchange）为大气与植被冠层的 CO_2 净生态系统交换量；z_t 和

h 分别为测量仪器和植被冠层的高度。$\int_0^h \overline{S}(z)\mathrm{d}z$ 项的物理意义可以理解为植被地上部分的光合与呼吸作用的代数和，$\overline{w'\rho_c'}(0)$ 则表示土壤呼吸强度。

事实上，NEE 在数值上与 NEP（net ecosystem productivity，净生态系统生产力）相同。其中，NEP 指净第一生产力（又称净初生产力，指单位时间内生物通过光合作用所吸收的碳，除去植物呼吸损耗的碳而得到的剩下值）减去异养呼吸（如土壤呼吸）所消耗的光合产物。但是，NEE 和 NEP 的正负相反（NEE = −NEP）。当 NEE 为正时，代表土壤与植被产生的 CO_2 向上被输送到大气；当 NEE 为负时，则表示大气中的 CO_2 被生态系统所吸收。

在实际情况中，水气、温度的输送会对 CO_2 的密度产生影响；同时，在地势较为复杂的城市观测环境中，生态系统对应的水气、温度等收支，也可能与仪器监测结果存在一定差异。因此，需要结合观测结果对理论碳水通量计算结果进行相应的修正处理。

3.2　海绵城市下垫面遥感观测和信息表达模型

遥感技术可以监测海绵城市下垫面用地现状，反映海绵城市"渗、滞、蓄、净、用、排"措施影响下的下垫面植被、水体变化特征，以及海绵城市生态系统碳水通量模式等问题。

3.2.1　城市化对海绵城市下垫面的影响

海绵城市下垫面既要满足城市运行的基本需求，同时也需要极大化满足城市下垫面最大程度地趋近自然下垫面的要求。随着海绵城市透水化铺装等低影响开发技术的推进，城市下垫面组成性质在空间上逐渐呈现出透水面与不透水面交织的情况。

1. 城市化对城市生态的影响

城市高不透水面覆盖率的用地模式，是逐渐由以自然地表为主的用地结构演化而来的。城市化会对城市生态产生影响，以植物生态多样性为例，以自然地表为主的用地模式，自然赋存的植被较多，往往具有自然、多样化并且更具有活力的特点。

城市化建设过程中，以市政道路、广场及建筑小区为主的城市人工构筑物广泛分散在城市地势较为平坦、有水域分布、交通条件较为便利的区域。在自然地表向建设用地转化过程中，原有自然状态下的植被大多不再具有生存空间或适宜环境；即使是转化为景观绿地，这些区域原有的自然植被也极有可能被规划的花草乔木等景观植被替代。因此，城市化会对城市原有生态系统产生影响。

2. 城市化对城市水文效应的影响

城市下垫面特征的改变，使得城市区域下垫面本身的滞水性、渗透性及热力状况均发生变化，进而产生"雨岛效应"和"热岛效应"等城市化水文效应现象。

"城市热岛"，是指城市下垫面硬化造成城市地区温度比周边城郊、乡村区域温度更高的现象。城市内大量的人工构筑物，如混凝土、柏油路面，各种建筑墙面等，改变了下垫面的热力属性。这些人工构筑物吸热快而热容量小，在相同的太阳辐射条件下，它们比自然下垫面（绿地、水面等）升温快，因而其表面温度明显高于自然下垫面。

"城市雨岛""城市干/湿岛"都是"城市热岛"在降雨、湿度方面的进一步表现。"城市雨岛"，是指城市地区降水量与郊区具有差异的现象。这是由城区地表升温快、城区水系统蒸散发微气候差异等引起的现象。现有"城市雨岛"呈现出两种观点：一种是城市化导致城市地区降雨增量明显；另一种是城市地区污染产生了气溶胶，导致城市降雨量减少。"城市干/湿岛"，是分析城市长时间序列的气象数据，气象水汽压、相对湿度等与城市下垫面人类活动具有相关性，人类活动明显导致城市地区的地表水气含量增加或减少等。

3. 城市化对城市碳水通量的影响

城市不透水面的分布格局会对下垫面的地热通量产生影响，其时空变化趋势和对陆地碳水通量的影响机制是目前全球环境变化研究的热点内容（Shao et al.，2019）。流域和区域尺度的不透水面扩张，直接带来土地覆盖类型的改变，进而导致陆地生态系统功能的退化。

在碳通量遥感监测方面，Milesi 等（2003）利用 MODIS 数据和夜光遥感影像分析了美国东南部城市扩张对陆地碳通量的影响，结果显示 1992~2000 年间的城市扩张导致该地区植被净初级生产力（net primary productivity，NPP）年均下降 0.4%。Pei 等（2013）模拟了城市扩张对中国陆地植被净初级生产力的影响，结果显示城市扩张使得中国年均净初级生产力下降了 0.31×10^{-3} Pg C。Gu 等（2022）采用非参数趋势度法，联合夜光遥感影像，定性地分析了 2000 年、2005 年、2010 年、2015 年、2020 年武汉市城市扩张对 NPP 的影响，并建立了夜光强度指数与年际总 NPP 及平均 NPP 之间的相关性。徐昔保等（2011）基于 CASA 模型计算了 2000~2007 年太湖流域的植被净初级生产力，显示出城市快速扩张是导致该地区净初级生产力下降的主要原因。

在水通量遥感监测方面，Liu 等（2008）利用动态生态系统模型（dynamicl and ecosystem model，DLEM）定量估算了 20 世纪中国的蒸散时空格局，结果表明土地利用和覆盖类型变化是造成区域蒸散发生变化的主要驱动力量。Zhou 等（2013）基于土壤和水评估工具（soil and water assessment tool，SWAT）模型，分析了长江三角洲西苕溪流域蒸散的时空变化，结果表明不透水面扩张对流域蒸散总量会造成一定影响，且在生长季更为明显。Hao 等（2015）利用 MOD16 对秦淮河流域 2000~2013 年蒸散的变化趋势进行了分析，秦淮河流域蒸散总体呈现下降趋势（年均下降 3.6 mm），流域内水稻田的大量流失和不透水面的迅速扩张是导致蒸散发生变化的主要原因。

3.2.2 海绵城市时-空-谱-角遥感观测模型

城市遥感观测对象通常具有多维度、多尺度、多模式的特点。就多维度而言，城市遥感观测需要开展水平观测或垂直观测。例如在地物分类过程中，水平观测能够确定地物标签；在智慧城市部件级观测中，则需要从垂直维度观测城市结构（Zhu et al.，2019）。

在城市遥感观测中，观测对象的背后必须有目的。例如：开展城市土地覆盖和土地利用状况观测，分析城市化的驱动力及其与城市生态环境的交互耦合效应；开展长时间序列的城市能源消耗观测，客观评估城市发展与生态环境的可持续性之间的协调性等。类似长时间序列的城市遥感观测提供支撑城市规划的重要信息，这就需要不同类型、不同时间分辨率的遥感影像。

城市下垫面复杂场景具有高度异质性、地物更加碎片化的特征。采用中、低空间分辨率的影像进行城市遥感观测极易出现混合像元问题，因此，需要更高空间分辨率的遥感影像。一般来说，影像空间分辨率越高，噪声也越多，微观细节特征及人类活动的干扰也越多，城市下垫面地物的精确提取非常困难。除此之外，高分辨率遥感影像存在的同物异谱和同谱异物问题也较为显著。由此可知，最为理想的城市遥感影像能兼具高空间分辨率和高光谱分辨率。然而，为了获得满足成像要求的信噪比，遥感影像往往无法兼顾"双高"特征。

因此，针对城市复杂场景、单一的观测角度获取的局部区域有效数据会造成数据空洞现象，Shao 等（2021）提出了一种城市时–空–谱–角协同观测模型，指导根据城市观测需求选择多源遥感平台和传感器的协同观测方法，这为海绵城市遥感观测提供一种参考。

1. 时–空–谱–角观测抽象模型

时–空–谱–角观测抽象模型旨在对不同分辨率、不同平台、不同类型等多源遥感影像 $I_1, I_2, I_3, \cdots, I_K$ 进行统一，形成具有更高空间分辨率、时间分辨率、光谱分辨率和更适宜拍摄角度的遥感影像资源，最终实现面向城市遥感观测的目的。

$$I = O(I_1, I_2, I_3, \cdots, I_K) \tag{3.6}$$

遥感影像包含空间、时间、光谱和角度 4 元属性，每个遥感数据对象 I_i 均由空间、时间、光谱和角度 4 个分量构成

$$I_i = I_{i,\text{spatial}} \oplus I_{i,\text{temporal}} \oplus I_{i,\text{spectral}} \oplus I_{i,\text{angle}} \tag{3.7}$$

因采集方式的差异，多元影像数据往往只侧重于某一分量，其他分量则较弱。例如，高分辨率影像数据具有较高的空间分辨率，但时间分辨率和光谱分辨率较低。因此，时–空–谱–角观测抽象模型从空间、时间、光谱和角度 4 个方面进行考虑，在各分量上建立多元数据之间的约束关系，实现对各分量信息的融合并提升

$$I = F(\{I_{i,\text{spatial}}\}_{i=1}^K) \oplus F(\{I_{i,\text{temporal}}\}_{i=1}^K) \oplus F(\{I_{i,\text{spectral}}\}_{i=1}^K) \oplus F(\{I_{i,\text{angle}}\}_{i=1}^K) \tag{3.8}$$

式中：$F(\cdot)$ 为各分量上的融合函数。

从输出结果来看，时–空–谱–角观测抽象模型可以输出高质量（高空间分辨率、高时间分辨率、高光谱分辨率和高角度）的遥感影像；根据不同观测任务（T）需求，也可输出与之对应的遥感特征或信息

$$Y = O(I_1, I_2, I_3, \ldots, I_K; T) \tag{3.9}$$

同样，时–空–谱–角观测抽象模型可以从空间、时间、光谱和角度 4 个方面建立多元数据间的约束关系，提取相应的遥感特征或信息

$$Y = H(F(\{I_{i,\text{spatial}}\}_{i=1}^K; T) \oplus F(\{I_{i,\text{temporal}}\}_{i=1}^K; T) \oplus F(\{I_{i,\text{spectral}}\}_{i=1}^K; T) \oplus F(\{I_{i,\text{angle}}\}_{i=1}^K; T) \tag{3.10}$$

式中：$H(\cdot)$ 为信息提取函数。考虑不同城市的特点对模型进行约束，式（3.10）描述的时-空-谱-角观测抽象模型可以简化为

$$Y = F(h_{\text{spatial}}, h_{\text{temporal}}, h_{\text{spectral}}, h_{\text{angle}}) \tag{3.11}$$

1）空间特征集合

遥感影像，尤其是高空间分辨率的遥感影像，其光谱差异反映出的空间特征在遥感信息提取中起着重要作用。在实际应用中，空间分辨率首先考虑的是空间特征。当空间分辨率满足要求时，可以提取出更多的诸如边缘、形状、纹理、高度、语义特征等的空间特征信息。因此，空间特征集 I_{spatial} 可以表示为

$$I_{\text{spatial}} = \{h_{\text{edge}}, h_{\text{shape}}, h_{\text{texture}}, h_{\text{height}}, \cdots, h_{\text{semantic}}\} \tag{3.12}$$

空间特征集合 $\{h_{\text{edge}}, h_{\text{shape}}, h_{\text{texture}}, h_{\text{height}}, \cdots, h_{\text{semantic}}\}$ 分别代表选取空间特征约束条件提取的观测对象的边缘、形状、纹理、观测高度、语义等空间特征。值得注意的是，不能忽略在中等或较低空间分辨率影像中的混合像元问题。

2）光谱特征集合

光谱特征反映了地物的生物化学特征，是遥感影像的重要特征。不同地物具有不同的光谱响应，这是遥感观测地物的物理基础。但是频带较少、光谱分辨率较低的遥感影像明显存在同物异谱和同谱异物问题。高光谱遥感可以获得一定范围内连续、精细的地物光谱曲线，是解决这一问题的有效途径。光谱特征集合主要用于表达观测对象的空间组成特征，通过选取空间特征约束条件获得。常用的光谱特征可以表示为

$$I_{\text{spectral}} = \{h_{\text{bands}}, h_{\text{indexes}}, h_{\text{SD}}, h_{\text{SA}}, h_{\text{SID}}, \cdots, h_{\text{CC}}\} \tag{3.13}$$

式中：h_{bands} 为光谱波段的像素值；h_{indexes} 为波段间操作得到的指标（如 NDVI）。通常，这两个特征可以从多光谱影像中提取出来。h_{SD}、h_{SA}、h_{SID} 和 h_{CC} 分别为高光谱影像的光谱导数、光谱角、光谱信息散度和相关系数。虽然高光谱影像包含了大量的光谱特征，但是光谱之间的相关性导致其包含大量的信息冗余。此外，高光谱影像的一个明显缺陷是空间分辨率较低。

3）时间特征集合

在城市遥感观测中，土地利用更新、灾害评估等任务需要检测地物的变化信息，则必须考虑时间分辨率。此外，一些具有较强时间特征的目标也需要多时相影像。从这些多时相影像中，可以挖掘出许多有利于目标观测的时间特征。时间特征可以表示为

$$I_{\text{temporal}} = \{h_{\text{spatial}}(t), h_{\text{spectral}}(t), h_{\text{DTW}}, \cdots, h_{\text{statistics}}\} \tag{3.14}$$

式中：$h_{\text{spatial}}(t)$ 为不同时间的空间特征；$h_{\text{spectral}}(t)$ 为不同时间的光谱特征；h_{DTW} 为动态时间扭曲距离；$h_{\text{statistics}}$ 为时间序列影像的均值、方差等统计特征。

4）角度特征集合

城市下垫面多存在高大建筑物和街边树木遮挡阴影问题，是影响地物分类结果准确性的重要挑战。获取多角度的遥感影像资源是解决地面遮挡信息的一种方法。角度特征可以表示为

$$I_{\text{angular}} = \{h_{\text{spatial}}(\text{ang}_1, \text{ang}_2, \cdots, \text{ang}_n), h_{\text{spectral}}(\text{ang}_1, \text{ang}_2, \cdots, \text{ang}_n)\} \quad (3.15)$$

式中：$h_{\text{spatial}}(\text{ang}_1, \text{ang}_2, \cdots, \text{ang}_n)$ 为不同空间分辨率遥感影像资源的角度特征集合；$h_{\text{spectral}}(\text{ang}_1, \text{ang}_2, \cdots, \text{ang}_n)$ 为不同光谱遥感影像资源的角度特征集合。

2. 时−空−谱−角观测抽象模型应用

城市地区的行道树会对地表物体产生遮挡。因此，在不透水地表提取过程中，仅依靠航空或航天遥感无法判断树下地物是否为不透水地表。空−地协同的时空光谱模型可以解决不透水地表提取过程中城市植被遮挡的问题。

随着传感器技术和数字化的研究发展，新的数据采集方法能获得更为全面的地表覆盖数据，例如街景地图为用户提供城市、街道或其他环境 360° 全景的实景地图服务。常用的街景地图有谷歌街景、百度街景和腾讯街景。与遥感影像相比，街景图像具有的优点包括：第一，街景图像从行人的角度记录城市街面场景，能够反映城市的立面信息；第二，街景图像覆盖范围广，数据量大；第三，数据采集效率高、成本低。因此，将遥感数据与街景数据相结合，能够有效解决城市不透水地表提取过程中树木和建筑阴影遮挡的问题。

图 3.4 为 GF-2 影像结合街景图像前后不透水地表提取结果的对比图。其中：第一行左图为单独使用遥感影像的结果，右图为遥感影像和街景图像结合的结果；第二行为 A、B、C 区域对应的街景图像。从 A、B、C 区域不透水面提取结果对比情况可以看出，将 GF-2 影像与街景图像结合可以提升树下不透水地表提取的准确性。但是，由于街景图像不能完全覆盖整个城市，该方法只能改善部分区域的不透水地表提取效果。

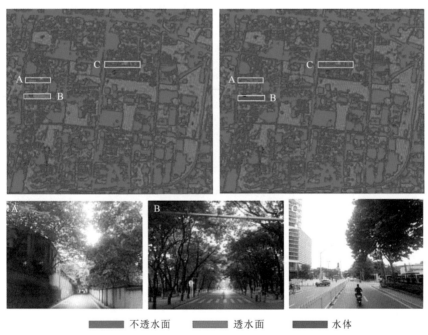

■ 不透水面　　■ 透水面　　■ 水体

图 3.4　不透水地表提取结果对比图

3.2.3　海绵城市下垫面遥感信息表达模型

自然下垫面主要是山脉、植被、水体、裸土等。除自然地表外，城市下垫面还有地面建筑、道路、桥梁等各种人工构筑物。根据研究目标的不同，选用的城市下垫面分类体系侧重点也不一样。比如，在城市热岛研究中，一般采用反映热敏性和城市建设情况的下垫面模型。在城市水文研究中，根据不同地物渗透特征，将城市下垫面划分为屋面防水材料、人行道铺设材料和草地等。

1. VIS 模型

Ridd（1995）提出的植被-不透水面-土壤（vegetation-impervious surface-soil，VIS）模型广泛应用在城市生态水量交换研究。VIS 模型能够为海绵城市下垫面遥感监测提供一定的理论支撑。采用光谱混合分析技术，该模型认为在不考虑水体的条件下，城市下垫面的生态环境组分可以分解成植被（vegetation，V）、不透水面（impervious surface，I）、土壤（soil，S）三种类型，如图 3.5 所示，V-I 轴和 S-I 轴表示自然覆盖逐渐减少、不透水面逐渐增多的城市化过程；V-S 轴表示非城市化地区自然地表要素的相互转化。因此，以植被和土壤为代表的自然要素与以不透水面为代表的社会经济要素共同影响城市生态环境并主导城市景观格局与过程。

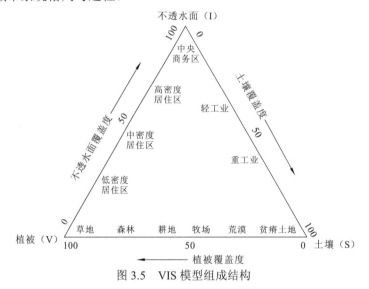

图 3.5　VIS 模型组成结构

2. 海绵城市下垫面模型

海绵城市通过增加下垫面的"渗、滞、蓄、净、用、排"能力，实现对城市雨洪径流量的控制，并控制城市面源污染。海绵城市建设更关注城市地表的渗透、蓄滞能力，并注重系统提升城市下垫面与山、水、林、田、湖、草、沙等天然海绵体的衔接能力。

任南琪（2017a，2017b）指出，相对于城市水系统"绿色"1.0 版本及"灰色"2.0 版本，城市水循环 3.0 版本是一个"绿色+灰色"的系统。海绵城市水循环 4.0 版本，兼顾绿色发展、生态城市、山水林田湖及城市排涝和环境宜居的目标。

夏军院士认为，任南琪院士发展并提出的城市水循环 4.0 版本，极大地发展了海绵城市建设"LID+水循环"认识，他结合国际上将自然科学与社会科学相融合的水问题科学发展前沿，提出了"城市水循环系统再认识与改进的 5.0 版本"（简称城市水系统 5.0 版本）框架（图 3.6）（张双虎，2020）。该框架将城市水循环划分为"降雨－蒸散发－调蓄－径流"自然水循环和"供－用－耗－排"联系城市人工侧支水循环，扩展了街区 LID 小海绵、排水系统中海绵与城市江河湖库大海绵之间的相互衔接与联系。

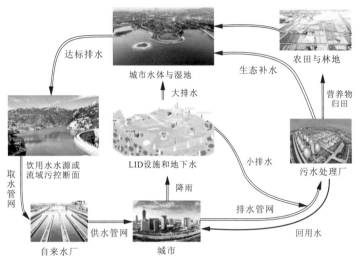

图 3.6　城市水系统 5.0 版本中海绵城市建设情景模式

　　在海绵城市建设中，城市下垫面中不透水面对应的透水性改造、普通不透水面对应的绿色屋顶改造等，比较容易通过遥感技术监测获得。其中，透水铺装与不透水面的光谱特征具有一定差异；绿色屋顶则可以通过监测普通屋顶中覆盖有植被或者裸土等信息进行分辨。因此，海绵城市下垫面遥感信息模型可以在 VIS 模型的基础上，扩展增加原属于不透水面的绿色屋顶（green roof，Gr）、原属于不透水道路地面的透水（pervious，P）铺装等具体场地海绵化改造技术对应的地物，形成 VIS-WGrP 模型，如图 3.7 所示。

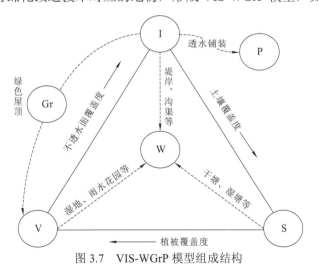

图 3.7　VIS-WGrP 模型组成结构

3.3 海绵城市生态学遥感监测模型

街区尺度的"小海绵"包括建筑改造、小区改造、道路改造、湿地公园改造等 LID 措施，属于"点"式建设，能够显著增加街区生物量；排水系统尺度的"中海绵"包括生态驳岸、湿地恢复等生态措施及排水系统改造、深隧工程建设等灰色工程，属于"线+面"式建设，支撑实现街区尺度的"小海绵"与城市尺度江河湖库"大海绵"的有机衔接。因此，利用生态遥感技术监测城市街区、排水系统及城市尺度植被生物量、城市碳水通量的时空分布特征，能够客观反映海绵城市建设对应的生态水文效应。

3.3.1 海绵城市下垫面生态遥感监测

1. 海绵城市对城市生物量的影响监测

生物量是指某一时刻单位面积内现存生物的有机物质（干重）总量，包括生物体内所存食物的重量，通常用 kg/m^2 或 t/hm^2 表示。植物群落中各种群的生物量很难测定，地下部分的挖掘和分离工作非常艰巨。

城市植被对城市生态环境具有很好的指示作用（Wilson et al.，2003）。在区域尺度上估算城市植被生物量对了解城市植被生长、碳同化过程和城市森林生态系统非常重要（Mincey et al.，2013）。在城市生态环境建设中，植被在净化空气/水体、弱化城市热岛效应（Shao et al.，2020）、抑制噪声、降低风速、增加地表径流、调节城市小气候等方面发挥着重要作用（Kumar et al.，2017）。准确、快速、有效地估算和监测城市植被生物量及其空间分布格局，是了解城市植被碳循环和能量流的基础，也能够衡量城市植被在生态调节、环境保护等方面的作用。

生物量可采用遥感监测数据与各种植物地表实测数据建立的相关关系数学模型进行监测。生物量监测模型大体上分为经验模型、物理模型、半经验模型和机理模型。按照生物量监测场景，主要可以分为针对森林和草原等大面积自然生态系统的生物量估算、针对城市植被生物量的监测和研究。城市生物量监测的主体是分布在城市及其周边地区以树木为主的植被，其达到一定规模和覆盖范围时能对周边环境产生重要影响，并具有显著的生态和文化价值。

目前城市植被监测主要集中在利用景观生态指标定量监测城市植被的空间结构和分布特征，植被生物量定量反演研究较少（Ren et al.，2017）。遥感数据在改进空间显式森林地上生物量（aboveground biomass，AGB）取得了很大的进展，观测 AGB 的数据源大多为中低分辨率的遥感数据，如遥感卫星专题地图（Landsat TM）、增强型专题制图仪（ehanced thematic mapper，ETM+）和中分辨率成像光谱仪（MODIS）等。但是局地尺度的 AGB 观测仍然存在较大的不确定性。城市尺度的 AGB 估算会受到下垫面异质性、中低分辨率遥感影像混合像元等因素影响。尤其在海绵城市建设场景中，道路、居民小区、建筑屋顶、绿地公园等 LID 改造后，城市空间内会呈现出更多的不透水面与植被交织分布的情形。因此，海绵城市 AGB 评估更需要关注复杂下垫面背景空间异质性特征。Zhang 等（2021）使用 LiDAR 和多源光学影像［Worldview-2（WV-2）、Worldview-3（WV-3）和高分二号（GF-2）］

开展了珠海横琴新区地上生物量反演，为海绵城市地上生物量反演提供了思路借鉴。

2. 海绵城市对城市生态多样性的影响监测

海绵城市建设既注重提升城市渗透、蓄滞能力，也注重促进雨水对城市生态系统的涵养功能。现有的城市生态敏感性和生态脆弱性研究，能够为遥感监测海绵城市生态多样性提供一定的思路借鉴。

1）城市生态敏感性研究

朱光明等（2011）以一般城市用地利用模式为基础，结合各类用地的功能属性及其对周围环境的影响，将土地利用现状划分为环境正效应型用地、环境负效应型用地及环境双向效应型用地三大类别（表3.1），并以长春市净月经济开发区为例，评估了该地区用地现状模式的生态敏感性。

表3.1　生态敏感性对应的用地类型

用地类型		主要起作用的地物类型	说明
环境正效应型用地	生态保护型用地	水域、林地等	维护生物多样性及区域的生态平衡
	环境改善型用地	公共绿地、防护绿地、公园等	改善环境，舒缓城市化地域的环境问题
环境负效应型用地	环境影响型用地	工业用地、独立工矿、交通用地、仓储用地等	对环境具有较大干扰和污染的用地
	环境控制型用地	居住用地、公共设施用地、市政设施用地、休闲度假用地等	对环境有一定干扰和污染，但经过合理规划布局和控制，其对环境影响在较大程度上有所降低
环境双向效应型用地	兼具对环境的正效应和负效应影响的用地	耕地、园地、牧草地、未利用地等	有涵养水源、调节气候等生态功能；但在土地使用时，诸如化肥、农药等会对水体造成污染，产生秸秆、农用膜等固体废物

注：总结自朱光明等（2011）

2）城市群生态脆弱性研究

荔琢等（2019）依据《湿地公约》划分的中国湿地类型，选择水田、河渠、湖泊、水库坑塘、滩涂、滩地、沼泽地7种土地利用类型，讨论了不同湿地类型的生态系统服务价值变化（表3.2）。

表3.2　生态系统服务价值对应的湿地类型

生态系统服务价值	主要起作用的湿地	生态系统服务价值	主要起作用的湿地
食物生产	水田、水库坑塘	水文调节	水库坑塘、河渠
原料生产	滩地、水库坑塘	土壤保持	滩地、水库坑塘、河渠、沼泽地
水资源供给	水库坑塘、河渠	维持养分循环	水田
气体调节	水田、滩地、水库坑塘	生物多样性	滩地、水库坑塘
气候调节	水库坑塘、滩地、河渠	美学景观	滩地、水库坑塘
净化环境	水库坑塘、河渠		

注：总结自荔琢（2019）

3.3.2 海绵城市水文水动力模型及应用

海绵城市旨在系统治理以城市内涝为代表的城市水问题。城市内涝威胁城市可持续发展与人民生命财产安全（比如"郑州 7·20"[①]、"随州 8·12"[②]等事件）。在空间尺度上，城市内涝是流域、区域、城市、街区多尺度水文系统耦合的过程；在时间尺度上，城市内涝涉及骤发性淹没（如几小时内快速淹没）和较长时间的滞涝问题。客观认识城市内涝特征是调查海绵建设需求、科学规划及建设海绵城市的重要环节。水文模型是认识城市内涝水文过程的重要工具，以下将简要介绍城市内涝研究中广泛使用的城市或流域水文模型。

1. SWMM

SWMM（storm water management model）是动态模拟主城区降雨径流单次长时间序列水量及水质的模型；由美国国家环境保护局（United States Environmental Protection Agency，US EPA）开发，属于经典、开源的城市雨洪管理模型。SWMM 的降雨径流模块以汇水区为计算单元，计算降雨量对应的产流量和产污量。SWMM 模拟并跟踪每个子汇水区内部的降雨产流量，以及在一定时间步长内每段管网或管渠对应的径流量、深度和水质运移情况。

1）SWMM 水文模型

采用 Hargreaves 方法根据日最大-最小温度及研究区域纬度计算蒸发率，公式如下：

$$E = 0.002\,3(R_a / \lambda)T_r^{\frac{1}{2}}(T_a + 17.8) \tag{3.16}$$

式中：E 为蒸发率；R_a 为水体相当的入射通量；T_r 为一段时间对应的平均温差范围；T_a 为一段时间的日平均温度；λ 为蒸发潜热，$\lambda = 2.50 - 0.002\,361T_a$。其中，$T_a$ 和 T_r 需采用不少于 5 日的气温进行计算。SWMM 可根据 7 日最大-最小温度来推算相应变量的平均值。另外，R_a 的计算公式如下：

$$R_a = 37.6d_r(\omega_s \sin\varphi \sin\delta + \cos\varphi \cos\delta \sin\omega_s) \tag{3.17}$$

式中：d_r 为相对日地距离，$d_r = 1 + 0.033\cos\dfrac{2\pi J}{365}$，$J$ 为儒略日，取值为 1~365；ω_s 为太阳时照入射角，$\omega_s = \cos^{-1}(-\tan\varphi\tan\delta)$；$\varphi$ 为纬度；δ 为太阳辐射角，$\delta = 0.409\,3\sin\dfrac{2\pi(284 + J)}{365}$。

SWMM 采用非线性水库法模拟汇水区的降雨径流量。根据质量平衡方程，子汇水区之间单位时间 t 内径流深度 d 的变化 $\dfrac{\partial d}{\partial t}$ 的计算公式为

$$\frac{\partial d}{\partial t} = i - e - f - q \tag{3.18}$$

式中：i 为降雨量，e 为地表蒸发率；f 为下渗率；q 为地表产流率。假设汇水区径流是

---

① 2021年7月18~22日，河南地区遭遇罕见大暴雨，尤其是郑州（7月20日16~17时的小时降雨量达201.9 mm、单日降雨量达457.5 mm；7月21、22日，新乡、鹤壁、安阳也遭遇强降雨。

② 2021年8月12日，随州市随县柳林镇遭遇极端降水，8月12日凌晨4时~7时降雨量达373 mm，累计降雨量达503 mm，全镇平均积水深度达3.5 m。

宽度为 W、高度为 $d-d_s$ 的规则渠道的稳定平衡流，则地表产流率计算公式为

$$q = \frac{1.49WS^{\frac{1}{2}}}{An}(d-d_s)^{\frac{5}{3}} \qquad (3.19)$$

式中：d 为水位深度；d_s 为凹陷储存最大深度；S 为子汇水区的表面坡度；A 为子汇水区径流的过流截面；n 为表面水力粗糙系数。因此，降雨径流量非线性方程记为

$$\begin{cases} \dfrac{\partial d}{\partial t} = i - e - f - \alpha(d-d_s)^{\frac{5}{3}} \\ \alpha = \dfrac{1.49WS^{1/2}}{An} \end{cases} \qquad (3.20)$$

式（3.20）中：管渠深度为 d，可以根据时间步长数值求解出降雨径流量。

2）SWMM 水动力模型

利用 SWMM 水动力模块求解一维、逐渐变化的、非恒定流的水动力方程，可以模拟每个步长通过排水系统的节点水位、管段过流率及流量深度。SWMM 非恒定流采用一对运动方程和质量方程的圣维南方程组，其对应的水力控制方程如下：

$$\begin{cases} \dfrac{\partial A}{\partial t} + \dfrac{\partial Q}{\partial x} = 0 \\ \dfrac{\partial Q}{\partial t} + \dfrac{\partial (Q^2/A)}{\partial x} + gA\dfrac{\partial H}{\partial x} + gAS_f = 0 \end{cases} \qquad (3.21)$$

式中：x 为距离；t 为时间；A 为过流截面面积；Q 为流量；H 为管渠的水头（$H = Z + Y$）；Z 为管渠底部高程；Y 为管渠水深；S_f 为坡比降，指每单位长度的坡度下降值；g 为重力加速度。

SWMM 水动力模型提供动力波或运动波两种求解方法：①动力波求解的是圣维南方程组的完整格式，可以处理管网容积、回水效应、流入/出损失量、反向流和带压流等情况；②运动波求解的是对管渠内部连续方程做了简化的模型，该求解方法不能处理回水效应、流入/出损失量、反向流和带压流等情况，适宜求解坡度较为稳定、流速较快的浅水径流问题。

2. InfoWorks CS

InfoWorks CS 是 Wallingford 公司的城市排水系统模型产品。InfoWorks CS 模型产品能够比较完整地模拟市政排水工程、仿真城镇水文循环，可用于管网设计校核及优化分析。InfoWorks CS 主要的模块有：①集水区域旱流污水模块，用于动态模拟及分析城镇居民生活污水、客水及工业废水的入流情况；②集水区暴雨降雨径流模块，利用分布式模型模拟计算降雨的径流情况；③管道流体计算模块，主要利用圣维南方程式计算明渠流流动情况；④集水区集水计算模块，可以自动提取积水区域的产流情况和相关汇水面积；⑤实时控制模块，对溢流、污染物和沉积物的排放、优化存储及最小化资产使用情况进行分析；⑥水质及沉砂输送模块，集成 UPM 和 SIMPOL 工具并输出标准报告，同时能够预测水质和污染负荷，提供沉积物和河床输送沉砂情况；⑦洪水图形和坡面漫流制图。

InfoWorks CS 主要包括管流模型、压力管流模型及渗透求解模型。

1）管流模型

管网系统基本单元包含管道、明渠、涵洞等。管流模拟的主要计算方程采用圣维南方程组，通过联立连续流方程和动量方程来进行渐变的非恒定流态求解计算。InfoWorks CS 模型管道汇流计算采用圣维南方程组：

$$\begin{cases} \dfrac{\partial A}{\partial t} + \dfrac{\partial Q}{\partial x} = 0 \\ \dfrac{\partial Q}{\partial t} + \dfrac{\partial}{\partial \mu}\left[\dfrac{Q^2}{A}\right] + gA\left[\cos\theta\dfrac{\partial y}{\partial x} - S_0 + \dfrac{Q|Q|}{k^2}\right] = 0 \end{cases} \tag{3.22}$$

式中：Q 为流量；A 为截面面积；μ 为沿水流方向管道的长度；θ 为水平夹角；g 为重力加速度；y 为管底至自由水面距离；S_0 为床层坡度；k 为满管输送流量。

2）压力管流模型

InfoWorks CS 压力管流模型对应的求解方程为

$$\begin{cases} \dfrac{\partial Q}{\partial x} = 0 \\ \dfrac{\partial Q}{\partial t} + gA\left[\cos\theta\dfrac{\partial h}{\partial x} - S_0 + \dfrac{Q|Q|}{k^2}\right] = 0 \end{cases} \tag{3.23}$$

式中：h 为水深。

3）渗透求解模型

渗透求解可以应用在例如渗水性或集水井等系统内部的求解中。透水介质模拟的基本方程为

$$\begin{cases} \dfrac{\partial Q}{\partial x} = 0 \\ \dfrac{\partial Q}{\partial t} + gAn\left[\cos\theta\dfrac{\partial h}{\partial x} - S_0 + \dfrac{Q|Q|}{k^2}\right] = 0 \end{cases} \tag{3.24}$$

该方程的流量求解采用达西定律：

$$Q = -kA \cdot \Delta h / L \tag{3.25}$$

式中：k 为水力传导系数；A 为透水介质的横截面积；$\Delta h / L$ 为水力坡度。

3. MIKE URBAN

DHI 公司开发的 MIKE 系列软件可用于城市给排水、地表二维漫流、三维潮汐风浪、流域管理、污水处理及地下水系统等方面的模拟。MIKE 系列软件产品主要有 MIKE 11 一维河道模型、MIKE URBAN 城市排水管网模型、MIKE 21 二维模型、MIKE BASIN 流域管理模型、MIKE SHE 地下水模型及 MIKE 3 三维模型等。

MIKE URBAN 通常用于构建研究区一维城市排水管网模型，主要包含 4 大模块：①降雨径流模块，用于模拟地表产汇流情况；②排水管流模块，准确描述各种水流现象和管网元素；③控制模块，实现对现实中控制策略的模拟；④污染物传输模块，在管流的基础上，进一步计算排水管网中污染物的对流扩散、泥沙传输和水质模拟。以下简要介绍 MIKE URBAN 涉及的降雨径流和排水管流计算原理。

1）降雨径流模块

降雨径流模块提供了时间-面积曲线模型、非线性水库水文过程、线性水库模型、单位水文过程线 4 种模型。其中，时间-面积曲线模型具有计算原理简单、参数定义明确、对原始数据需求较低，以及可以在计算过程中根据子汇水区面积选用不同径流曲线等特点，适用于高度城市化地区的地表径流模拟。该径流模型如下：

$$\begin{cases} y = 1-(1-x)^{\frac{1}{a}}, & 0 < a < 1 \\ y = x^a, & 1 \leqslant a \end{cases} \tag{3.26}$$

式中：y 为径流量；x 为积水时间，为无量纲化值；a 为时间-面积曲线系数。

2）排水管流模块

排水管流模块采用一维自由水面流的圣维南方程组进行模拟，采用 Abbott-Ionescu 六点隐式有限差分格式，求解城市排水管流模型对应的连续性方程和运动方程，如下：

$$\begin{cases} \dfrac{\partial A}{\partial t} + \dfrac{\partial Q}{\partial x} = 0 \\ \dfrac{1}{gA} \cdot \dfrac{\partial Q}{\partial t} + \dfrac{Q}{gA} \cdot \dfrac{\partial}{\partial x}\left(\dfrac{Q}{A}\right) + \dfrac{\partial h}{\partial x} = S_0 - S_{\mathrm{f}} \end{cases} \tag{3.27}$$

式中：Q 为管流流量；h 为管道水深；x 为管道沿水流方向长度；A 为过水断面面积；g 为重力加速度；t 为时间坐标；S_0 为河底比降；S_{f} 为摩阻比降。

4. SWAT

SWAT 是由美国农业部农业研究中心的 Jeff Arnold 博士于 1994 年开发的水文模型，主要用于较大尺度的水文运动模拟。SWAT 模型是一种基于 GIS 的分布式流域水文模型，以日为时间单位进行流域水文过程的连续计算。图 3.8 为 SWAT 水循环系统结构示意图。

SWAT 模型主要包括水文模块、土壤侵蚀与泥沙运输模块、营养物质运输模块、植物生长经营模块。以下简要介绍 SWAT 模型的水文模块和土壤侵蚀与泥沙运输模块。

1）水文模块

流域的水循环可以分为陆面水循环及河道的水文过程。陆面水文过程控制每个子流域向河道内输送的水、泥沙及营养物的数量，而河道的水文过程决定流域内主河道向流域出口输送的水、泥沙及营养物的数量。陆面水循环主要涉及降水、下渗及蒸发等多个步骤，可以用下式表示：

$$\mathrm{SW}_t = \mathrm{SW}_0 + \sum_{i=1}^{i}(R_{\mathrm{day}} - Q_{\mathrm{sruf}} - E_a - W_{\mathrm{seep}} + Q_{\mathrm{lat}} - Q_{\mathrm{gw}}) \tag{3.28}$$

式中：SW_t 为土壤水最终含量；SW_0 为土壤水初始含量；R_{day} 为第 i 天的降水量；Q_{sruf} 为第 i 天的地表径流量；E_a 为第 i 天的蒸发量；W_{seep} 为第 i 天的下渗量；Q_{lat} 为第 i 天壤中流量；Q_{gw} 为第 i 天的基流量。

在河道的水文过程中，流量及流速主要通过曼宁方程来计算，水流则使用马斯京根方程来模拟。河道水文过程的流量、流速计算方程为

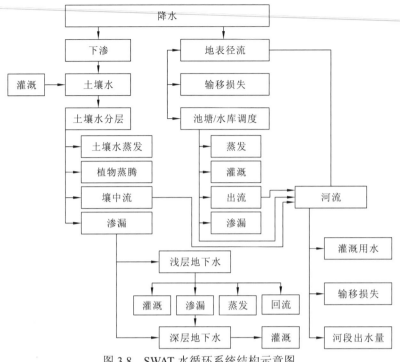

图 3.8　SWAT 水循环系统结构示意图

$$
\begin{cases}
q = \dfrac{A \cdot R^{\frac{2}{3}} \cdot \text{slp}^{\frac{1}{2}}}{n} \\[4mm]
v = \dfrac{R^{\frac{2}{3}} \cdot \text{slp}^{\frac{1}{2}}}{n}
\end{cases}
\tag{3.29}
$$

式中：q 为流道流量；A 为过水断面面积；R 为水力半径；slp 为底面坡度；n 为河道曼宁系数；v 为流速。

2）土壤侵蚀与泥沙输运模块

降雨及地表径流所产生的流沙量可以通过土壤侵蚀与泥沙输运模块计算。通过改进通用土壤流失方程（modified version of universal soil loss equation，MUSLE）能够计算单次降雨事件中的产沙量

$$
\text{sed} = 11.8 (Q \times q_{\text{pep}} \times \text{area}_{\text{hru}})^{0.56} \cdot K \cdot C \cdot P \cdot \text{LS} \cdot \text{CFRG}
\tag{3.30}
$$

式中：sed 为泥沙日产量；Q 为表面径流量；q_{pep} 为地表径流峰值流速；area_{hru} 为水文响应单元面积；K 为土壤侵蚀系数；C 为作物经营管理系数；P 为水土保持系数；LS 为地形系数；CFRG 为粗糙系数。

5. TVGM

时变增益模型（distributed time variant gain model，TVGM）为夏军院士提出的一种水文非线性系统方法，它是一种简单的系统关系，但是可以转化为与复杂的 Volterra 泛函非线性系统同构的形式，即实现了用一种简单关系等价替代复杂的水文系统（夏军，2004）。

在 TVGM 中，流域的实际产流量 $Y(t)$ 等于实际降雨 $X(t)$ 减去各种形式的损失 $L(t)$，包括实际蒸发 $E(t)$，以及所有形式的蓄水总量改变 (ΔS)。

$$\begin{cases} Y(d,n) = X(d,n) - L(d,n) \\ L(d,n) = E(d,n) \pm \Delta S(d,n) \end{cases} \quad (3.31)$$

式中：d 为起始日期；n 为第 n 天。

式（3.31）描述了流域的水量平衡，将流域看作一个系统，其水文系统反馈作用如图 3.9 所示。

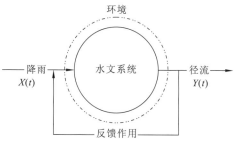

图 3.9　水文系统反馈作用示意图

降雨 $X(t)$ 作为输入，产流量 $Y(t)$ 作为输出，则该水文系统增益因子 $G(t)$ 可以表示为

$$G = \frac{Y}{X} = 1 - \frac{E \pm \Delta S}{X} \quad (3.32)$$

水文系统增益因子 $G(t)$ 即为流域的产流系数 $[0< G(t) <1.0]$。流域降雨径流的转化可以分为产流和汇流两部分。

在产流部分，净雨量 R 可用毛雨量 X 和系统增益因子 $G(t)$ 的乘积表示：

$$R(t) = G(t)X(t) \quad (3.33)$$

在土壤含水量资料缺乏的条件下，可以采用流域土壤前期影响雨量指标替代流域土壤湿度。水文时变增益因子和 API 之间的幂指数关系可表示为

$$G(t) = \alpha \mathrm{API}^{\beta}(t) \quad (3.34)$$

式中：α 和 β 为时变增益因子的有关参数。

对式（3.34）进行泰勒级数展开，取泰勒展开式的前两项，可进一步将水文时变增益因子和 API 之间的幂指数关系简化为二项式结构

$$G(t) = g_1 + g_2 \mathrm{API}(t) \quad (3.35)$$

式中：g_1 和 g_2 为模型参数，与流域的土壤含水量和土地利用方式等有关；$\mathrm{API}(t)$ 可以采用单一水库的线性系统进行模拟

$$\mathrm{API}(t) = \int_0^1 U_0(\sigma)X(t-\sigma)\mathrm{d}\sigma = \int_0^1 \frac{\exp\left(-\dfrac{\sigma}{K_e}\right)}{K_e} X(t-\sigma)\mathrm{d}\sigma \quad (3.36)$$

式中：K_e 为滞时参数，与流域蒸发和土壤性质有关，在实际应用中的取值接近流域系统记忆长度 m 的某个倍数。流域系统记忆长度与流域面积、坡度等有关，一般通过经验分析确定具体取值。

将式（3.33）代入式（3.35），可得

$$R(t) = g_1 X(t) + g_2 \mathrm{API}(t)X(t) \quad (3.37)$$

进一步

$$R(t) = g_1 X(t) + \int_0^1 g_2 U_0(t-\sigma) X(\sigma) X(t) \mathrm{d}\sigma \tag{3.38}$$

流域的汇流函数模型

$$Y(t) = \int_0^m U(\tau) R(t-\tau) \mathrm{d}\tau \tag{3.39}$$

式中：$U(\tau)$ 为系统的响应函数。

6. 水文水动力模型应用

海绵城市核心目标是提升城市水系统渗透、蓄滞、排水能力。海绵城市示范区选取一般根据城市建设和行政区划进行。然而，这样选取的示范区只是某个水系统或某几个子系统中的一部分，较难科学地评估海绵效应在水系统尺度的影响。Shao 等（2019）结合遥感技术和 InfoWorks CS 模型，提出了一种基于时空动力学多级流域径流监测模型，为水系统尺度的海绵建设水文效应评估提供思路参考。该模型结构如图 3.10 所示。

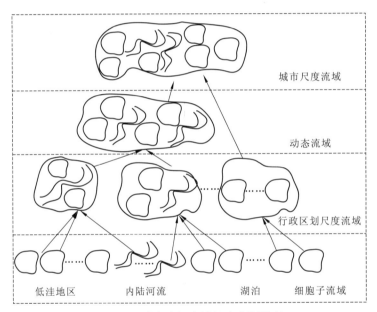

图 3.10　城市多级流域径流监测模型

（1）第一层次是子汇水区。单个汇水区由内陆河流和湖泊组成。假设从 DEM 数据或 LiDAR 数据中检测出的低洼地区属于子汇水区。

（2）第二层是城市水文网，一般可以认为是市政汇水区。市政汇水区以排水系统的规划及泵站的排水能力划分排水功能分区。市政汇水区通常包括几个自然地表的子汇水区。在城市地区，城市化改变景观形式导致径流量增加，城市地区更容易遭遇洪水。因此，可以采用市政汇水区作为监测城市水循环和水文环境的基本单位。

（3）第三层是径流监测的动态汇水区。在市政对应的排水功能分区中，排水量达到管网和渗透上限后，排水功能分区中的水位会上升，多个单元流域可能会连接在一起，进而形成更大的汇水区。当合流总量大于市政分水岭的容量时，该市政分水岭将与相邻的市政分水岭相连，从而形成更大的汇水区。此过程会形成动态分水岭，动态分水岭对了解城市防洪、排水和监测具有非常重要的意义。

（4）最后一层是整个城市的分水岭。在区域范围内城市地区与大流域有隶属关系，流域监测考虑了上游集水区和流向下游的流量，为整个城市的水资源评估、开发和管理提供了基本参数。

武汉市位于江汉平原东部，长江与汉江在武汉市境内交汇。武汉市有"百湖之市"的美誉，市内湖网水系发达，地面高程普遍偏低，其中，中心城区大部分区域高程低于长江汛期的防洪水位线。由于汛期外江水位的顶托作用，武汉市频繁遭遇暴雨引起的内涝灾害。以 2007~2016 年为例，2011 年、2013 年和 2016 年，城市发生典型暴雨内涝，严重影响城市正常运行秩序（表 3.3）。以典型内涝型城市——武汉市为例，Shao 等（2019）验证了多级流域径流监测模型在武汉市内涝径流监测中的实际应用效果。

表 3.3　武汉市近 10 年典型年份的涝灾点分布情况表

年份/年	日最大降雨量/mm	内涝情况
2011	200.5	武汉市中心城区 88 个严重涝灾点，交通系统瘫痪
2013	321.0	22 条主要道路和 75 个社区被洪水淹没，25 万人受影响
2016	246.4	162 个渍水点，206 条渍水道路，地铁站严重积水

Shao 等（2019）基于 Google Earth Engine（GEE）平台，以 1987~2017 年的 Landsat 影像为数据源，使用随机森林方法提取了不透水表面；然后根据城市水网特征构建起城市多级流域径流监测模型，评估出武汉市历年的城市不透水（impervious surface，IS）率和地表径流量。其中：1987~2002 年，不透水率由 3.44%增加到 9.64%，径流量由 0.22 km^3 增加到 0.51 km^3；2002~2012 年，不透水率由 9.64%增加到 11.47%，增长速度显著放缓，径流量从 0.51 km^3 增加到 0.58 km^3；2012~2017 年，不透水率由 11.47%增至 16.95%，不透水率呈现出大幅增加现象，径流量从 0.58 km^3 迅速增加到 0.81 km^3。由多级流域径流监测模型测算结果显示，城市地表径流量随着不透水率的增加呈现出持续增大的趋势。

在动态分水岭划分方面，Shao 等（2019）以武汉市区的 8 个子流域（图 3.11）为例进行了研究。通常情况下，每个流域都有一个自然的小型水系，其中有许多湖泊，如图 3.11（a）所示。当出现降雨时，流域中的湖泊水位将上升，由于水位的连通，多个天然湖泊将会动态形成一个更大的流域水系，如图 3.11（d）所示。如果降雨量持续增大，更多的流域之间会形成一个连通的水系，如图 3.11（e）~（f）所示。该现象说明在城市洪涝水文过程分析中，需要从子流域、流域层面，系统分析城市水系统动态连通关系。

针对现有基于填洼思想的汇水区划分方法，没有考虑不同降雨对应的地形汇流及洼地库容量，导致汇水区不能客观反映区域汇流特征问题，Zhang 等（2020）提出一种兼顾地形连通性与降雨量的汇水区划分方法。该方法基于多向流和"有源淹没"思想，以不填洼的 DEM 数据为基础，以武汉市 1 年一遇、5 年一遇、20 年一遇、100 年一遇的 12 h 降水量作为地表径流模拟的输入量，以连续平洼区域栅格为种子单元，采用反向搜索法，确定汇向平洼区域的地表栅格单元，最终划分出兼顾降雨量动态影响和地形连通性的汇水区，如图 3.12 所示。其中，图 3.12（a）~（d）分别为采用 73.6 mm、138.1 mm、205.6 mm 和 336.2 mm 的降雨量为地表径流源向水量动态划分出的汇水区分布图。

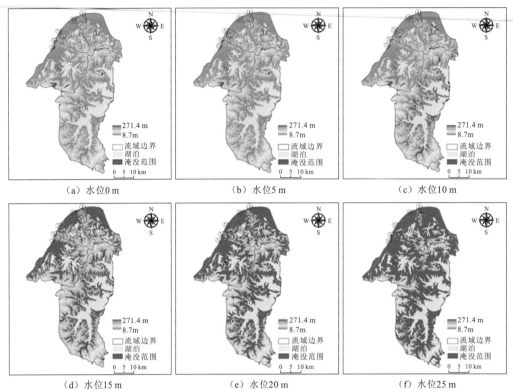

（a）水位0 m　　　　　　　（b）水位5 m　　　　　　　（c）水位10 m

（d）水位15 m　　　　　　　（e）水位20 m　　　　　　　（f）水位25 m

图 3.11　具有多级流域的城市淹没区域地图
水位相对于 DEM 的最低点计算

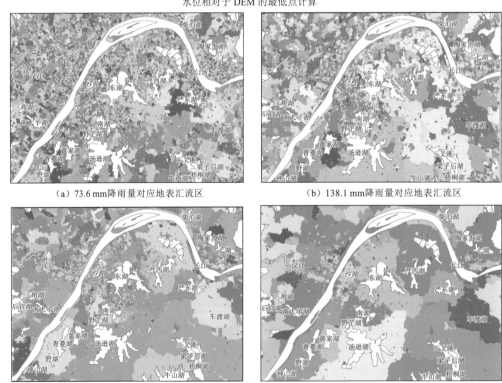

（a）73.6 mm降雨量对应地表汇流区　　　　　　（b）138.1 mm降雨量对应地表汇流区

（c）205.6 mm降雨量对应地表汇流区　　　　　　（d）336.2 mm降雨量对应地表汇流区

图 3.12　兼顾降雨量和地形连通性的地表汇入单元动态划分图

由图 3.12 可以看出，随着降雨量增大，城市地表的地形连通性会持续增强，进而在城市内部区域形成连通范围较大的汇水区。例如，当降雨量达到 336.2 mm 时，位于正西方向长江北侧的南太子湖片区，位于正东方向长江北岸的陶家大湖与七湖片区，位于东南方向长江南侧的严西湖片区，位于长江南岸中部的南湖片区，位于西南方向长江南岸的神山湖、野湖、青菱湖片区，这些原本以湖泊为汇流中心的自然汇水区域，将会与附近地表连通，形成一个更大的汇流中心。

要想让理论模型走向实用，城市多级汇水区划分还需要考虑城市尺度以河流为主的自然汇流特征与片区、街道尺度的城市排水网络布局影响下的局部汇流特征。图 3.13 为武汉市沙湖排水片区多级汇水区划分结果图。其中，自然河网作为城市汇流网络最基本的"骨架"，其出水口成为城市径流的最终汇集点。在城市多级汇水区划分中，一级汇水区划分以地形为主要数据，结合分水岭、河流及行政区界等划分流域，从宏观上将城市划分成若干个汇水区[图 3.13（a）]。二级汇水区划分，除采用地形数据外，还需考虑城市道路主干排水系统及城市地表建筑等典型构筑物分布数据，进一步反映片区尺度汇流特征[图 3.13（b）]。三级汇水区划分，采用排水系统信息为主要数据源，在利用泰森多边形对雨水井分布点进行剖分的基础上，采用微地形数据和社会经济数据对剖分结果进行进一步修正，进而反映出街区尺度的汇流特征[图 3.13（c）]。

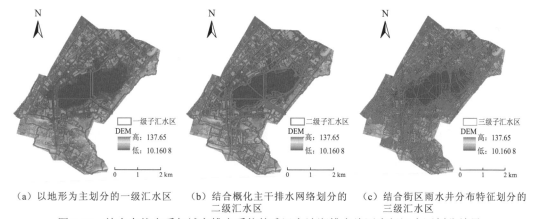

（a）以地形为主划分的一级汇水区　（b）结合概化主干排水网络划分的　（c）结合街区雨水井分布特征划分的
　　　　　　　　　　　　　　　　　　　　二级汇水区　　　　　　　　　　　　三级汇水区

图 3.13　结合自然水系与城市排水系统的武汉市沙湖排水片区多级汇水区划分结果

3.3.3　基于 WaSSI-C 的海绵城市生态学遥感监测模型

供水压力指数-碳模型（water supply stress index-carbon model，WaSSI-C）是流域尺度陆地生态系统碳水通量估算模型，能够为干旱区水碳资源综合管理提供重要的工具支持（侯晓臣 等，2019）。WaSSI-C 广泛应用在美国、墨西哥、卢旺达等国家，可用来定量评估气候变化、土地利用和覆盖类型变化等因素对陆地生态系统功能的影响（刘冲，2015）。WaSSI-C 扩展自陆地生态系统碳水耦合关系的供水压力指数（water supply stress index，WaSSI）模型（Sun et al.，2011），主要包含三个模块，如图 3.14 所示。

（1）蒸散模块用于计算不考虑下垫面条件的植被实际蒸散潜力（potential actual envapotranspiration of vegetation，PAET）。结合实际蒸散测量数据、叶面积指数、降水数据和气温数据，利用非线性回归方法可计算得到 PAET。

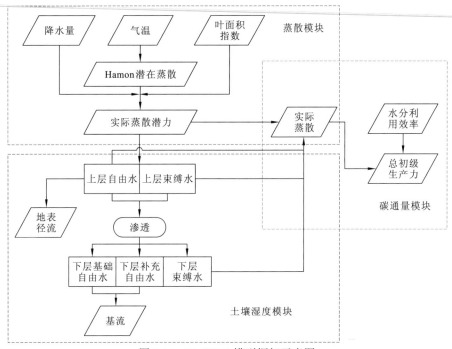

图 3.14　WaSSI-C 模型框架示意图

（2）土壤湿度模块以该结果为输入，通过对土壤中水分的储存、渗透等一系列物理过程进行数值化模拟得到可供给地表蒸散的最大土壤水量，进而对 PAET 加以约束，得到实际蒸散量（actual evapotranspiration，AET）。

（3）碳通量模块用来计算生态系统生产力。Ge 等（2011）利用若干通量站点数据得到了不同植被类型月尺度上的水分利用效率统计结果，并以此和 AET 构建了线性模型来模拟陆地生态系统碳通量。

1. 实际蒸散潜力计算原理

PAET 是整个 WaSSI-C 模型的核心和推导其他变量的数据基础。高纬度林区（纬度 >40°N，森林覆盖率>20%）和其他地区对应的 PAET 计算公式见式（3.40）。对于高纬度林区的 PAET 估计模型有，$R^2=0.85$，均方根误差（root mean square error，RMSE）为 14.5 mm，$p<0.0001$；对于其他地区，PAET 的估计模型有：$R^2=0.86$，RMSE$=14$ mm，$p<0.0001$。

$$\begin{cases} PAET = 0.4 \times PET + 7.87 \times LAI + 0.00169 \times PET \times Pre, \ 纬度 > 40°N，森林覆盖率 > 20\% \\ PAET = 0.174 \times Pre + 0.502 \times PET + 5.31 \times LAI + 0.0222 \times PET \times Pre, \ 其他地区 \end{cases}$$

（3.40）

式中：LAI（leaf area index）为月均叶面积指数；Pre 为月降水量；PET 为潜在蒸散量，其计算公式为

$$
\begin{cases}
\mathrm{PET} = 0.165\,1 \times n \times K \times r_{\mathrm{w}} \\
K = 2 \times \dfrac{\omega_{\mathrm{s}}}{\pi} \\
\rho_{\mathrm{w}} = 216.7 \times \dfrac{e}{T_{\mathrm{a}} + 273.3}
\end{cases}
\tag{3.41}
$$

式中：n 为当月天数；K 为昼长（12 小时的倍数）；ρ_{w} 为当月平均气温条件下的饱和蒸气压密度；T_{a} 为月平均气温；ω_{s} 为日落时角（弧度）；e 为当月平均气温条件下的饱和蒸气压，相关的计算公式为

$$
\begin{cases}
\omega_{\mathrm{s}} = \cos^{-1}(-\tan L \times \tan \sigma) \\
\sigma = 0.409\,3 \times \sin\!\left(\dfrac{2 \times \pi \times J}{365} - 1.405 \right) \\
e = 6.108 \times \exp\!\left(17.269\,388\,2 \times \dfrac{T_{\mathrm{a}}}{T_{\mathrm{a}} + 273.3} \right)
\end{cases}
\tag{3.42}
$$

式中：L 为纬度；J 为当月月中儒略日；σ 为当月月中儒略日的太阳赤纬角。

2. 土壤水分胁迫条件下实际蒸散量计算原理

WaSSI-C 的土壤湿度参量由萨克拉门托土壤湿度核算（Sacramento soil moisture accounting，SAC-SMA）模型计算得到。大气降水在不透水面以直接径流的方式流失，其余水量进入土壤中。由于土壤垂直分布的不均匀性，SAC-SMA 模型将其分为上下两层，每层中土壤水分又可以分为束缚水（保持在土粒表面的水分）和自由水（可以自由移动的水分）。在 WaSSI-C 模型中，蒸散水量可以来自上层束缚水、上层自由水和下层束缚水。SAC-SMA 模型的结构如图 3.15（Koren，2006）所示，Koren（2006）利用土壤成分、土壤深度等基本属性数据，给出了 SAC-SMA 模型中主要 11 种参数的计算方法。

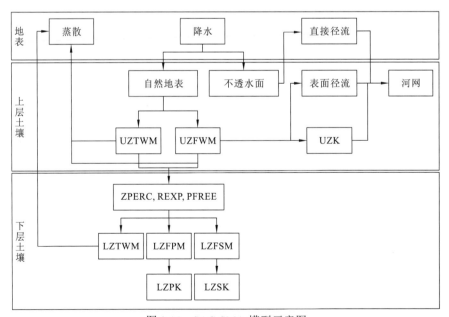

图 3.15 SAC-SMA 模型示意图
改写自 Koren（2006），相关参数说明见表 3.4

表 3.4　SAC-SMA 主要模型参数

参数	含义	单位	范围
UZTWM	上层束缚水最大容量	mm	10～300
UZFWM	上层自由水最大容量	mm	5～150
UZK	上层自由水日流出系数	d^{-1}	0.10～0.75
ZPERC	最大下渗率	无	5～350
REXP	下渗函数指数	无	1～5
LZTWM	下层束缚水最大容量	mm	10～500
LZFSM	下层补充自由水最大容量	mm	5～400
LZFPM	下层基础自由水最大容量	mm	10～1000
LZSK	下层补充自由水日流出系数	d^{-1}	0.01～0.35
LZPK	下层基础自由水日流出系数	d^{-1}	0.001～0.05
PFREE	直接形成下层自由水的下渗水量	mm	0.0～0.8

AET 的计算公式可以表示为

$$\begin{cases} AET = PAET, & PAET \geqslant UZTWC + UZFWC + LZTWC \\ AET = UZTWC + UZFWC + LZTWC, & 其他条件 \end{cases} \tag{3.43}$$

$$UZTWC = \sum_{i=1}^{i=n} UZTWC_i \tag{3.44}$$

$$UZFWC = \sum_{i=1}^{i=n} UZFWC_i \tag{3.45}$$

$$LZTWC = \sum_{i=1}^{i=n} LZTWC_i \tag{3.46}$$

式中：UZTWC、UZFWC 和 LZTWC 分别为当月上层束缚水、上层自由水和下层束缚水的总水量；n 为子时间段数目。

3. 总初级生产力计算原理

水分利用效率（water use efficiency，WUE）被定义为绿色植物消耗单位质量水分所固定的 CO_2，是定量表征碳水通量耦合关系的重要参数指标（张良侠 等，2014）。在生态系统及更大尺度上，WUE 可表示为总初级生产力（gross primary productivity，GPP）或 NEP 与 AET 的比值（Tang et al.，2014）。Ge 等（2011）将 WUE 表示为 AET 与 GPP 或 NEP 线性回归方程的斜率，在截距为 0 的约束条件下，通过最小二乘方法求得。

刘冲（2015）采用基于支持向量机的 WUE 估算方法（SVM－WUE），利用多组环境输入变量和全球范围内的通量站点的实测 WUE 构建非线性回归模型，获取了时空连续的 WUE 预测结果。考虑 NEP 受异养呼吸的影响，其与 AET 的耦合性要低于 GPP 和

AET 的耦合性,因此,GPP 可以通过由优化 WaSSI-C 模型对应的 SVM-WUE 与已知 AET 的线性乘积计算

$$GPP = AET \times WUE \tag{3.47}$$

3.3.4 基于 WaSSI-C 的城市水文生态效应评估案例

1. 研究区域与方法

作者团队的刘冲博士以长江三角洲作为研究区域,以多时相不透水面提取结果为基础,评估了基于 WaSSI-C 模型的技术框架,通过固定和改变模型输入变量设计出不同情景模式,在此基础上得到研究区域碳水通量的时空分布受到不透水面扩张影响的贡献,进而为海绵城市规划、设计及建设过程中水文生态效应评估提供思路借鉴(Liu et al., 2015)。

在优化 WaSSI-C 模型中,AET 驱动数据主要包括叶面积指数、降水量、气温及 SAC-SMA 土壤湿度参数。GPP 驱动数据主要为 AET 和 SVM-WUE。其中,SVM-WUE 计算除需要叶面积指数、土壤属性、降水量、气温外,还需输入海拔高度、土地覆盖类型、植被冠层高度、NDVI、地表辐射量。本小节采用的主要数据如表 3.5 所示。

表 3.5 本小节主要采用的数据

数据名称	数据用途	数据来源
DMSP-OLS 夜光时间序列	提取不透水面	NOAA(National Oceanic and Atmospheric Administration,美国国家海洋和大气管理局)
MOD13Q1 NDVI 再处理产品	提取不透水面,驱动 GPP	维也纳农业大学
MCD12Q1 土地覆盖产品	提取不透水面,驱动 GPP	NASA
MOD44W 陆地水域掩膜	提取不透水面	NASA
全球城乡建设用地	提取不透水面	中国国家遥感中心
叶面积指数集	驱动 AET、GPP	北京师范大学
降水量、气温	驱动 AET、GPP	中国气象科学数据共享服务网
SAC-SMA 土壤湿度参数	驱动 AET、GPP	北京师范大学发布的全球土壤属性参数产品(Dai et al., 2013)
海拔高度	驱动 GPP	NASA,GTOP30 全球 1km DEM 产品
地表辐射量	驱动 GPP	Zhang 等(2014)基于辐射过程模型 r.sun 生成的地表辐射数据集
全球植被冠层高度产品	驱动 GPP	Simard 等(2011)基于星载 LiDAR 生成的 2015 年全球植被冠层高度空间分布产品

在对 AET、GPP 驱动数据集进行预处理的基础上,设计了 7 种情景模式(表 3.6)分析 AET 驱动要素对研究区域 AET 估算结果的贡献;并在 AET 计算基础上,设计了 8 种情景模式(表 3.7),分析 GPP 驱动要素对研究区域 GPP 估算结果的贡献。

表 3.6　AET 情景模式设计方案

情景模式	组别	不透水面丰度	叶面积指数	降水量	气温
S_{ET_base}	a	■	■	■	■
S_{ET_I1}	b	○	■	■	■
S_{ET_I2}	b	○	○	■	■
S_{ET_C1}	c	■	■	○	■
S_{ET_C2}	c	■	■	■	○
S_{ET_C3}	c	■	■	○	○
S_{ET_IC}	d	○	○	○	○

注：■表示变量固定为 2001 年水平，○表示变量随时间变化，下同

表 3.7　GPP 情景模式设计方案

情景模式	组别	相应 AET 情景模式	NDVI	地表辐射量
S_{GPP_base}	e	S_{ET_base}	■	■
S_{GPP_I1}	f	S_{ET_I1}	■	■
S_{GPP_I2}	f	S_{ET_I2}	○	■
S_{GPP_C1}	g	S_{ET_C1}	■	■
S_{GPP_C2}	g	S_{ET_C2}	■	■
S_{GPP_C3}	g	S_{ET_base}	■	○
S_{GPP_C4}	g	S_{ET_C3}	■	○
S_{GPP_IC}	h	S_{ET_IC}	○	○

注：未标出的输入变量以相应的 AET 情景模式为准

2. 不透水面扩张对蒸散变化的相对贡献

情景 S_{ET_IC} 整合了所有影响因素对 AET 的综合叠加效应，显示出长江三角洲 AET 整体呈现下降趋势（图 3.16）。除 2002 年外，其余年份 AET 均在 700 mm 以下，考虑了该 AET 正效应为气象要素变化引起。整体上，不透水面扩张是驱动 2001～2010 年长江三角洲 AET 负效应趋势的主要因素。不透水面扩张对 AET 变化贡献的量化计算公式为（Wu et al.，2014）

$$C_{ET\_ISA} = \frac{\left| slope_{S_{ET\_I1}} \right|}{\left| slope_{S_{ET\_I1}} \right| + \left| slope_{S_{ET\_C3}} \right|} \times 100\% \tag{3.48}$$

式中：C_{ET_ISA} 为不透水面扩张效应对 AET 变化的贡献度指数；$slope_{S_{ET\_I1}}$ 和 $slope_{S_{ET\_C3}}$ 分别为 S_{ET_I1} 和 S_{ET_C3} 情景下 AET 年际变化线性拟合方程的斜率。

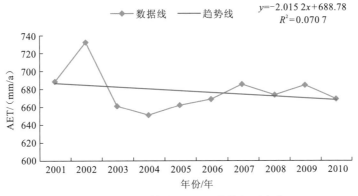

图 3.16 S_{ET_IC} 情景下 AET 总体年际变化

根据计算，长江三角洲有 38.94%区域面积的 AET 变化由不透水面扩张效应主导（C_{ET_ISA} >50%），而长江三角洲整体 C_{ET_ISA} 均值为 33.96%。如图 3.17 所示，在长江三角洲 14 个城市中，常州、上海、苏州和无锡的 C_{ET_ISA} 超过 50%；杭州、绍兴、泰州和扬州的 C_{ET_ISA} 最低。

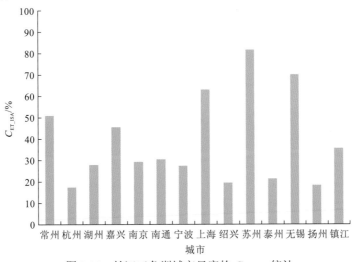

图 3.17 长江三角洲城市尺度的 C_{ET_ISA} 统计

3. 不透水面扩张对总初级生产力变化的相对贡献

S_{GPP_IC} 情景整合了所有影响因素对 GPP 的综合叠加效应。其中，2001~2010 年长江三角洲的 GPP 整体呈现下降趋势（图 3.18），单位面积年均降速为-7.67 g C/m² （R^2=0.175 6），相应的总量变化为-657.90 Gg C。长江三角洲 GPP 呈现下降趋势的主导驱动要素为不透水面扩张。不透水面扩张对 GPP 变化的贡献度指数 $C_{GPP\text{-}ISA}$ 通过下式计算：

$$C_{GPP\_ISA} = \frac{\left| slope_{S_{GPP\_I1}} \right|}{\left| slope_{S_{GPP\_I1}} \right| + \left| slope_{S_{GPP\_C4}} \right|} \times 100\% \qquad (3.49)$$

式中：$slope_{S_{GPP\_I1}}$ 和 $slope_{S_{GPP\_C4}}$ 分别为 S_{GPP_I1} 和 S_{GPP_C4} 情景下 GPP 年际变化线性拟合方程的斜率。

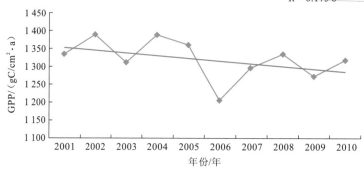

图 3.18　$S_{\text{GPP\_IC}}$ 情景下 GPP 总体年际变化

不透水面扩张对 GPP 变化的贡献指数显示，长江三角洲 $C_{\text{GPP\_ISA}}$ 的整体均值为 37.95%，$C_{\text{GPP\_ISA}}$ 超过 50% 的区域面积占长江三角洲总面积的 41.94%。这说明在长江三角洲的城市化显著地区，不透水面扩张对 GPP 变化的贡献程度要高于对 AET 变化的贡献程度。在城市尺度上，$C_{\text{GPP\_ISA}}$ 的结果整体基本处于 15%～85%。如图 3.19 所示，在所有城市中，常州、上海、苏州和无锡的 $C_{\text{GPP\_ISA}}$ 超过了 50%；杭州和绍兴的 $C_{\text{GPP\_ISA}}$ 较低。

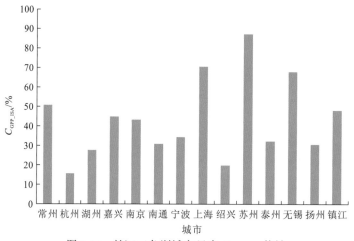

图 3.19　长江三角洲城市尺度 $C_{\text{GPP\_ISA}}$ 统计

参 考 文 献

侯晓臣, 孙伟, 李建贵, 等, 2019. 塔里木河干流上游区 WaSSI-C 生态水文模型的适用性评价. 干旱地区农业研究, 37(2): 202-208.

荔琢, 蒋卫国, 王文杰, 等, 2019. 基于生态系统服务价值的京津冀城市群湿地主导服务功能研究. 自然资源学报, 34(8): 1654-1665.

刘冲, 2015. 区域尺度不透水面提取及其对陆地碳水通量的影响研究. 武汉: 武汉大学.

任南琪, 2017a. 建设海绵城市要一城一策　因地制宜. 中华建设(11): 14-15.

任南琪, 2017b. 城市水可持续发展: 海绵城市. 浙江省环境科学学会 2017 年学术年会暨浙江环博会论文集: 80-92.

王靖, 于强, 潘学标, 等, 2008. 土壤-植物-大气连续体水热、CO2 通量估算模型研究进展. 生态学报, 28(6): 2843-2853.

夏军, 2004. 现代水文学的发展与水文复杂性问题的研究// 第二届全国水问题研究学术研讨会论文集: 3-18.

谢静, 2012. 美国橡树林碳水通量 7 年变化规律的研究. 北京: 北京林业大学.

徐昔保, 杨桂山, 李恒鹏, 2011. 太湖流域土地利用变化对净初级生产力的影响. 资源科学, 33(10): 1940-1947.

于贵瑞, 孙晓敏, 2006. 陆地生态系统通量观测的原理和方法. 北京: 高等教育出版社.

于贵瑞, 方华军, 伏玉玲, 等, 2011. 区域尺度陆地生态系统碳收支及其循环过程研究进展. 生态学报, 31(19): 5449-5459.

袁文平, 蔡文文, 刘丹, 等, 2014. 陆地生态系统植被生产力遥感模型研究进展. 地球科学进展, 29(5): 541-550.

张良侠, 胡中民, 樊江文, 等, 2014. 区域尺度生态系统水分利用效率的时空变异特征研究进展. 地球科学进展, 29(6): 691-699.

张双虎, 2020. 中国科学院院士夏军：应对洪灾须探索治水新思路. https://news. sciencenet. cn/sbhtmlnews/ 2020/7/356498. shtm[2020-7-16].

朱光明, 王士君, 贾建生, 等, 2011. 基于生态敏感性评价的城市土地利用模式研究: 以长春净月经济开发区为例. 人文地理, 26(5): 71-75.

BOYSEN-JENSEN P, 1932. Die Stoffproduktion der Pflanzen. Jena : Verlag yon Gustav Fischer.

COVEY W, 1959. Testing a hypothesis concerning the quantative dependence of evapotranspiration on availability of moisture. College Station: Texas A&M University .

DAI Y J, SHANGGUAN W, DUAN Q Y, et al., 2013. Development of a China dataset of soil hydraulic parameters using pedotransfer functions for land surface modeling. Journal of Hydrometeorology, 14(3): 869-887.

GE S, KARRIN A, CHEN J Q, et al., 2011. A general predictive model for estimating monthly ecosystem evapotranspiration. Ecohydrology, 4(2): 245-255.

GITELSON A A, ANDRÉS V, SHASHI B V, et al., 2006. Relationship between gross primary production and chlorophyll content in crops: Implications for the synoptic monitoring of vegetation productivity. Journal of Geophysical Research: Atmospheres, 111: D08S11.

GU C, HU L, ZHANG X, et al., 2011. Climate change and urbanization in the Yangtze River Delta. Habitat International, 35(4): 544-552.

GU Y, SHAO Z, HUANG X, et al., 2022. Assessing the impact of land use changes on net primary productivity in Wuhan, China. Photogrammetric Engineering & Remote sensing. 88(3):189-197.

HAO L, SUN G, LIU Y, et al., 2015. Urbanization dramatically altered the water balances of a paddy field dominated basin in Southern China. Hydrology and Earth System Science, 12: 1941-1972.

KOREN V, 2006. Parameterization of frozen ground effects: Sensitivity to soil properties. Proceedings of Symposium S7 Held During the Seventh IAHS Scientific Assembly: 125-133.

KUMAR L, MUTANGA O, 2017. Remote sensing of above-ground biomass. Remote Sensing, 9: 935.

LEUNING R, 2004. Measurements of trace gas fluxes in the atmosphere using eddy covariance: WPL corrections revisited// LEE X H, MASSMAN W, LAW B, eds. Handbook of Micrometeorology. Dordrecht: Kluwer Academic Publisher: 119-132.

LI X, CHEN W Y, SANESI G, et al., 2019. Remote sensing in urban forestry: Recent applications and future directions. Remote Sensing, 11(10): 1144.

LIETH H, 1973. Primary production: Terrestrial ecosystems. Human Ecology, 1: 303-332.

LIU M, TIAN H, CHEN G, et al., 2008. Effects of land-use and land-cover change on evapotranspiration and water yield in China during 1900-2000. Journal of the American Water Resources Association, 445: 1193-1207.

LIU Z, SHAO Q, LIU J, 2015. The performances of MODIS-GPP and-ET products in China and their sensitivity to input data (FPAR/LAI). Remote Sensing, 7: 135-152.

MILESIA C, ELVIDGE C D, NEMANI R R, et al., 2003. Assessing the impact of urban land development on net primary productivity in the southeastern United States. Remote Sensing of Environment, 86(3): 401-410.

MINCEY S K, SCHMITT-HARSH M, THURAU R, 2013. Zoning, land use, and urban tree canopy cover: The importance of scale. Urban Forestry & Urban Greening, 12(2): 191-199.

MONTEITH J L, 1965. Evaporation and environment. Symposia of the Society for Experimental Biology, 19: 205-234.

PENMAN H L, 1948. Natural evaporation from open water, bare soil and grass. Proceedings of the Royal Society of London Series A. Mathematical, Physical, and Engineering Sciences, 193: 120-145.

PEI F, LI X, LIU X, et al., 2013. Assessing the differences in net primary productivity between pre-and post-urban land development in China. Agricultural and Forest Meteorology, 171-172: 174-186.

POTTER C S, RANDERSON J T, FIELD C B, et al., 1993. Terrestrial ecosystem production: A process model based on global satellite and surface data. Global Biogeochemical Cycles, 7(4): 811-841.

REN Z, PU R, ZHENG H, et al., 2017. Spatiotemporal analyses of urban vegetation structural attributes using multitemporal Landsat TM data and field measurements. Annals of Forest Science, 74: 54.

RIDD M K, 1995. Exploring a V-I-S (vegetation-impervious surface-soil) model for urban ecosystem analysis through remote sensing: Comparative anatomy for cities. International Journal of Remote Sensing, 16(12): 2165-2185.

SCHAEFER K, SCHWALM C R, WILLIAMS C, et al., 2012. A model-data comparison of gross primary productivity: Results from the North American Carbon Program site synthesis. Journal of Geophysical Research: Biogeosciences, 117: G03010.

SCHIMEL D S, BRASWELL B H, MCKEOWN R, et al., 1996. Climate and nitrogen controls on the geography and timescales of terrestrial biogeochemical cycling. Global Biogeochemical Cycles, 10(4): 677-692.

SELM H, 1952. Carbon dioxide gradient in a Beech forest in central Ohio. The Ohio Journal of Science, 52: 187-198.

SHAO Z, WU W, LI D, 2021. Spatio-temporal-spectral observation model for urban remote sensing. Geo-spatial Information Science, 24(3): 1-15.

SHAO Z, FU H, FU P, et al., 2016. Mapping urban impervious surface by fusing optical and SAR data at the decision level. Remote Sensing, 8(11): 945.

SHAO Z, FU H, LI D, et al., 2019. Remote sensing monitoring of multi-scale watersheds impermeability for urban hydrological evaluation. Remote Sensing of Environment, 232: 111338.

SHAO Z, DING L, LI D, et al., 2020. Exploring the relationship between urbanization and ecological environment using remote sensing images and statistical Data: A case study in the Yangtze River Delta, China. Sustainability, 12: 5620.

SIMARD M, PINTO N, FISHER J B, et al., 2011. Mapping forest canopy height globally with spaceborne LiDAR. Journal of Geophysical Research: Biogeosciences, 116(G4): G04021.

SIMS D A, RAHMAN A F, CORDOVA V D, et al., 2008. A new model of gross primary productivity for North American ecosystems based solely on the enhanced vegetation index and land surface temperature from MODIS. Remote Sensing of Environment, 112(4): 1633-1646.

TANG F, XU H, 2014. Comparison of performances in retrieving impervious surface between hyperspectral (Hyperion) and multispectral (TM/ETM+) images. Spectroscopy and Spectral Analysis, 34(4): 1075-1080.

WILSON J S, CLAY M, MARTIN E, et al., 2003. Evaluating environmental influences of zoning in urban ecosystems with remote sensing. Remote Sensing of Environment, 86(3): 303-321.

WU S H, ZHOU S L, CHEN D X, et al., 2014. Determining the contributions of urbanisation and climate change to NPP variations over the last decade in the Yangtze River Delta, China. Science of the Total Environment, 472: 397-406.

XIA J, LIANG S, CHEN J, et al., 2014. Satellite-based analysis of evapotranspiration and water balance in the grassland ecosystems of Dryland East Asia. Plos One, 9(5): e97295.

XIAO J, OLLINGER S V, FROLKING S, et al., 2014. Data-driven diagnostics of terrestrial carbon dynamics over North America. Agricultural and Forest Meteorology, 197: 142-157.

YUAN W, LIU S, YU G, et al., 2010. Global estimates of evapotranspiration and gross primary production based on MODIS and global meteorology data. Remote Sensing of Environment, 114(7): 1416-1431.

ZHANG H, CHENG X, JIN L, et al., 2019. A method for estimating urban flood-carrying capacity using the VIS-W underlying surface model: A case study from Wuhan, China. Water, 11(11): 2345.

ZHANG H, CHENG X, JIN L, et al., 2020. A method for dynamical sub-watershed delimitating by no-fill digital elevation model and defined precipitation: A case study of Wuhan, China. Water, 12(2): 486.

ZHANG Y, SHAO Z, 2021. Assessing of urban vegetation biomass in combination with LiDAR and high-resolution remote sensing images. International Journal of Remote Sensing, 42(3): 964-985.

ZHANG Y, SONG C, ZHANG K, et al., 2014. Effects of land use/land cover and climate changes on terrestrial net primary productivity in the Yangtze River Basin, China from 2001 to 2010. Journal of Geophysical Research: Biogeosciences, 119(6): 1092-1109.

ZHOU F, XU Y, CHEN Y, et al., 2013. Hydrological response to urbanization at different spatio-temporal scales simulated by coupling CLUE-S and the SWAT model in the Yangtze River Delta region. Journal of Hydrology, 485: 113-125.

ZHU Z, ZHOU Y, SETO K C, et al., 2019. Understanding an urbanizing planet: Strategic directions for remote sensing. Remote Sensing of Environment, 228: 164-182.

第4章　多尺度城市下垫面遥感监测方法

城市是人类活动的主要场所，城市下垫面主要是指大气以下、地表以上的地球表面地物及建筑物等覆盖部分。随着城镇化强度的增大，城市下垫面原有透水性地面持续向半透水地面、不透水面转化。城市下垫面研究始于20世纪80年代的城市水文学研究（刘家宏等，2014）。早期的城市下垫面研究工作主要以实地调查和统计为主，可用的数据源较为有限。这种通过地面调查和人工解译得到的不透水面在局部精度较高，仅适用于小范围地区。

遥感影像具有面域和重复对地观测能力，近年来被广泛应用于不透水面研究，并被认为是目前唯一可获取大面积不透水面信息的技术手段（Lu et al.，2014）。高光谱分辨率、高空间分辨率、高时间分辨率的遥感技术可以监测流域、区域、城市多尺度的下垫面变化，是支撑海绵城市规划、建设和运维的基础技术。根据分类影像的空间分辨率及遥感影像分类研究的尺度差异，遥感影像分类方法可以划分为像元尺度、亚像元尺度和对象尺度三大类。

在城市下垫面遥感监测中，卫星影像、无人机航拍、地面移动监测等不同的遥感监测手段适用于不同的遥感监测需求场景。例如，对于流域、区域、城市等大尺度的下垫面时空特征遥感监测，卫星遥感监测方式具有优势；对于示范区及街区中、小尺度的下垫面监测场景，采用无人机监测与地面传感网相结合的方法，则是更适用的遥感监测途径。

本章总结城市下垫面的分类体系，并介绍像元尺度、亚像元尺度、对象尺度、景观尺度的城市下垫面遥感监测方法。

4.1　城市下垫面分类体系

城市下垫面分类体系是确定遥感影像提取结果进而系统认识下垫面物性特征的重要前提。《土地利用现状分类》（GB/T 21010—2017）中，土地利用体系一级分类共有 12 类，分别为：耕地、园地、林地、草地、商服用地、工矿仓储用地、住宅用地、公共管理与公共服务用地、特殊用地、交通运输用地、水域及水利设施用地、其他土地。

土地利用现状分类侧重于土地的社会用途，不同用途的土地包含的物性特征有一定交叉，不适宜构建下垫面遥感监测用地分类体系。在城市水文研究中，一般根据覆盖物渗透特征产流差异来划分下垫面分类模型（刘家宏，2014）。VIS 模型将下垫面像元视为植被、不透水面、土壤三种终端像元（Ridd，1995）。该模型组分 V 和 S 表征渗透特征，组分 I 表征汇流特征。对于海绵城市研究来说，水体（W）代表的是地表湖泊、河流、水库等的调蓄特征。Zhang 等（2019）利用 VIS-W 下垫面模型（表 4.1），开展了基于遥感技术的城市洪涝承载能力研究。

表 4.1 VIS-W 下垫面分类组成结构说明

分类名称		分类说明	代表性地物
V	植被	反映下渗、滞流特征	草地、林地、果园、耕地、湿地等
I	不透水面	反映下垫面汇流特性	屋顶（居民地、商服用地等）、沥青或水泥道路、硬化广场、停车场等
S	裸土	反映渗透特征	裸露的地面、砂石道路、火烧地等
W	水体	反映蓄滞特征	湖泊、河流、水库、坑塘、沟渠等

VIS-W 下垫面分类体系可以区分下垫面蓄水、透水和不透水地物特征，适宜宏观调查或监测海绵城市下垫面特征。然而，在海绵城市总体规划、控制性规划和详细规划层面，还需进一步明确更为精细的地物类别，确立出对应尺度的海绵城市建设对象。例如，对于街区尺度海绵城市建设需求调查与规划分析中，需要在城市尺度不透水面分类的基础上，进一步区分道路、广场、建筑物屋顶等对应的地物特征。因此，构建海绵城市下垫面分类体系宜考虑土地覆盖类型的划分标准和实际地物材质复杂性。从海绵城市规划设计角度，可以采用大、中、小三种尺度的海绵城市下垫面分类体系（表 4.2）。

表 4.2 不同尺度海绵城市规划设计角度分类体系

大尺度（3 类）	中尺度（6 类）	小尺度（12 类）	代表性地物
水面	水体	需控制的水域	湖泊、河流、水库、坑塘、沟渠等
		现状未开发水域	其他水域
不透水面	建筑	城市建筑屋面	城市内建筑物屋顶
		村镇屋面	村镇内建筑物屋顶
	城市路面	城市道路路面	市政道路
	硬质铺装	地块内部路面	小区内部道路
		硬质铺装	广场、停车场等
透水面	绿地	公园绿地	公园内部绿地区域
		城市道路绿化	城市行道树、道路中心绿地缓冲区
		林地及山体	林地、山体
	裸地	未开发荒地	裸土道路、裸土地块
		在建工地	在建的裸地

图 4.1 为截取的 6 类典型地物的遥感影像，分别对应中尺度的水体、建筑、城市路面、硬质铺装、绿地、裸地。相比于 VIS-W 模型，将城市下垫面划分为此 6 种类型，有利于进一步开展城市产汇流水文过程、城市排水特征的相关研究。

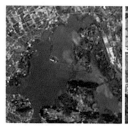  

（a）水体 （b）建筑 （c）城市路面

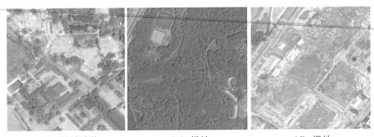

(d) 硬质铺装　　　　　　(e) 绿地　　　　　　(f) 裸地

图 4.1　城市下垫面 6 类典型地物的遥感影像

4.2　像元尺度城市下垫面遥感监测方法

在传统的分类方法中，像元被认为是最小的处理单元，在原始影像的空间分辨率下赋予每一个像元一个类别属性，是像元尺度的城市下垫面遥感监测方法的核心思想。依据影像中地物的光谱信息和纹理、形状等几何特征进行分析和处理，进而建立起这些特征与下垫面信息（如像元位置、像元丰度）之间的定量关系，实现各类地物的区分。本节将详细介绍光谱指数法、半监督模糊聚类和监督学习三类的像元尺度城市下垫面监测方法。

4.2.1　基于光谱指数的城市下垫面遥感监测方法

基于光谱指数的城市下垫面监测方法是下垫面研究的重要技术（Lu et al.，2014）。光谱指数具有方法简单、运算较快的特征，适宜于对城市下垫面分类精度要求不高的研究。城市下垫面地物相关的光谱指数较多，以下仅列举部分植被、水体、不透水面、建筑物、建成区提取指数。

1. 归一化植被指数

归一化植被指数（NDVI）（Becker et al.，1988）能反映植被覆盖度，是表征农作物长势和营养信息的重要参数之一，也能反映植物冠层的背景如土壤、潮湿地面、雪、枯叶、粗糙度等的影响。在城市场景中，NDVI 主要用于植被的识别与提取。

$$\mathrm{NDVI} = \frac{\mathrm{NIR} - R}{\mathrm{NIR} + R} \tag{4.1}$$

式中：R 为红光波段反射率；NIR 为近红外波段反射率。

2. 土壤调节植被指数

土壤调节植被指数（soil-adjusted vegetation index，SAVI）用来减小土壤背景对植被覆盖度的影响，由 Huete（1988）基于 NDVI 和大量观测数据提出。

$$\mathrm{SAVI} = \frac{\mathrm{NIR} - R(1 + L)}{\mathrm{NIR} + R + L} \tag{4.2}$$

式中：L 为随植被密度变化的参数，其取值范围为 $0 \sim 1$，当植被覆盖度很高时 L 为 0，很低时 L 为 1。若 $L = 0$，则 SAVI = NDVI。Huete（1988）研究显示，对于草地和棉花田，L 取 0.5 时，SAVI 能够较好地消除土壤反射率对植被提取结果的影响。

3. 光学和微波综合的植被指数

在植被茂盛区域，光学数据易出现饱和现象，而植被覆盖度较低情况下 SAR 数据易受土壤等背景的影响。针对以上问题，Shao 等（2016）提出了一种光学和微波综合植被指数，用 COVI 表示。该指数根据多光谱反射率和微波后向散射特征与生物量相互作用的差异，利用加权光学优化土壤调整植被指数（optimized soil-adjusted vegetation index，OSAVI）和微波水平传输和垂直接收信号提取植被覆盖信息。

$$\mathrm{COVI} = A\mathrm{OVI} + (1 - A)\mathrm{MBI} \tag{4.3}$$

式中：OVI 和 MBI 分别为最重要的光学变量和微波变量；A 为权重因子。

4. 归一化差异水体指数

归一化差异水体指数（NDWI）是利用水体在可见光波段和近红外波段的反差来构建的（Mcfeeters，1996）。这是基于可见光波段和近红外波段水体反射逐渐减弱，在近红外波段和中红外波段几乎无反射；同时，植被在近红外波段的反射率一般最强，因此采用绿光波段与近红外波段的比值，可以最大程度地抑制植被信息。

$$\mathrm{NDWI} = \frac{G - \mathrm{NIR}}{G + \mathrm{NIR}} \tag{4.4}$$

式中：G 为绿光波段反射率；NIR 为近红外波段反射率。

5. 改进归一化差异水体指数

改进归一化差异水体指数（MNDWI）采用复合波段组合的形式，将热红外波段应用于 NDWI 指数，减少了建筑物阴影及土壤的影响，能够提升城市水体的准确性（徐涵秋，2005）。但是，热红外波段空间分辨率较低，会对提取结果造成一定影响。

$$\mathrm{MNDWI} = \frac{G - \mathrm{MIR}}{G + \mathrm{MIR}} \tag{4.5}$$

式中：G 为绿光波段反射率；MIR 为中红外波段反射率，如 TM/ETM+第 5 波段。

6. 归一化差异不透水面指数

归一化差异不透水面指数（normalized difference impervious surface index，NDISI）采用比值算法，可以抑制沙土和水体因素，也能够弱化阴影的影响，可以用于大区域范围内快速、自动提取不透水面信息（Xu，2008）。

$$\mathrm{NDISI} = \frac{\mathrm{TIR} - (\mathrm{VIS} + \mathrm{NIR} + \mathrm{MIR})/3}{\mathrm{TIR} + (\mathrm{VIS} + \mathrm{NIR} + \mathrm{MIR})/3} \tag{4.6}$$

式中：NIR、MIR 和 TIR 分别为影像的近红外、中红外和热红外波段反射率；VIS 为可见光中的某一波段反射率。

7. 改进的归一化差异不透水面指数

改进的归一化差异不透水面指数（modified normalized difference impervious surface index，MNDISI）将夜间光照度、地表温度和多光谱反射率进行集成，旨在增强不透水表面和抑制其他土地覆盖信息（Liu et al.，2013）。MNDISI 与不透水面具有稳定而密切的关系，适用于异质城市土地覆盖背景下不透水面提取。

$$\text{MNDISI} = \frac{(T_{\text{LST}} - L_{\text{LIT}}) - (\text{SAVI} + \text{MIR})}{(T_{\text{LST}} + L_{\text{LIT}}) + (\text{SAVI} + \text{MIR})} \tag{4.7}$$

式中：T_{LST} 为地表温度；L_{LIT} 为夜间光照度。

8. 增强型归一化差异不透水面指数

增强型归一化差异不透水面指数（enhanced normalized difference impervious surface index，ENDISI）可以有效避免干旱区沙土、裸露山体的影响（穆亚超 等，2018）。采用 0 作为不透水面提取阈值，能够提高不透水面提取精度，但是也易出现将非不透水面误提为不透水面的情况。

$$\text{ENDISI} = \frac{\dfrac{2B + \text{MIR}}{2} - \dfrac{R + \text{NIR} + \text{SWIR}}{3}}{\dfrac{2B + \text{MIR}}{2} + \dfrac{R + \text{NIR} + \text{SWIR}}{3}} \tag{4.8}$$

式中：B、R、NIR、SWIR、MIR 分别对应 Landsat8_OLI 的第 2、4、5、6、7 波段反射率。

9. 归一化建筑指数

归一化建筑指数（normalized difference built-up index，NDBI）通过使用近红外波段和短波红外波段差值的比值处理来增强建筑信息，有助于提升城市场景中建筑物提取的准确性，但是裸土信息也会增强，易造成混分现象（查勇 等，2003）。

$$\text{NDBI} = \frac{\text{MIR} - \text{NIR}}{\text{MIR} + \text{NIR}} \tag{4.9}$$

10. 城镇用地指数

城镇用地指数（urban land-use index，ULI）在归一化建筑指数的基础上引入归一化植被指数，分别对指数进行二值化后再做求交运算。相对于 NDBI，该指数去除了低密度的材料区的影响，是一种自动提取城镇用地的方法，但是提取结果仍会含有裸地信息（徐军 等，2007）。

$$\text{ULI} = \text{NDBI} \bigcap \text{NDVI} \tag{4.10}$$

11. 基于注意力机制的建成区指数

高分辨率影像中建成区较为复杂，为了突出复杂场景中的建成区，Shao 等（2014）提出了一种改进的信号处理方法——基于注意力机制的建成区指数（built-up areas saliency index，BASI），来描述建成区的纹理特征，将其作为视觉注意模型的低层特征。

BASI 适用于高分辨率遥感影像和复杂场景的处理。

4.2.2　基于半监督模糊聚类的城市下垫面遥感监测方法

半监督学习是模式识别和机器学习的一个重要研究方向。半监督学习介于监督学习与无监督学习之间，主要考虑使用少量的标注样本或约束信息来指导学习过程，达到提高学习性能的目的。按照对先验知识使用方式的不同，半监督聚类又可以分为基于标注和约束的半监督聚类和基于距离的半监督聚类。本小节以改进的半监督模糊 C 均值聚类方法为例，介绍基于半监督学习方法的城市下垫面遥感监测方法。

Bezdek 等（1984）提出模糊 C 均值聚类（fuzzy c-means clustering，FCM）算法。许多学者研究 FCM 或者其改进算法的遥感影像分类问题，也将其应用于遥感影像时间序列监测（Izakian et al.，2015）。聚类问题的本质是依据数据集中各对象的相似性划分地物类别。在 FCM 算法中，单一像元依据不同的隶属度，同时属于多种地物类别。

在隶属度计算中，传统的模糊聚类算法多采用欧氏距离计算相似度。但是，欧氏距离存在对时相光谱特征的时间轴形态变化不敏感、对噪声没有很强鲁棒性的问题。动态时间规整（dynamic time warping，DTW）距离能够通过调整时相光谱特征不同样本的关系获取最优弯曲路径。DTW 距离能够有效地处理时相光谱特征的波动情况，并且可以比较任意时间长度的时间序列相似性，已成功应用在聚类分类中（Izakian et al.，2015）。

改进半监督模糊 C 均值聚类方法利用 DTW 距离替代原始模糊聚类算法中的欧氏距离，再结合半监督思想得到不透水面聚类结果。该方法基于时相光谱相似性特征设置样本权重，并考虑样本点与聚类中心的时相光谱特征相似性距离。该算法步骤如下。

（1）确定地物类别数目、加权指数和迭代次数。时相光谱特征集 $X = \{x_i\}$，$x_i = (x_i^1, x_i^2, \cdots, x_i^d,)$，$i = 1, 2, \cdots, n$，$n$ 为样本数目，d 为样本的时间维度。

（2）设置样本权重。w_i 为样本 x_i 的权重，目的是将聚类中心向与其时相光谱特征最相似的样本调整，权重为样本 x_i 与样本集中时相光谱相似性特征指标最相近的样本数目和样本集中与聚类中心时相光谱相似性特征指标最相近的样本数目的比值。

（3）定义改进的半监督模糊 C 均值聚类的目标函数如下：

$$J(U,C) = (1-\alpha)\sum_{k=1}^{c}\sum_{i=1}^{n} w_i u_{ik}^2 D_{ik}^2 + \alpha\sum_{k=1}^{c}\sum_{i=1}^{n} w_i (u_{ik} - f_{ik})^2 D_{ik}^2 \qquad (4.11)$$

式中：u_{ik} 为 x_i 针对各地物类别的隶属度，隶属度越大，表明 x_i 属于某一类别的概率越大；$k = 1, 2, \cdots, c$，c 为地物类别数目；$\sum_{i=1}^{c} u_{ik} = 1$；$f_{ik}$ 为先验知识，即有类别标签样本的隶属度矩阵；$\alpha \in [0,1]$ 为先验知识在聚类算法中的权重，如果 α 为 0，则该优化目标即为普通的加权 FCM 算法；D_{ik} 为样本到聚类中心的距离。

（4）通过迭代求取各地物类别的隶属度、聚类中心如下：

$$u_{ik} = \frac{1}{\displaystyle\sum_{k=1}^{c} \frac{D_{ik}^2}{D_{jk}^2}} + \alpha\left(f_{ik} - \frac{\displaystyle\sum_{j=1}^{c} f_{jk}}{\displaystyle\sum_{j=1}^{c} \frac{D_{ik}^2}{D_{ik}^2}} \right) \qquad (4.12)$$

$$c_k = \frac{\sum_{i=1}^{n} w_i u_{ik}^2 x_i}{\sum_{i=1}^{n} w_i u_{ik}^2} \qquad (4.13)$$

改进的半监督模糊 C 均值聚类充分利用样本集的先验知识，并根据时相光谱相似性特征调整聚类中心，提高不透水面的聚类精度。

张磊（2017）使用改进的半监督模糊聚类算法提取了 2000~2015 年高时间分辨率的珠江三角洲的 Landsat 系列卫星城市下垫面，并以 2015 年为例，对比了该提取成果与采用最大似然法、支持向量机分类及传统模糊聚类方法的有效性。2015 年珠江三角洲城市下垫面分类对比结果如图 4.2 所示，其中红色代表不透水面，绿色代表透水面，蓝色代表水体。

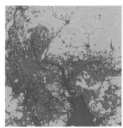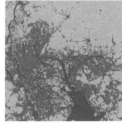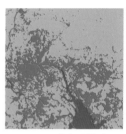

  （a）最大似然分类   （b）支持向量机分类   （c）传统模糊聚类方法   （d）本小节算法

图 4.2 2015 年各类方法的城市下垫面提取结果图

4 种方法对应的分类精度和 Kappa 系数见表 4.3。从结果可以看出，相对于最大似然、支持向量机分类与传统模糊聚类，本小节介绍的改进的半监督模糊 C 均值聚类方法，精度更高。

表 4.3 各类方法的总体精度和 Kappa 系数

参数	最大似然分类	支持向量机分类	传统模糊聚类方法	本小节算法
总体精度/%	86.47	91.78	89.61	94.78
Kappa 系数	0.806 5	0.859 7	0.845 1	0.925 5

4.2.3 基于监督学习的城市下垫面遥感监测方法

监督学习是从给定训练数据集学习出一个函数，并利用这个函数预测新数据对应的结果。监督学习的训练集包括输入、输出，即对应特征和目标，其中，训练集中的目标由人工标注。监督学习通常用来处理分类问题，通过训练已有样本（已知数据及其对应输出）得到一个最优模型（这个模型属于某个函数的集合，最优表示某个评价准则下的最佳），再利用这个模型将所有输入映射为对应输出，最后通过判断输出实现最终的分类目的。

常见的监督学习算法有回归分析和统计分类，k 最近邻（k-nearest-neighbor，KNN）法和支持向量机（SVM）是典型的监督学习算法。本小节以改进的复合核支持向量机（support vector machine with composite kernels，SVM-CK）和鲸鱼优化算法（whale optimization algorithm，WOA）为例，介绍城市下垫面遥感监测方法（Hu et al.，2021）。

1. 复合核支持向量机

支持向量机是一种以结构风险最小化原则为基础的模式识别算法，克服了传统机器学习中的维数灾难问题，在小样本数据集对应的分类问题方面具有显著优势（Cortes et al.，1995）。SVM 求解的最优分类超平面问题可以表达为如下方程式：

$$\begin{cases} \min\limits_{\omega,b,\varepsilon_i}\left[\dfrac{1}{2}\|\omega\|^2 + C\sum\limits_i \varepsilon_i\right] \\ \text{s. t. } y_i\left(\langle \phi(x_i),\omega\rangle + b\right) \geqslant 1-\varepsilon_i, \quad \varepsilon_i \geqslant 0, \ \forall i = 1,2,\cdots,n \end{cases} \tag{4.14}$$

式中：C 为常数、ε_i 为松弛变量；ω 为输入变量；x_i 为特征值；b 为位移项；ϕ 为非线性映射函数；$y_i \in [-1,1]$。

引入 Lagrange 乘子 α_i，可以推导得出二次规划问题

$$\begin{cases} \max\limits_{\alpha_i}\left[\sum\limits_i \alpha_i - \dfrac{1}{2}\sum\limits_{i,j}\alpha_i\alpha_j y_i y_j K(x_i,x_j)\right] \\ \text{s. t. } \sum\limits_i \alpha_i y_i = 0, \quad 0 \leqslant \alpha_i \leqslant C, \ i = 1,2,\cdots,n \end{cases} \tag{4.15}$$

式中：$K(\cdot)$ 为满足 Mercer 条件的核函数，相应的 SVM 判别函数为

$$f(x) = \mathrm{sgn}\left(\sum\limits_{i=1}^n y_i\alpha_i K(x_i,x_j) + b\right) \tag{4.16}$$

为了提升 SVM 分类器的性能，选择合适的核函数至关重要。因此，Camps-Valls 等（2006）提出了基于复合核函数的新型 SVM 分类器，将其应用于高光谱遥感影像的地物分类中。在遥感影像的地物分类中，处理的基本数据单元是像素，Camps-Valls 等（2006）重新定义一个新的像素点特征矢量 $\boldsymbol{x}_i = \{x_i^s, x_i^\omega\}$，它是由光谱维特征 $x_i^\omega \in R^{N_\omega}$ 和空间维特征 $x_i^s \in R^{N_s}$ 组成，其中 N_ω 代表光谱维特征个数，N_s 代表空间维特征个数。相应的，K_s 代表空间核函数，K_ω 代表光谱核函数，用它们或复合核函数替换式（4.15）中原始的核函数 K。具体的 4 种复合核函数表示如下。

（1）叠加特征法（stacked features approach）。重新定义一个像素点特征向量 $\boldsymbol{x}_i = \{x_i^s, x_i^\omega\}$，它由该像素点空间维特征和光谱维特征直接连接，相应复合核函数表达式为

$$K_{\{s,\omega\}} \equiv K(\boldsymbol{x}_i,\boldsymbol{x}_j) = \langle \phi(\boldsymbol{x}_i),\phi(\boldsymbol{x}_j)\rangle \tag{4.17}$$

（2）直接求和内核（direct summation kernel）。在希尔伯特空间 H 中定义 $\varphi_1(\cdot)$ 和 $\varphi_2(\cdot)$ 两个非线性变换，再生成新的变换组合 $\phi(\boldsymbol{x}_i) = \{\varphi_1(x_i^s),\varphi_2(x_i^\omega)\}$，进而构造复合核函数，这里 $\dim(K) = \dim(K_s) = \dim(K_\omega) = n \times n$。

$$\begin{aligned} K(\boldsymbol{x}_i,\boldsymbol{x}_j) &= \langle \phi(\boldsymbol{x}_i),\phi(\boldsymbol{x}_j)\rangle \\ &= \langle \{\varphi_1(x_i^s),\varphi_2(x_i^\omega)\}, \{\varphi_1(x_j^s),\varphi_2(x_j^\omega)\}\rangle \\ &= K_s(x_i^s,x_j^s) + K_\omega(x_i^\omega,x_j^\omega) \end{aligned} \tag{4.18}$$

（3）加权求和内核（weighted summation kernel）。这种情况可以表示为加权形式，其中 $0 \leqslant \mu \leqslant 1$，$\mu$ 为权因子。

$$K(\boldsymbol{x}_i,\boldsymbol{x}_j)=\mu K_{\mathrm{s}}(x_i^{\mathrm{s}},x_j^{\mathrm{s}})+(1-\mu)K_{\omega}(x_i^{\omega},x_j^{\omega}) \tag{4.19}$$

（4）交叉信息内核（cross-information kernel）。它考虑光谱维信息和空间维信息的交叉关系，在希尔伯特空间 H 中定义一个非线性映射 $\varphi(\cdot)$ 和从 H 到 H_k 三个线性变换 $A_k(k=1,2,3)$，从而对光谱维和空间维的交互信息进行融合，得到如下基于交互信息的复合核函数表达式：

$$\phi(\boldsymbol{x}_i)=\{A_1\varphi(x_i^{\mathrm{s}}),A_2\varphi(x_i^{\omega}),A_3(\varphi(x_i^{\mathrm{s}})+\varphi(x_i^{\omega}))\} \tag{4.20}$$

$$\begin{aligned}K(\boldsymbol{x}_i,\boldsymbol{x}_j)&=\langle\phi(\boldsymbol{x}_i),\phi(\boldsymbol{x}_j)\rangle=\varphi(x_i^{\mathrm{s}})^{\mathrm{T}}R_1\varphi(x_j^{\mathrm{s}})\\&+\varphi(x_i^{\omega})^{\mathrm{T}}R_2\varphi(x_j^{\omega})+\varphi(x_i^{\mathrm{s}})^{\mathrm{T}}R_3\varphi(x_j^{\omega})+\varphi(x_i^{\omega})^{\mathrm{T}}R_3\varphi(x_j^{\mathrm{s}})\end{aligned} \tag{4.21}$$

$$R_1=A_1^{\mathrm{T}}A_1+A_3^{\mathrm{T}}A_3,\quad R_2=A_2^{\mathrm{T}}A_2+A_3^{\mathrm{T}}A_3,\quad R_3=A_3^{\mathrm{T}}A_3 \tag{4.22}$$

写成复合核函数的形式为

$$K(\boldsymbol{x}_i,\boldsymbol{x}_j)=K_{\mathrm{s}}(x_i^{\mathrm{s}},x_j^{\mathrm{s}})+K_{\omega}(x_i^{\omega},x_j^{\omega})+K_{\mathrm{s}\omega}(x_i^{\mathrm{s}},x_j^{\omega})+K_{\omega\mathrm{s}}(x_i^{\omega},x_j^{\mathrm{s}}) \tag{4.23}$$

这里的复合核函数需要光谱维信息和空间维信息同维度才能使用，即 $N_{\omega}=N_{\mathrm{s}}$。根据选取的非线性映射函数 $\phi(\cdot)$ 的不同。一般有以下三种常见的核，即线性核、多项式核及径向基函数核。

$$\begin{cases}K(\boldsymbol{x}_i,\boldsymbol{x}_j)=\langle\boldsymbol{x}_i,\boldsymbol{x}_j\rangle\\K(\boldsymbol{x}_i,\boldsymbol{x}_j)=(\langle\boldsymbol{x}_i,\boldsymbol{x}_j\rangle+1)^d\\K(\boldsymbol{x}_i,\boldsymbol{x}_j)=\exp(-\|\boldsymbol{x}_i-\boldsymbol{x}_j\|^2/2\sigma^2)\end{cases} \tag{4.24}$$

SVM-CK 算法能够利用空间信息，使用该算法处理城市下垫面分类能得到较好的结果。该方法需要调参：惩罚参数（C）、内核参数（σ_1）和内核参数（σ_2）。这三个超参数的范围对应于：$C=(10,10^2,10^3,10^4,10^5,10^6)$，$\sigma_1=(2^{-5},2^{-4},\cdots,2^5)$ 和 $\sigma_2=(2^{-5},2^{-4},\cdots,2^5)$。图 4.3 为采用五折交叉验证从训练集中获取超参数，并采用 SVM-CK 算法处理 Sentinel-2 B MSI 数据提取下垫面，对分类结果滤波后得到土地覆盖分类结果。

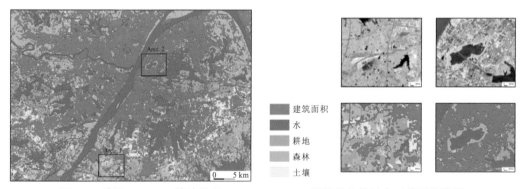

建筑面积
水
耕地
森林
土壤

图 4.3　采用 SVM-CK 算法处理 Sentinel-2 B MSI 影像获得的城市下垫面分类图

采用这些复合核函数后，SVM 可以明显提高建成区地物的分类精度。由分类结果混淆矩阵（表 4.4）可以看出，使用 SVM-CK 算法获取的分类结果对应的总体精度（overall accuracy，OA）为 91.54%，Kappa 系数（KA）为 0.8840。其中，建成区对应的制图精度（producer's accuracy，PA）最高，为 97.29%，建成区对应的 F-score 最高，为 96.24%。同时也可以看到只使用 Sentinel-2 B MSI 数据时，建成区和水之间的混淆较为明显。

表 4.4　分类结果的混淆矩阵

项目	A/像元	B/像元	C/像元	D/像元	E/像元	合计	PA/%	UA/%	F-score/%
A	717	13	0	1	22	753	97.29	95.22	96.24
B	18	227	0	0	0	245	93.42	92.65	93.03
C	2	3	241	35	0	281	82.53	85.77	84.12
D	0	0	51	163	0	214	81.91	76.17	78.93
E	0	0	0	0	220	220	90.91	100	95.24
合计/像元	737	243	292	199	242				
	OA=91.54%						KA=0.884 0		

注：只使用 Sentinel-2B MSI 数据；A 代表建筑、B 代表水、C 代表森林、D 代表农田、E 代表裸土

2. 鲸鱼优化算法

鲸鱼优化算法（WOA）受座头鲸猎食时的 bubble-net 策略启发而来，属于启发式全局优化算法。WOA 算法主要包括包围猎物、气泡攻击及搜索猎物阶段的数学模型。

1）包围猎物阶段数学模型

WOA 算法假设当前最优备选解为猎物。在确定猎物位置后，其余 search agent（可以理解成鲸鱼个体）将会向最佳 search agent（猎物）方向移动，并更新位置，数学表达式如下：

$$D = \left| CX^*(t) - X(t) \right| \tag{4.25}$$

$$X(t+1) = X^*(t) - A \cdot D \tag{4.26}$$

$$A = 2a \cdot r_1 - a \tag{4.27}$$

$$C = 2r_2 \tag{4.28}$$

式中：A 为收敛因子；C 为系数向量；t 为当前迭代次数；$X^*(t)$ 为第 t 次迭代中最优解的位置向量；$X(t)$ 为第 t 次迭代中鲸鱼所在位置；r_1 与 r_2 为（0，1）之间均匀分布的随机数；a 会随着迭代次数的增加逐渐从 2 递减到 0。在计算过程中，可以通过调节向量 A 和 C 的值来调节 X 在最优解周围的位置。

2）气泡攻击阶段数学模型

用数学表达式来描述座头鲸的气泡行为有如下两种方法。

（1）收缩包围机制。收缩包围机制是通过 A 向量实现的。

（2）螺旋更新位置。首先计算出鲸鱼个体位置和猎物位置间的距离，之后在鲸鱼和猎物的位置间建立一个螺旋方程来模拟座头鲸的螺旋狩猎机制，该机制出现的概率为 50%，表达式如下：

$$X(t+1) = D' \cdot e^{bl} \cdot \cos(2\pi l) + X^*(t) \tag{4.29}$$

$$D' = \left| X^* - X(t) \right| \tag{4.30}$$

式中：b 为一个常数，用来定义螺旋的形状；l 为(-1, 1)中的随机数。

$$l = (a_2 - 1) \cdot r_3 + 1 \tag{4.31}$$

式中：r_3 为(0, 1)之间均匀分布的随机数；a_2 会随着迭代次数的增加逐渐从-1递减到-2。

3）搜索猎物阶段数学模型

当|A|>1时，座头鲸根据其与猎物的位置进行随机搜索，数学表达式如下：

$$D = \left| C \cdot X_{\mathrm{rand}}(t) - X(t) \right| \tag{4.32}$$

$$X(t+1) = X_{\mathrm{rand}}(t) - A \cdot D \tag{4.33}$$

本小节引入鲸鱼优化算法对 SVM 模型中的 g（核函数参数）、c（惩罚因子）进行参数优化。算法通过鲸鱼包围、气泡攻击猎物等过程随机搜索捕食的策略实现优化搜索。具体步骤如下。

（1）设置鲸鱼的总群规模 $N=10$，最大迭代次数 Max_TE$=100$，设定好 c 和 g 的寻优范围，参数的下界值 lb$=[0.01,0.01]$、上界值 ub$=[100,100]$，随机产生 N 只鲸鱼的位置。

（2）以训练集五折交叉验证的平均分类错误率作为种群内每条鲸鱼的适应度，计算每只鲸鱼的适应度值。把适应度最小的鲸鱼作为当前最优鲸鱼的位置。

（3）首先确定当前最优鲸鱼的位置，每次迭代中对 10 条鲸鱼位置分别进行更新。

（4）对整个鲸鱼种群进行评价，找到全局最优的鲸鱼个体及其位置，求得最优参数值。

以武汉市主城区 2021 年 1 月 19 日获取的一景"珠海一号"欧比特高光谱（orbita hyper spectral，OHS）为数据源，采用基于鲸鱼优化算法优化的 SVM 算法获得的下垫面不透水面提取结果如图 4.4 所示。结合地表验证数据集显示，支持向量机与鲸鱼算法获取的分类结果对应的总体精度为 89.73%，Kappa 系数为 0.865 3。

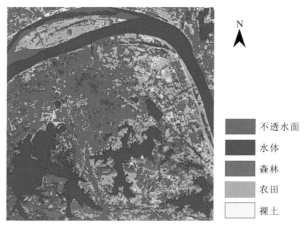

图 4.4　武汉市"珠海一号"欧比特高光谱遥感数据获取的下垫面分类结果

4.3　亚像元尺度城市下垫面遥感监测方法

空间分辨率较低的遥感影像存在大量混合像元，这些混合像元往往包含多种地物类别。混合像元中地物所占比例及分布，是高光谱遥感影像混合像元分解和亚像元制图的重要研究内容。其中，混合像元分解是处理高光谱遥感影像的重要技术，其目的是提取像元中对应地物端元所占比例，即进行像元中对应端元的丰度反演。混合像元分解模型可以分为线性混合模型和非线性混合模型。线性混合分解模型假设混合像元内部的组分不发生相互作用，非线性分解模型则不存在这样的假设。

4.3.1　基于线性混合像元分解的城市下垫面遥感监测方法

线性光谱混合分析（linear spectral mixture analysis，LSMA）模型是目前较为常用的亚像元级影像分类方法。其基本思想是像元由一些具有稳定光谱特性的端元组分构成，且像元在影像上的反射率可以表示为端元反射率及其丰度的线性加权结果，如图 4.5（Keshava，2003）所示。

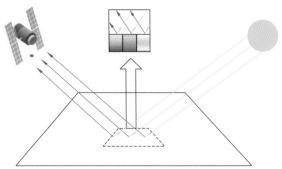

图 4.5　LSMA 模型原理示意图

对于任一影像波段 i，LSMA 模型可以表示为

$$r_i = \sum_{j=1}^{n} f_{ij} e_j + \varepsilon_i \tag{4.34}$$

式中：r_i 为混合像元可被测量到的实际反射率；f_{ij} 为端元 j 占像元对应的丰度；e_j 为端元 j 的反射率；ε_i 为残差。

考虑端元丰度的非负性且加和为 1，可以在上式的基础上加入如下约束条件：

$$\sum_{j=1}^{n} f_{ij} = 1, \quad 0 \leqslant f_{ij} \leqslant 1 \tag{4.35}$$

满足式（4.35）约束条件的 LSMA 模型被称为全约束 LSMA 模型。在实际应用中，也有学者将不加入约束条件的像元线性解混称为无约束 LSMA 模型；也有加入非负性或加和为 1 约束条件进行线性解混，称为半约束 LSMA 模型。

在大空间尺度区域（如以 MODIS 等分辨率更粗糙遥感影像为数据源的研究区）的下垫面分类研究中，由于端元信息较难获取，普通的 LSMA 方法并不适用。相对而言，基于回归分析的城市下垫面分类方法更具有优势。基于回归分析算法的主导思想是建立像素不透水面丰度与其他相关变量之间的经验性定量关系，用数学语言可以表述为

$$Y = f(X_1, X_2, \cdots, X_N) \tag{4.36}$$

考虑城市中植被与不透水面丰度往往呈现负相关的关系，植被指数和缨帽变换后的绿度分量常被应用于城市下垫面分类回归分析研究中。但是，仅基于植被信息的提取方法可能会受到裸土和季节变化等一系列因素的影响，回归模型并不具有代表性。

另一种思路是将反映人类活动强度的夜间灯光亮度引入城市下垫面分类回归分析，

但目前普遍采用的 DMSP-OLS 夜光影像存在的"光饱和"问题可能会导致提取结果在中心城区具有一定的不确定性。因此，有学者提出综合利用植被指数与夜光强度，通过构造专题指数或多元回归的方法实现更为稳健的大尺度城市下垫面分类（Lu et al.，2008）。

4.3.2 基于局部自适应端元合成的城市下垫面遥感监测方法

已知端元 e_j 是利用线性混合像元分解估算地物丰度的必要条件之一。然而，在 MODIS 等中低分辨率遥感影像中，较难获取数量充足的纯净像端元。针对这一问题，Pu 等（2003）给出了一种不依赖影像真实纯净像元的端元合成方法（以下记为 Pu 方法）。一般意义上的线性混合像元分解和 Pu 方法在本质上可以统一为

$$E = (F^\mathrm{T}F)^{-1}F^\mathrm{T}R \tag{4.37}$$

式中：E 为端元光谱向量；F 为样本丰度矩阵；R 为像元实际反射率向量。

若将混合像元分解视为正过程，则端元光谱的合成可以视为混合像元分解的逆向过程。在样本充足且样本各端元丰度和实际反射率已知的条件下，可以根据最小二乘方法反推得到端元光谱的估计结果。尽管 Pu 方法可以有效地从混合像元样本中提取出端元光谱信息，但其基于最小二乘估计的算法只能得到一组固定的全局最优解。针对 Pu 方法空间同质性假设的不足，Zhang 等（2015）提出一种利用地理加权回归充分考虑空间异质性对端元光谱合成的局部自适应端元合成方法。式（4.34）线性混合模型改写为

$$\begin{cases} r_i = \sum_{j=1}^{n} f_{ij}e_i + \varepsilon_i \\ e_i = g(u_i, v_i) \end{cases} \tag{4.38}$$

式中：r_i 为混合像元可被测量到的实际反射率；f_{ij} 为端元 j 占像元对应的丰度；e_i 为端元 i 的反射率；ε_i 为残差；$g(u_i, v_i)$ 为局部自适应方法，端元光谱 e_i 随点位置 (u_i, v_i) 的变化而发生改变。根据对地理加权回归方法的推导，在样本数目充足（不少于波段数）且空间权函数已知的条件下，局部自适应端元光谱的估计结果可以表示为

$$\begin{cases} E = (F^\mathrm{T}WF)^{-1}F^\mathrm{T}WR \\ W_i = \mathrm{diag}(\omega_{i1}, \omega_{i2}, \cdots, \omega_{in}) \end{cases} \tag{4.39}$$

式中：E 为端元光谱向量；F 为样本丰度矩阵；R 为像元实际反射率向量；W 为空间权函数；$\mathrm{diag}(\omega_{i1}, \omega_{i2}, \cdots, \omega_{in})$ 为利用空间权函数构建的对角矩阵。

Zhang 等（2015）以 MODIS 卫星遥感影像为数据源、美国印第安纳州为研究区域，对基于局部适应端元合成的地物分解方法进行验证（图 4.6）。实验表明，基于局部自适应端元合成的不透水面提取结果与参考数据具有较高的一致性。

图 4.7 是局部自适应方法与 Pu 方法不透水面估算值的三种精度评价指标。其中，与传统基于最小二乘端元信号合成的全局同质性方法相比，局部自适应方法的提取误差较小，平均绝对误差（mean absolute error，MAE）为 8.45%，均方根误差（root mean square error，RMSE）为 10.98%，偏差为 0.25%，提取结果的异常值较少，提取效果整体更优。通过进一步分析发达、欠发达地区的不透水面提取精度发现，局部自适应方法与 Pu 方法在欠发达地区的提取精度要高于发达地区；在发达地区，局部自适应方法较 Pu 方法的精度提升更为明显。

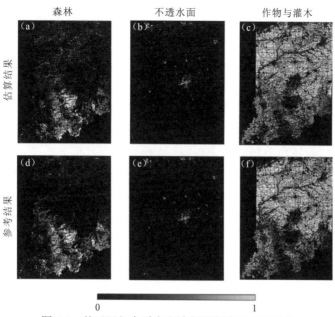

图 4.6　基于局部自适应方法得到各端元丰度结果

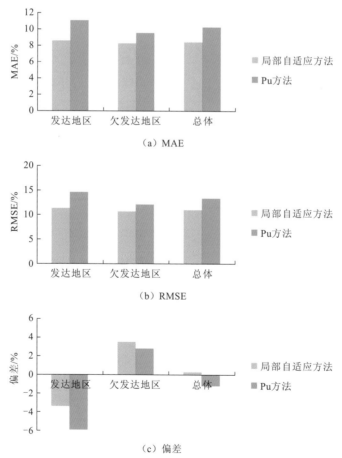

（a）MAE

（b）RMSE

（c）偏差

图 4.7　局部自适应方法与 Pu 方法不透水面估算值的精度评价指标

4.4 对象尺度城市下垫面遥感监测方法

在城市复杂下垫面背景下，不透水面作为城市下垫面典型地物，具有地物破碎、类型复杂等问题。因此，若要获得精度较高的城市下垫面分类结果，需要综合考虑地物光谱信息与场景空间几何特征。邵振峰等（2018）提出了一种基于图谱特征逐层融合的多分类器集成的城市下垫面分类模型。该模型以高分辨率遥感影像为输入，在"地物-材质"同质区图谱特征表达的基础上，采用多分类器集成的方法对高分辨率影像进行场景训练，并将各分类器提取的分类结果中达到精度评价要求的部分作为提取结果进行输出。该模型主要包括多尺度分割、场景分类两个关键环节，不透水面提取流程如图4.8所示。

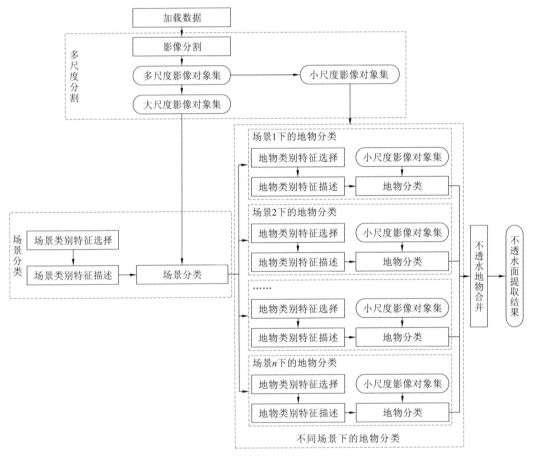

图 4.8　基于场景分析的高分辨率遥感影像不透水面提取流程

（1）多尺度分割。采用一定的尺度合理地对场景进行分割，是多分类器集成研究中的关键步骤。不透水面之间存在规模大小的差异，单一尺度的城市下垫面分类必然会出现过分割或分割不完全的情况。不同类型的不透水面具有适宜的分割尺度。因此，针对城市不透水面地物所处场景对应的多层次结构特征，构建基于场景尺度的阈值适应场景分割方法。

（2）场景分类。确定不同尺度下的场景类别，选择适合的特征对各个场景类别进行描述。采用随机森林分类方法，在融合多分类器对城市下垫面有效分类结果精度评价的基础上，实现适合特定场景的城市下垫面分类结果的输出。

4.4.1　城市不透水面多尺度场景分割

从遥感影像中获取空间对象的最基本手段是遥感影像分割，采用分形网络演化算法（fractal net evolution approach，FNEA）自底而上的区域合并的策略，其中以"异质度增长最小"为合并准则。在 FNEA 中影像对象异质度定义为

$$f = w_{colour} \times h_{colour} + w_{shape} \times (w_{compact} \times h_{compact} + w_{smooth} \times h_{smooth}) \qquad (4.40)$$

式中：w_{colour} 和 w_{shape} 分别为颜色权重和形状权重，两个变量的取值范围均为[0, 1]，且相加和为 1；$w_{compact}$ 及 w_{smooth} 分别为紧致度和光滑度的权重，两个变量的取值范围均为[0, 1]，且相加和为 1。

从异质度定义可以看出，FNEA 中异质度仅由颜色异质度 h_{colour}、紧致度异质度 $h_{compact}$ 和光滑度异质度 h_{smooth} 构成，即仅通过影像的光谱特征和形状特征对影像进行分割。在传统异质度基础上融入边缘、纹理等多种特征，重新定义多特征异质度，进而实现同质区对象的生成，其生成流程如图 4.9 所示。

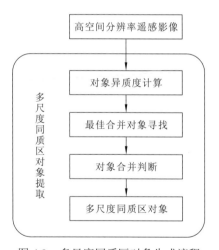

图 4.9　多尺度同质区对象生成流程

分割结果与自定义的形状因子和尺度因子息息相关，并且不同地物类别表明不同的特征与形状因子和尺度因子有关。多尺度分割中几个重要参数有各波段权重、尺度因子、光谱因子和形状因子。图 4.10 为分割尺度为 40 和 20 的分割效果图。

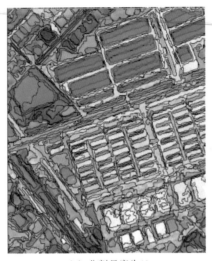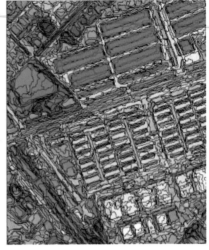

（a）分割尺度为40　　　　　　　（b）分割尺度为20

图 4.10　不同分割尺度效果图

4.4.2　基于随机森林的下垫面分类

经过上述步骤处理后已获得用于城市下垫面分类的各场景特征，但由于城市尺度上不透水面构成十分复杂，基于固定特征输入的单分类器很难对其进行有效区分。因此采用随机森林算法实现多分类器系统的集成。随机森林是一种新型多分类器集成学习方法，它利用随机重采样技术 bootstrap 和节点随机分裂技术构建多棵分类决策树，通过投票机制得到最终分类结果，其步骤如下。

步骤一：首先从原始样本向量 $\boldsymbol{D}$ 中利用 bootstrap 抽样随机选取一部分样本作为进化树的训练集，构成与该训练集一一对应的分类树 $\{h(x,\boldsymbol{\Theta}_k,k=1,2,3,\cdots)\}$。

步骤二：每棵分类树根据一组与输入样本有关的随机特征向量 $\{\boldsymbol{\Theta}_k\}$ 进行分裂生长，且每棵树在生长过程中不进行剪枝。最终众多分类树构成一个随机森林 $\{h_1(X),h_2(X),h_3(X),\cdots\}$，即构成一个多分类模型系统。

步骤三：对于待分类数据，每一棵树都会得到一个分类结果并记为 $\{L_k,k=1,2,3,\cdots\}$，最终分类结果 L 采用多数投票法得到。

4.4.3　图谱特征逐层融合的迭代提取模型

对于随机森林多分类器集成系统，采用迭代手段实现图谱特征的逐层次递进式融合，其步骤如下。

步骤一：根据当前分类结果确定主导类别 C_i，同时根据分类结果中误分为主导类别的情况确定细分类集合。

步骤二：对细分类集合进行判别，若所有单分类器分类结果中仅含有透水面地物，则分类结束，否则进入步骤三。

步骤三：针对细分类集合，利用已有的先验知识和互信息熵最大准则在图谱特征集选择相应特征并输入随机森林多分类器集成系统中进行分类，其中特征 x 和 y 的互信息熵表示为

$$I(x,y) = \iint p(x,y) \lg \frac{p(x,y)}{p(x)p(y)} \mathrm{d}x\mathrm{d}y \tag{4.41}$$

步骤四：重复上述步骤并通过迭代次数上限设置实现迭代分类的最终收敛：

$$\begin{cases} C_i = C_{i-1} \\ |F_i - F_{i-1}| \leqslant \varepsilon \end{cases} \tag{4.42}$$

式中：F_i 为第 i 次迭代的分类精度；ε 为精度控制阈值。

4.5 景观尺度城市下垫面遥感监测方法

景观尺度空间范围并无准确值，主要看是否包括了不同的群落和生态系统。在类似城市建成区等生物多样性高、生态系统异质性比较明显的地区，景观尺度空间范围可以局限到几十平方米的水平；而对于荒漠地区来说，景观尺度对应空间范围可能会达到几十平方千米。

城市景观在一定程度上代表了其区位特色或功能分区，精细化的下垫面遥感监测体现了对城市规划指标的精确分解，是城市人居环境的真实体现。城市景观的组成、结构、功能、动态变化影响着对景观的评价、规划、管理。监测景观尺度下垫面并确保其不超过功能设计的比率，是确保城市可持续发展的微观需求。

海绵城市的规划和建设最终都是需要在景观尺度落地的，包括对老城区进行改造、对新城区进行规划和建设。利用多分类器集成的方法对高分辨率影像进行场景训练，进而提取出精确度较高的下垫面分类结果，主要考虑下垫面场景分类和阴影处理问题。以 2014~2017 年武汉市青山及四新海绵城市试点区域的下垫面遥感监测为例，在对高分辨率遥感影像阴影检测后，结合边缘、语义、光谱异质性等特征，对下垫面阴影同质区对象进行地物提取；对于非阴影区域，结合下垫面对象的光谱、空间、语义、形状、几何等特征，并结合多分类器集成，进一步得到精确度较高的景观尺度的城市下垫面提取结果（图 4.11）。

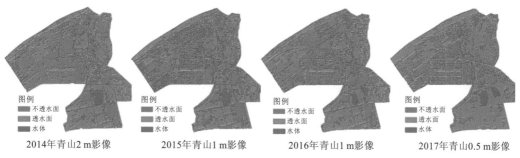

（a）青山示范区

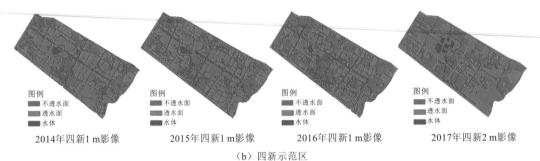

图例 图例 图例 图例
■ 不透水面 ■ 不透水面 ■ 不透水面 ■ 不透水面
■ 透水面 ■ 透水面 ■ 透水面 ■ 透水面
■ 水体 ■ 水体 ■ 水体 ■ 水体

2014年四新1 m影像 2015年四新1 m影像 2016年四新1 m影像 2017年四新2 m影像

（b）四新示范区

图 4.11 基于高分辨率遥感影像的武汉市青山及四新海绵城市示范区下垫面提取结果

参 考 文 献

刘家宏, 王浩, 高学睿, 等, 2014. 城市水文学研究综述. 科学通报, 59(36): 3581-3590.

穆亚超, 颉耀文, 张玲玲, 等, 2018. 一种新的增强型不透水面指数. 测绘科学, 43(2): 83-87.

邵振峰, 张源, 黄昕, 等, 2018. 基于多源高分辨率遥感影像的 2 m 不透水面一张图提取. 武汉大学学报(信息科学版), 43(12): 1909-1915.

徐涵秋, 2005. 利用改进的归一化差异水体指数(MNDWI)提取水体信息的研究. 遥感学报, 9(5): 589-595.

徐军, 蒋建军, 张义顺, 等, 2007. 基于 landsat TM 影像的城镇用地提取方法探讨: 中国地理学会 2007 年学术年会论文摘要集: 1.

查勇, 倪绍祥, 杨山, 2003. 一种利用 TM 图像自动提取城镇用地信息的有效方法. 遥感学报, 7(1): 37-40.

张磊, 2017. 基于 landsat 时间序列影像的区域不透水面提取研究. 武汉: 武汉大学.

BECKER F, CHOUDHURY B J, 1988. Relative sensitivity of normalized difference vegetation Index (NDVI) and microwave polarization difference Index (MPDI) for vegetation and desertification monitoring. Remote Sensing of Environment, 24 (2): 297-311.

BEZDEK J C, EHRLICH R, FULL W, 1984. FCM: The fuzzy c-means clustering algorithm. Computers & Geosciences, 10(2-3): 191-203.

CAMPS-VALLS G, GOMEZ-CHOVA L, MUÑOZ-MARÍ J, et al., 2006. Composite kernels for hyperspectral image classification. IEEE Geoscience and Remote Sensing Letters, 3(1): 93-97.

CORTES C, VAPNIK V, 1995. Support-vector networks. Machine Learning, 20(3): 273-297.

HU B, XU Y, HUANG X, et al., 2021. Improving urban land cover classification with combined use of Sentinel-2 and Sentinel-1 imagery. ISPRS International Journal of Geo-Information,10 (8): 533.

HUETE A R, 1988. A soil-adjusted vegetation index (SAVI). Remote Sensing of Environment, 25(3): 295-309.

IZAKIAN H, PEDRYCZ W, JAMAL I, 2015. Fuzzy clustering of time series data using dynamic time warping distance. Engineering Applications of Artificial Intelligence, 39: 235-244.

KESHAVA N, 2003. Angle-based band selection for material identification in hyperspectral processing. SHEN S S, IS P E, eds. Proceedings of SPIE 5093, Algorithms and Technologies for Multispectral,

Hyperspectral, and Ultraspectral Imagery IX (5093):440-451.

LIU C, SHAO Z, CHEN M, et al., 2013. MNDISI: A multi-source composition index for impervious surface area estimation at the individual city scale. Remote Sensing Letters, 4(8): 803-812.

LU D, TIAN H, ZHOU G, et al., 2008. Regional mapping of human settlements in southeastern China with multisensor remotely sensed data. Remote Sensing of Environment, 112(9): 3668-3679.

LU D, LI G, KUANG W, et al., 2014. Methods to extract impervious surface areas from satellite images. International Journal of Digital Earth, 7(2): 93-112.

MCFEETERS S K, 1996. The use of the normalized difference water index (NDWI) in the delineation of open water features. International Journal of Remote Sensing, 17(7): 1425-1432.

PU R, XU B, GONG P, 2003. Oakwood crown closure estimation by unmixing Landsat TM data. International Journal of Remote Sensing, 24(22): 4422-4445.

RIDD M K, 1995. Exploring a V-I-S (vegetation-impervious surface-soil) model for urban ecosystem analysis through remote sensing: Comparative anatomy for cities. International Journal of Remote Sensing, 16(12): 2165-2185.

SHAO Z, TIAN Y, SHEN X, 2014. BASI: A new index to extract built-up areas from high-resolution remote sensing images by visual attention model. Remote Sensing Letters, 5(4): 305-314.

SHAO Z, ZHANG L, 2016. Estimating forest aboveground biomass by combining optical and SAR data: A case study in genhe, Inner Mongolia, China. Sensors(Basel),16(6): 834.

XU H, 2008. A new index for delineating built‐up land features in satellite imagery. International Journal of Remote Sensing, 29(14): 4269-4276.

ZHANG H, CHENG X, JIN L, et al., 2019. A method for estimating urban flood-carrying capacity using the VIS-W underlying surface model: A case study from Wuhan, China. Water, 11(11): 2345.

ZHANG Z, LIU C, LUO J C, et al., 2015. Applying spectral mixture analysis for large-scale sub-pixel impervious cover estimation based on neighbourhood-specific endmember signature generation. Remote Sensing Letters, 6(1): 1-10.

第5章　海绵城市土地利用空间格局遥感动态监测方法

城市空间结构是指不同经济活动占据城市内不同空间，在城市内部呈现出不同格局，形成相应的城市空间结构形态。城市空间结构并不是一成不变的，是城市发展程度、发展阶段及发展过程在空间上的一种反映。时间序列遥感影像具有季节性、非稳定性、区域性、多尺度性、时空自相关性、高维度和数据量巨大等特点，具有动态监测地物的优势（赵忠明 等，2016），可以用在海绵城市土地利用空间格局遥感监测研究中。

一直以来，城市不透水面被认为是衡量城市生态环境状况的一个重要指标，其面积大小、几何及空间分布、不透水面丰度值等指标是城市化进程及环境质量评估的重要参数。在海绵城市遥感监测研究中，利用城市地区长时间序列的遥感影像提取城市不透水面空间分布特征，进一步结合城市所在流域降雨产汇流时空特征、城市内部地温反演结果空间异质性特征、城市不同功能区物候变化特征等，实现对城市水文、生态、环境等时空变化效应的动态监测。

本章以中低分辨率、高分辨率长时间序列遥感影像动态监测为例，介绍海绵城市土地利用空间格局用地模式、基于中低分辨率遥感数据的城市或城市群不透水面监测方法、基于高分辨率遥感影像的海绵城市下垫面精细监测方法。

5.1　海绵城市土地利用空间格局用地模式

城市土地利用空间格局，主要指城市交通组织、景观结构、建筑群、城市标志性地物、市政设施等物质要素在城市空间范围的位置关系。从城市空间规划视角，土地利用、城市交通、城市生态、空间发展、社会文化等与城市土地利用空间格局关系较为密切（卜雪旸，2006）。一般来说，在城市用地研究中，城市工业用地、生活居住用地、公共设施用地和绿地是重要的城市用地要素。城市区位理论主要用来区分中心商务区、过渡区、郊区、城乡结合部。

（1）中心商务区是指位于城市中心、城市腹地，较为繁华的商圈，以商业、办公功能为主的区域。中心商务区一般具有人口密集、商业繁华的特征，拥有成熟、便利、先进的生活、医疗、教育等配套资源。

（2）过渡区是指位于城市内部，由城市中心商务区逐渐向外延展的城市中心的内部区域。城市过渡区一般以居住为主，拥有一定的商业，但地域面积相对较大，人口密度相对更低。

（3）郊区也属于城区，一般是指这个区域已经不再有农业用地性质土地，基本上完成了由农业用地向非农业用地类型转变的区域。郊区属于城市中心地区向边界延展的部分，一般距离城市建成区的边界最近，郊区再向外延展就会逐渐过渡到城市附近的农村地区。

（4）城乡结合部一般指兼具城市和乡村土地利用性质的城市和乡村的过渡地带，又称为城市边缘地带、城乡接合地、城乡交错带。城乡结合部尤其指接近城市，并且其土地利用性质由农业变为工业、商业、居住区及其他职能，并且兴建了城市服务设施的城市与乡村的交错地带。

土地利用空间结构区位论的先驱是德国古典经济学家冯·杜能（Von Thünen），1826年他在《孤立国》一书中建立了以市镇为中心，围绕其安排乡村土地使用的同心圆理论模式，为以后城市土地利用结构理论研究奠定了基础。城市土地利用理论主要有以英国霍华德（Howard）为代表的"田园城市"、法国的柯布西耶（Corbusier）为代表的"现代城市"等思想。随着社会科学理论的发展和分析手段的多样化，先后引入了空间经济学、行为分析和政治经济学等研究方法，并形成和发展了城市土地利用研究的经济区位学派、社会行为学派和政治经济学派等理论体系（刘盛和 等，2001）。

现代城市规划理论，可以追溯到 19 世纪末英国城市学家霍华德的《明日的田园城市》，该书设想田园城市包括城市和乡村两部分，体现了城市与生态环境协调发展的理念（王新文，2002）。1916 年，美国芝加哥大学的罗伯特·帕克为代表的学者发表了《城市：关于城市环境中人类行为研究的几点意见》，将生态学用来表达城市自然和社会的变化，逐渐形成了城市生态学理论，为现代城市学的建立奠定了基础。同心圆模式、扇形模式、多中心模式是芝加哥学派的经典代表理论。

（1）同心圆模式。1925 年，伯吉斯（Burgess）在对芝加哥城市土地利用结构分析后，用社会学的入侵和继承（invasion-succession）概念来描述城市土地利用结构，提出了同心圆结构模式。同心圆结构认为，城市内部空间结构是以不同用途的土地围绕单一核心，有规则地从内向外扩展，形成中心商业区、过渡区、低收入住宅区、中收入住宅区和高收入住宅区 5 个同心圆区域。当城市人口增长导致城市区域扩展时，每一个内环地带必然延伸并向外移动，入侵相邻外环地带，产生土地使用的演替，但并不改变圈层分布顺序。

（2）扇形模式。1939 年，霍伊特（Hoyt）通过对美国 64 个中小城市及纽约、芝加哥等著名城市的住宅区分析后创立了扇形理论。扇形理论在同心圆模式的基础上，将工业分布作为城市土地使用的主导，认为工厂主要沿水源附近或者铁路、公路等交通干道分布，所以城市土地利用为由中心向市郊辐射的扇形。

（3）多中心模式。1933 年，麦肯齐（Mckenzie）提出多核心理论，后由哈里斯（Harris）和乌尔曼（Ullman）于 1945 年加以发展。该理论强调，随着城市发展，城市会出现多个商业中心，其中一个主要商业区为城市的主要核心，其余为次核心。这些中心不断地发挥成长中心作用，直到城市的中间地带完全被扩充为止。而在城市化过程中，随着城市规模的扩大，新的中心又会产生。

现代城市理论以法国建筑师柯布西耶为代表。1925 年，柯布西耶在《明日的城市》一书中大胆构想"垂直的花园城市"，提出在城市修建大规模的高楼、道路以解决城市人口稠密等问题（刘玲，2010）。随着世界各国城镇化发展，城市用地模式不断地发展完善。1990 年欧洲共同体委员会发布的《城市环境绿皮书》中提出"紧凑型城市",成为解决居住和环境问题的一种途径(唐亚明,2016)。紧凑型城市的土地利用理念包括土地的高强度利用、土地功能的适度混合利用、与交通耦合的土地利用,以及分散化集中的土地利用形态等。

不透水面作为城市交通、建筑群落、市政广场等重要用地覆盖类型的集合,联合遥感影像提取长时间序列的不透水面覆盖范围、不透水面丰度反映出城市用地建设对应的时空特征,可以在一定程度上揭示城镇化发展规律。

5.2 基于中低分辨率遥感影像的海绵城市监测方法

中低分辨率遥感影像覆盖面积较大,适宜大范围的海绵城市生态本底调查研究。同时,中低分辨率遥感影像具有长时间序列的数据源,可以用来开展下垫面总体趋势变化分析。然而,对海绵城市的遥感监测来说,中低分辨率遥感影像还是存在以下缺点。

(1)城市土地利用类型复杂,混合像元较多。同时,海绵城市在城市场景中对已建区域进行继续改造或建设,进一步会增大海绵城市下垫面遥感监测的复杂度。

(2)中低分辨率遥感影像不能反映城市建筑物遮挡、树木遮挡、高架桥梁遮挡等阴影的影响,这一问题在海绵城市下垫面监测中仍然存在。

(3)以透水铺装为主的渗透性增强海绵城市 LID 技术,主要集中在改造建成区建筑小区、道路广场,以及老旧城区的背街小巷。中低分辨率遥感影像较难精细化分辨。

5.2.1 城市群不透水面遥感监测方法

城市群是国家工业化和城镇化发展到高级阶段的产物,是高度一体化和同城化的城市群体(方创琳 等,2018)。在大面积区域尺度城市群不透水面遥感监测研究中,具有更大图幅和较短重访周期的中低分辨率遥感影像往往是开展长时间序列城市群不透水面监测的最佳数据源。城市群不透水面遥感监测流程如图 5.1 所示。

图 5.1 城市群不透水面遥感监测流程图

首先,在确定遥感影像数据源基础上,构建长时间序列遥感影像集,并开展几何校正、正射校正及镶嵌、拼接、裁剪等预处理工作。然后,构建遥感影像监测不透水面的提取模型,开展不透水面提取。接着,利用经验知识或辅助数据形成一定的专家规则,对初始提取不透水面的结果进行修正与完善等后处理,达到提高不透水面提取准确度与稳健性的目的。最后,结合不透水面验证数据集,开展不透水面遥感监测提取结果的精度评价。

5.2.2 长江三角洲不透水面遥感监测

长江三角洲地区作为我国经济和人口密度最为集中的地区之一，以低于 5%的国土面积提供了中国大约 18%的国内生产总值（Gu et al.，2011）。高速发展的经济与迅速膨胀的人口导致其自 20 世纪末至今经历了前所未有的城市化进程（Haas et al.，2014；Shao et al.，2014；Gao et al.，2012）。利用遥感技术监测以长江三角洲不透水面为代表的城市建设用地的时空分布格局，能够反映出我国城镇化快速发展的特征。

针对单时相遥感影像无法刻画土地覆盖和利用类型变化剧烈的城市化热点地区问题，刘冲（2015）在充分借鉴植被调节夜光城市指数（vegetation adjusted nighttime light urban index，VANUI）构造方法（Zhang et al.，2017）的基础上，提出一种结合昼-夜遥感影像的多时相不透水面丰度提取方法，该方法的技术流程见图 5.2。首先，利用最大绿色植被覆盖度（maximum green vegetation fraction，MGVF）对 VANUI 进行优化，提出一种改进型植被调节夜光城市指数（modified vegetation adjusted nighttime light urban index，mVANUI）；然后，依靠伪不变样本点建立不透水面丰度回归模型，实现长江三

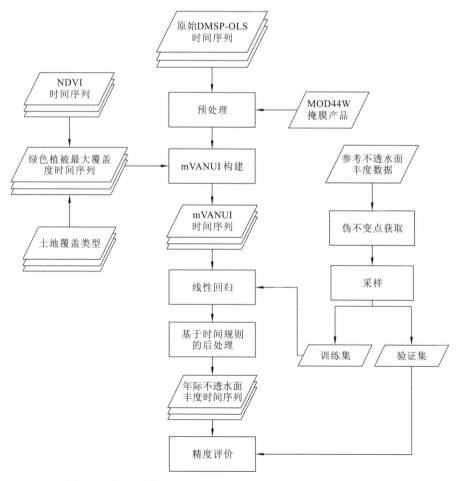

图 5.2　结合昼-夜遥感影像源的多时相不透水面丰度提取流程图

角洲为研究区域的不透水面丰度提取；接着，对不透水面的空间格局与时空变化趋势进行分析；最后，以中国国家遥感中心发布的全球城乡建设用地产品（陈军 等，2014；Chen et al.，2014）为参考，采用该数据集空间重采样生成的 1 km 城乡用地丰度结果对该反演结果进行验证。

VANUI 的理论基础是在空间分辨率较低的遥感影像中，植被的丰度或绿度与不透水面丰度具有负相关性（Zhang et al.，2017），VANUI 计算公式为

$$
\begin{cases}
\text{VANUI} = (1 - \text{NDVI}_{\text{mean}}) \times \text{NTL}_{\text{nor}} \\[2mm]
\text{NDVI}_{\text{mean}} = \dfrac{\sum\limits_{t=1}^{T} \text{NDVI}_t}{T} \\[4mm]
\text{NTL}_{\text{nor}} = \dfrac{\text{NTL} - \text{NTL}_{\text{min}}}{\text{NTL}_{\text{max}} - \text{NTL}_{\text{min}}}
\end{cases}
\tag{5.1}
$$

式中：NDVI_t 为某一时刻 t 的 NDVI 指数值；T 为一段时间（例如一整年）的图幅数；NTL 为经过相对辐射定标后的 DMSP-OLS 影像像素 DN 值；NTL_{max} 和 NTL_{min} 分别为研究区域内 NTL 的最大值和最小值。针对 NDVI 容易受到土壤背景等因素影响的不足，刘冲等（2014）选用最大绿色植被覆盖度作为植被调节因子对 VANUI 进行优化。MGVF 计算公式为

$$
\begin{cases}
\text{MGVF} = \dfrac{\text{NDVI}_{\text{max}} - \text{NDVI}_{\text{s}}}{\text{NDVI}_{c,v}^{k} - \text{NDVI}_{\text{s}}} \\[4mm]
\text{mVANUI} = (1 - \text{MGVF}) \times \text{NTL}_{\text{nor}}
\end{cases}
\tag{5.2}
$$

式中：mVANUI 为改进的植被调节夜光城市指数，其中 NTL_{nor} 的含义与式（5.1）相同；NDVI_{max} 为一年的生长季中影像像素 NDVI 的最大值；NDVI_{s} 为土壤背景的 NDVI 值（常数）；$\text{NDVI}_{c,v}^{k}$ 为某土地覆盖类型 k 在理论上 NDVI 所能达到的最大值。

伪不变点是指研究时间段内目标属性保持不变的影像像素点。Gray 等（2013）根据遥感影像地物光谱的统计分布特点和灰度直方图提出了用于多时相遥感影像分类的自动自适应签名泛化（automatic adaptive signature generalization，AASG）方法。

AASG 方法的适用前提为研究时期内大部分地物的属性信息不发生变化。在不透水面丰度差值直方图中，以 x 轴原点为中心，经验阈值 c 为半径设置候选区间，提取出落在区间内的像素点作为伪不变样本的候选点；同时，利用 3×3 像素的局部窗口模板对其进行腐蚀处理以去掉影像相减时可能存在的像素漂移误差。在获得伪不变样本后，通过线性回归模型建立不透水面丰度（f_{ISA}）与 mVANUI 的定量关系：

$$
\begin{cases}
f_{\text{ISA}} = a \times \text{mVANUI} + b \\[2mm]
a = \dfrac{\sum\limits_{i=1}^{n} x_i y_i - n\overline{xy}}{\sum\limits_{i=1}^{n} x_i^{2} - n(\overline{x})^2} \\[4mm]
b = \overline{y} - a\overline{x}
\end{cases}
\tag{5.3}
$$

式中：f_{ISA} 为不透水面丰度；模型系数 a 和 b 通过最小二乘方法得到；x 和 y 分别为伪不变样本点的 mVANUI 和不透水面丰度值训练数据集，$\overline{x}$ 和 $\overline{y}$ 分别表示 x 和 y 的算术平均值；n 为训练样本数目。

2001～2010 年，长江三角洲的不透水面丰度图反演结果见图 5.3。可以看出，长江三角洲不透不面丰度扩张呈现出"聚集－连通"特征。其中，2001 年长江三角洲主要的不透水面呈孤岛状分布在"Z"字形的城市群轴线上[图 5.3（a）]。2005 年，除上海外，同时出现了多个不透水面高值区域，城市扩张表现出从中心向外辐射的分布态势[图 5.3（b）]。2010 年，中心城市周围不透水面增长更为明显，"点－轴"分布逐渐演变为"轴－带"分布，一些远离轴线零星分布的不透水面呈现出扩张态势[图 5.3（c）]。

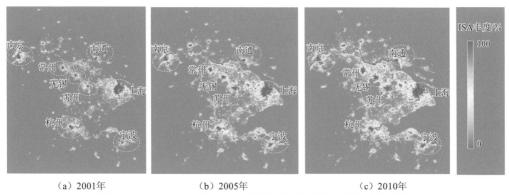

(a) 2001年　　　　　　(b) 2005年　　　　　　(c) 2010年

图 5.3　2001～2010 年长江三角洲不透水面丰度空间变化格局

2001～2010 年，长江三角洲地区不透水面总体呈现出快速扩张的时间趋势。其中，不透水面丰度由 2001 年的 5.21%增长到 2010 年的 12.76%，年均增长幅度为 0.76%（约 701.68 km²）（图 5.4）。其中，增长最快的三个时期为：2002～2003 年（增长率 1.52%）、2001～2002 年（增长率 1.26%）和 2009～2010 年（增长率 1.15%）。

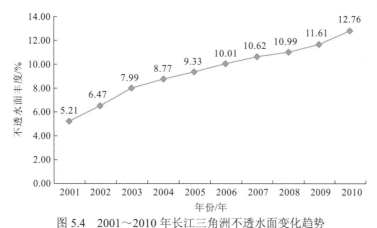

图 5.4　2001～2010 年长江三角洲不透水面变化趋势

5.2.3 珠江三角洲不透水面遥感监测

珠江三角洲位于广东省中南部，地理位置为 21°～23°N，111°～115°E。珠江三角洲冲积平原具有亚热带海洋季风气候，雨量充足。其年平均温度为 21～23 ℃，年降水量为 1 500～2 500 mm。自改革开放以来，珠江三角洲持续高速发展，经历了快速城市化进程，该区域土地覆盖格局也发生了巨大变化。Zhang 等（2017）对珠江三角洲 2000～

2015 年云覆盖量低于 90%的 Landsat 影像的具有高时间分辨率的时间序列数据，采用半监督模糊聚类方法提取了珠江三角洲逐月不透水面结果。

该方法充分利用未知类别样本与特征样本的相似性，使用动态时间弯曲距离替代传统算法的欧氏距离，采用基于地物时相光谱特征的相似性特征指标，重新定义半监督模糊聚类算法的目标函数。其中，动态时间弯曲（dynamic time warping，DTW）方法自适应匹配发生变化的时间节点，计算时相光谱特征曲线的动态弯曲距离作为相似度度量指标（Jeong et al.，2011；Berndt et al.，1994）的原理为：任意两条时间长度 t 和 t' 有不相等时相光谱特征 $\overline{I_1} = \{a_1, a_2, \cdots, a_t\}$ 和 $\overline{I_2} = \{b_1, b_2, \cdots, b_t\}$，在 $\overline{I_1}$ 和 $\overline{I_2}$ 的对应关系中，可以找到满足以下条件的弯曲路径 P。

（1）有界性：$\max(t, t') \ll p \ll t + t' - 1$。

（2）边界条件：弯曲路径的起止特征点是动态时间弯曲距离矩阵中斜对角线上的两端特征点。

（3）连续性：在弯曲路径中的特征点是互相连续的。

（4）单调性：弯曲路径通过的特征点是单调的。

任意满足条件的路径可以表示为 $P = \{p_1, p_2, \cdots, p_k\}$。其中，$d(p_m)$ 表示 a_i 与 b_j 的弯曲距离，$m = 1, 2, \cdots, k$，即

$$d(p_m) = d(i, j) = (a_i - b_j)^2 \tag{5.4}$$

从而得到距离矩阵 $\boldsymbol{D}$，即

$$\boldsymbol{D} = \begin{bmatrix} d(a_1, b_{t'}) & \cdots & d(a_t, b_{t'}) \\ \vdots & & \vdots \\ d(a_1, b_1) & \cdots & d(a_t, b_1) \end{bmatrix} \tag{5.5}$$

式中：$i = 1, 2, \cdots, t$；$j = 1, 2, \cdots, t'$。在距离矩阵 $\boldsymbol{D}$ 中，找到距离代价最小的弯曲路径作为 DTW 距离

$$\mathrm{DTW}(\overline{I_1}, \overline{I_2}) = \min_p \sum_{m=1}^{k} d(p_m) \tag{5.6}$$

$\mathrm{DTW}(\overline{I_1}, \overline{I_2})$ 即为最优路径，它使得弯曲路径的总代价最小。为求解式（5.6），利用动态规划构建代价矩阵 $\boldsymbol{E}$。

$$\boldsymbol{E}(i, j) = d(i, j) + \min\{\boldsymbol{E}(i, j-1), \boldsymbol{E}(i-1, j-1), \boldsymbol{E}(i-1, j)\} \tag{5.7}$$

式中：$\boldsymbol{E}(0, 0) = 0$，$\boldsymbol{E}(i, 0) = \boldsymbol{E}(0, j) = +\infty$；$\boldsymbol{E}(t, t')$ 是动态时间弯曲度量时相光谱特征 $\overline{I_1}$ 和 $\overline{I_2}$ 的最小距离值；$\mathrm{DTW}(\overline{I_1}, \overline{I_2}) = \boldsymbol{E}(t, t')$。

基于半监督模糊聚类方法，Zhang 等（2017）以 2000～2015 年每年 12 月份 Landsat 遥感影像作为该年的代表影像，反演了珠江三角洲不透水面分布（图 5.5）。珠江三角洲不透水面从 2000 年的 3 786.33 km² 扩张至 2015 年的 5 992.31 km²，其面积增长了约 58.26%。

2000～2015 年珠江三角洲不透水面每月面积、季度增长率、半年度增长率和年度增长率对比图见图 5.6。2000～2015 年期间，大多数年份半年度不透水面增长率表现出下半年高于上半年的趋势，季度增长率没有明显变化特征，但 2002 年第一季度、2006 年第二季度和 2007 年第四季度增幅最明显。部分年份，如 2000 年、2002 年和 2003 年，尽管下半年增长率高于上半年增长率，但是其第一季度的不透水面增长率为全年最高。

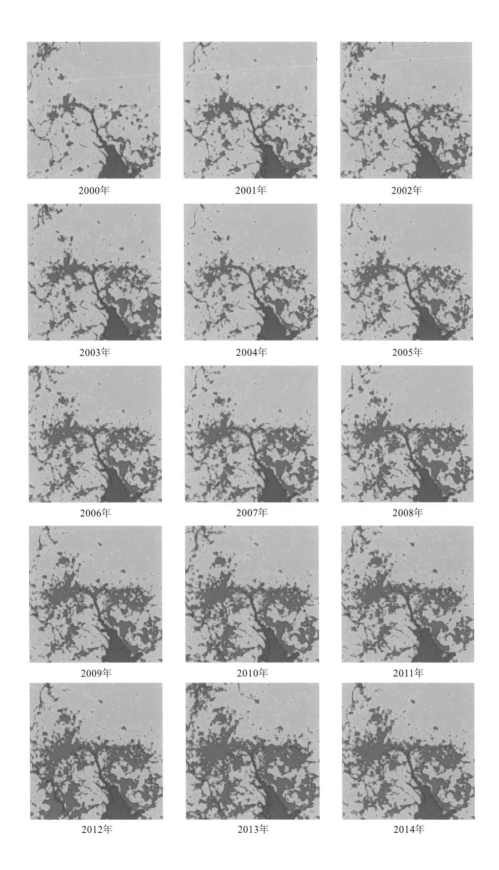

2000年 2001年 2002年

2003年 2004年 2005年

2006年 2007年 2008年

2009年 2010年 2011年

2012年 2013年 2014年

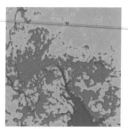

2015年

图 5.5　2000～2015 年珠江三角洲不透水面空间分布动态变化

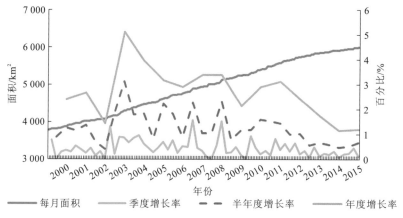

图 5.6　2000～2015 年珠江三角洲不透水面的每月面积、季度增长率、
半年度增长率和年度增长率

5.2.4　武汉城市圈不透水面遥感监测

　　武汉城市圈，又称武汉"1+8"城市圈，是以我国中部最大城市武汉为中心，由武汉和其周边约 100 km 半径范围内的黄石、鄂州、孝感、黄冈、咸宁、仙桃、天门、潜江九市构成的城市联合体。本小节以邵振峰等[①]提出的一种多尺度卷积神经网络的不透水面模型为例，介绍武汉城市圈下垫面不透水特征的遥感监测方法。该研究以武汉市城市圈 10 000 km² 为研究区，以 2019～2020 年 2 m 分辨率（高分一号 10 景、资源三号 1 景、高分六号 1 景）拼接遥感影像作为数据源。

　　由于城市圈下垫面特征复杂，高分辨率遥感影像能够展示更为精细的地物细节。传统浅层机器学习方法采用人工设计特征提取不透水面，具有人为干预大、自动化程度低的问题。卷积神经网络采用一系列的非线性变换，从原始影像中自动提取出由低层到高层、由具体到抽象、由一般到特定语义的特征。但是，由于卷积神经网络的特征图会逐渐变小，这会引起地物提取信息的损耗。尤其对于细小地物来说，传统的卷积神经网络很难恢复损失的地物信息，从而导致无法提取到更为精确的不透水面信息。本小节介绍的多尺度卷积神经网络的不透水面模型，通过构建基于门控特征融合的卷积神经网络，采用交叉熵损失函数计算训练样本影像的预测值与真值误差，构建出性能最优深度学习

---

① 邵振峰，程涛. 门控特征融合的深度网络不透水面遥感提取方法和系统[P]. 审查中

网络模型，实现高分辨率遥感影像类别概率的逐像素预测。其中，门控特征整合模块原理表达公式如下：

$$\begin{cases} \tilde{G}_l = \text{Gate}(X_{l-1} + X_l) - \text{Gate}(X_l) \\ \tilde{X}_l = (1 - \tilde{G}_l) \cdot X_l + (1 + \tilde{G}_l) \cdot X_{l-1} \end{cases} \tag{5.8}$$

式中：函数 $\text{Gate} = \text{sigmoid}(\omega_i * X_i)$ 代表将输入的特征映射到 0 到 1 之间，得到门控值，sigmoid 函数是 S 型函数；X_l 为网络中间引出的第 l 个特征；X_{l-1} 为网络中间引出的第 $l-1$ 个特征；$\tilde{G}_l$ 为相邻两个特征的空间差异，用于得到两个特征之间差异化的门控值。

门控特征融合的原理如图 5.7 所示，可以实现遥感影像卷积提取的低层特征空间细节信息和高层特征的语义信息的融合。以提取的低层次特征 X_{l-1} 和高层特征 X_l 为输入，计算出 $X_{l-1} + X_l$ 和 X_l 的差异化门控值 $\tilde{G}_l$，再将高层特征 X_l 乘以 $(1 - \tilde{G}_l)$，加上低层特征 X_{l-1} 乘以 $(1 + \tilde{G}_l)$，即可得到 $\tilde{X}_l$ 的融合特征。

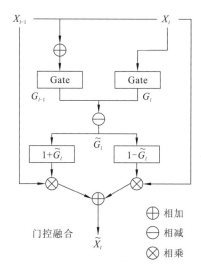

图 5.7　门控特征融合模块原理图

基于多尺度卷积神经网络不透水面模型，按照建筑物、道路、植被、裸土、水体提取城市下垫面五类地物，再将建筑物、道路合并为不透水面，将植被、裸土合并为透水面，最终形成武汉城市圈下垫面分类结果，如图 5.8 所示。针对符合样本数据分布的影像可以达到比较好的结果，以上 5 类不透水面产品对应地物整体精度可以达到86.1%。

在海绵城市持续建设背景下，若要监测城市尺度的中海绵、街区尺度的小海绵的生态本底和建设特征，基于门控特征融合的多尺度卷积模型，可以为提取流域、区域、城市不同尺度精细化下垫面监测提供方法参考。但是，遥感影像分布与样本分布不一致，若要得到理想的下垫面遥感监测结果，还需要结合样本数据对卷积模型进行微调。

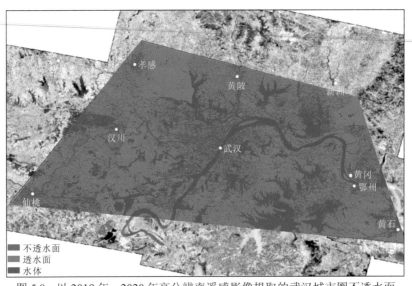

图 5.8 以 2019 年、2020 年高分辨率遥感影像提取的武汉城市圈不透水面

5.3 基于高分辨率遥感影像的海绵城市下垫面精细监测方法

高分辨率遥感获取的自然地物目标更加符合人的认知，广泛应用在计算机视觉等领域。高分辨率遥感影像不仅使传递信息显著增加，并且随着空间分辨率的增加，单景影像对应数据量也显著增加，这对遥感影像传输、存储、显示和处理方法，都提出了更高的要求。

5.3.1 海绵城市下垫面遥感精细监测方法

遥感影像信息能够揭示地物现象在光谱特征、空间结构方面的表现。融合高分辨率遥感影像的光谱和空间特征是海绵城市下垫面精细监测研究的重要方法。该类方法主要包括影像预处理、影像图谱特征提取模型构建、不透水面提取、精度评价等流程（图 5.9）。

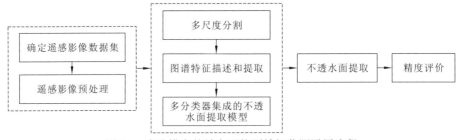

图 5.9 高分辨率的城市下垫面精细监测通用流程

首先，在确定遥感影像集的基础上，开展包括几何校正、正射校正等预处理工作。然后，在开展顾及不透水面空间分布格局的多尺度分割的基础上，描述图谱特征并提取

高分辨率遥感影像图谱语义，进而构建起集成多分类器的不透水面提取模型。其中，不透水面之间存在规模差异，单一尺度的不透水面提取必然会出现过分割或者分割不完全的情况。为保证不透水面信息提取的精细化程度，首要解决的问题是研究城市不透水面地理空间分布格局对应的分割尺度效应。在此基础上，考虑多尺度同质区对象的上下文语义等空间特征的表达，构建影像对象图谱特征描述结果，进而形成顾及城市复杂下垫面构成性质的图谱逐层次融合多分类器，建立适宜高分辨率遥感影像的精细下垫面提取模型。接着，利用构建的遥感影像监测不透水面的提取模型，开展不透水面提取。最后，结合不透水面验证数据集，开展不透水面监测提取结果的精度评价。

5.3.2 珠海市横琴新区海绵城市示范区下垫面遥感监测

珠海市横琴新区位于珠海市南部地区，地处粤港澳大湾区中心，临近港澳，面积约为 106 km^2，是国家重点战略建设区。横琴新区地处北回归线以南，地理坐标范围为（22～22.3N，113.4～113.6E），属南亚热带季风区，年平均气温为 22～23 ℃；南北部多为山地，主要地貌类型为低山、丘陵和滩涂；其植物类型属亚热带常绿阔叶林系，植物资源丰富，种类繁多。本小节以作者团队利用亚米级的 WorldView-2、WorldView-3 和高分二号提取横琴新区的不透水面为例，介绍基于随机森林算法的城市下垫面高分辨率遥感影像时序动态监测方法。

横琴新区研究范围内主要地物有水体、植被、道路、建筑、裸地、耕地、硬质铺装等。在遥感影像预处理基础上，采用随机森林算法开展横琴新区下垫面基于时序遥感影像的监测研究。随机森林算法构建流程如图 5.10 所示。

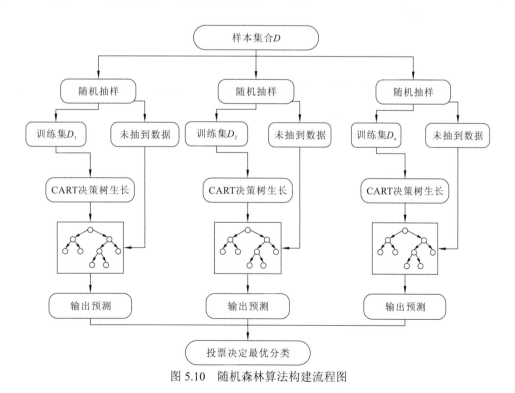

图 5.10 随机森林算法构建流程图

（1）假设训练样本集合 D 中共有 M 个训练样本，根据自助法重采样技术，每次从原始训练集中有放回地随机抽选 M 个样本构成新的训练集 D_i，通过 N 次有放回随机抽样，得到与原训练集不同的 N 个新训练集，这些新的训练集之间彼此具有差异性且独立同分布。

（2）基于新训练样本集 $D_1, D_2, \cdots, D_n$，分别构建 CART 决策树。单棵树由每个新的训练集生长而成。在树的各节点处，随机从属性特征集合的 T 个特征中选择 t 个特征，且 t 应该远小于集合 T 中的特征个数，再从 t 个特征变量中挑选一个特征进行分支生长，特征选择的原则是节点不纯度最小。通过计算分裂节点的不纯度指标（或基尼系数），构建基于最佳分类属性的二叉决策树，随机属性特征采用最大限度生长，不进行剪枝操作。

（3）在 N 棵决策树构成的随机森林中，对待测数据进行判别或预测。通过投票的方式，将众多决策树的决策结果进行综合。在分类问题中，决策树投票多少产生的分数决定了分类结果。最后，利用随机抽样未抽到的样本作为预测，评估单棵树的误差。

围绕时间序列遥感影像蕴含在时间域上的特征，从高分辨率时间序列遥感影像中提取下垫面特征不变量，即不透水面、透水面和水体三种典型地物类型对应的光谱指数 NDVI、NDWI、DSBI。将三种特征不变量的整体组合作为新的波段添加至 2009～2018 年影像，探究它们在提升不同类型地物光谱差异性的作用情况，提取的透水面、不透水面和水体分布信息如图 5.11 所示。

（a1）不添加特征不变量（2009年）

（a2）添加特征不变量（2009年）

（b1）不添加特征不变量（2010年）

（b2）添加特征不变量（2010年）

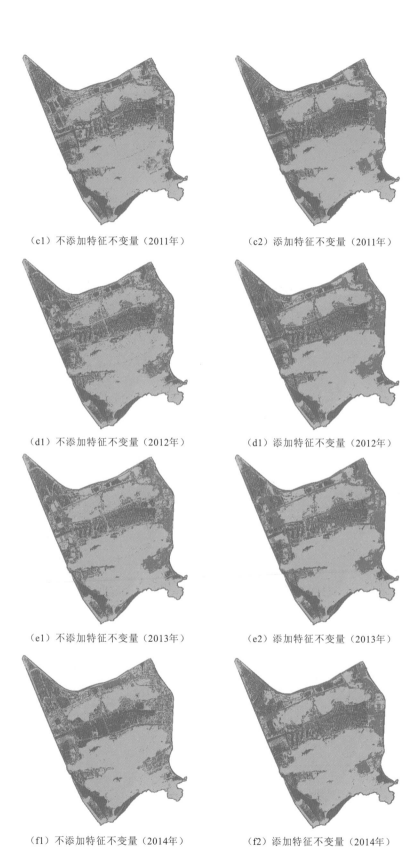

（c1）不添加特征不变量（2011年）　　　　　（c2）添加特征不变量（2011年）

（d1）不添加特征不变量（2012年）　　　　　（d1）添加特征不变量（2012年）

（e1）不添加特征不变量（2013年）　　　　　（e2）添加特征不变量（2013年）

（f1）不添加特征不变量（2014年）　　　　　（f2）添加特征不变量（2014年）

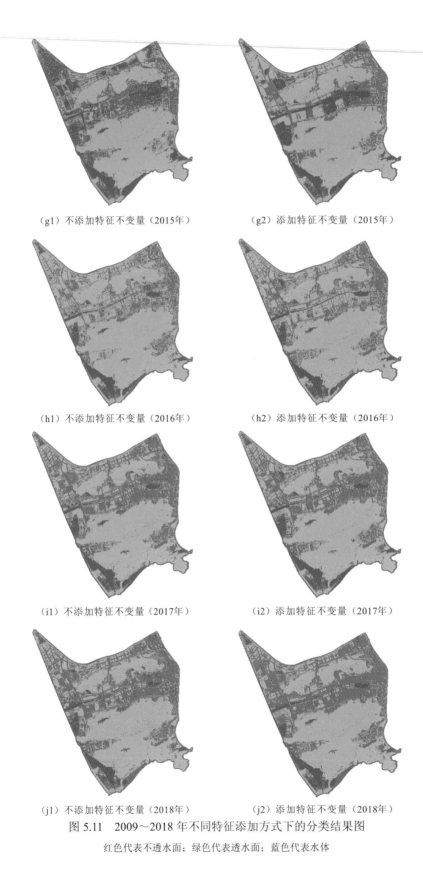

（g1）不添加特征不变量（2015年）　　　（g2）添加特征不变量（2015年）

（h1）不添加特征不变量（2016年）　　　（h2）添加特征不变量（2016年）

（i1）不添加特征不变量（2017年）　　　（i2）添加特征不变量（2017年）

（j1）不添加特征不变量（2018年）　　　（j2）添加特征不变量（2018年）

图 5.11　2009～2018 年不同特征添加方式下的分类结果图

红色代表不透水面；绿色代表透水面；蓝色代表水体

表 5.1 统计了 2009～2018 年不同特征添加方式下的总体精度和 Kappa 系数。统计结果显示，未添加特征不变量时，横琴新区研究时段内不透水面分类结果的总体精度平均为 87.8%，添加特征不变量后总体精度提高至 91.1%；未添加特征不变量的 Kappa 系数平均值为 0.725，添加特征不变量后 Kappa 系数平均值提高至 0.801。总体来说，除个别年份以外，添加特征不变量比不添加特征不变量可以得到更理想的分类结果。

表 5.1　2009～2018 年不同特征添加方式下的总体精度和 Kappa 系数

项目	未添加特征不变量		添加特征不变量	
	总体精度/%	Kappa 系数	总体精度/%	Kappa 系数
2009 年	85	0.69	88	0.78
2010 年	86	0.73	89	0.83
2011 年	84	0.70	88	0.75
2012 年	88	0.74	89	0.73
2013 年	90	0.73	92	0.84
2014 年	89	0.69	94	0.75
2015 年	86	0.70	91	0.77
2016 年	89	0.73	93	0.82
2017 年	90	0.72	93	0.85
2018 年	91	0.82	94	0.89
平均值	87.8	0.725	91.1	0.801

横琴新区的城市扩张情况如图 5.12 所示。可以看出，在 2009～2018 年期间，横琴新区不透水面面积在研究期间内呈稳定增长模式，年际不透水面增长率存在波动变化特征。其中，不透水面在 2010 年、2013 年和 2017 年增长较快，尤以 2017 年的增加率最高。统计结果显示，2016～2017 年期间，横琴新区的不透水面扩张速度最快。

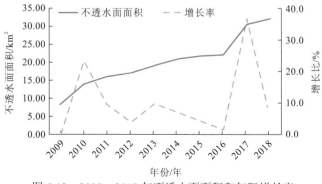

图 5.12　2009～2018 年不透水面面积和年际增长率

5.3.3 梧州市海绵城市下垫面遥感监测

梧州位于泛珠江三角洲与泛北部湾经济圈交汇点。梧州地处 22°37′~24°18′N、110°18′~111°40′E，位于广西东部，地处珠江流域中游，是广西壮族自治区的东大门。梧州市也是海绵城市建设示范城市之一，本小节以作者团队基于遥感影像对梧州市 200 km² 的防洪排涝区提取不透水面研究为例，介绍基于高分一号、高分二号、资源三号及中印卫星 73 幅遥感影像，采用面向对象基于场景多尺度分割的方法，开展梧州市蒙山县、岑溪县、藤县、苍梧县及辖区的海绵城市建设不透水面遥感普查的研究。

针对城市复杂地表不透水面地物多层次结构特点，分层次设定尺度阈值，根据各层次同质区对象的光谱和空间特征，同时加入 LiDAR 数据的高程信息，确定多特征异质度准则。基于同质区对象内部异质性最小和对象间异质性最大原则，使各尺度的同质分割达到最优化的程度，从而实现不透水面特征的多尺度表达。结合梧州市影像实际情况，建立了城市、山区、水体及道路 4 种场景，并针对场景复杂性，设置适宜的分割尺度，如图 5.13 所示。

（a）分割尺度为15的分割结果　　　　　（b）分割尺度为15对应的分类结果

（a）分割尺度为50的分割结果　　　　　（b）分割尺度为50对应的分类结果

图 5.13　不同尺度的下垫面分割及对应的分类效果图

在 4 种场景基础上，基于随机森林分类方法，进一步开展建筑物、道路、植被、裸地、水体和阴影的地物分类研究。针对地形起伏、高大建筑物和树冠产生的阴影严重干扰阴影区域下垫面光谱的问题，提出一种结合街景影像的遮挡区域不透水面提取方法，街景遥感影像提取结果的修正效果如图 5.14 所示。

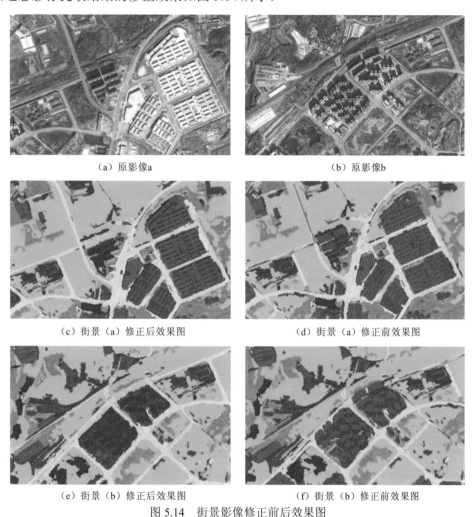

(a) 原影像a

(b) 原影像b

(c) 街景（a）修正后效果图

(d) 街景（a）修正前效果图

(e) 街景（b）修正后效果图

(f) 街景（b）修正前效果图

图 5.14　街景影像修正前后效果图

图 5.14（a）和（b）影像上有明显的阴影投影到路面上，使得该处光谱反射率较低，难以识别地物。在进行遥感影像解译时，将阴影作为单独的一类进行检测或分类，得到图 5.14（d）和（f）效果的影像。由此可看出阴影使不透水面提取不准确。为了减少阴影对于不透水面的低估影响，结合 2016 年街景影像，对道路两旁做修正，逐一排除阴影对不透水面提取的影响，结果如图 5.14（e）和（c）所示。

该研究形成了梧州市辖区、苍梧县、藤县、蒙山县及岑溪县市 200 km² 防洪排涝区专题，获得了较好的分类精度（分类结果统计信息详见表 5.2，其中：建筑物和道路分别占 6.01% 和 1.71%，水体占 7.41%，植被占 83.05%），可以在海绵城市遥感普查研究中广泛应用。

表 5.2　梧州市 200 km^2 防洪排涝区专题图统计数据

地物类型	面积/km^2	像元数/个	百分比/%
建筑物	13.83	13 830 189	6.01
道路	3.93	3 934 360	1.71
植被	191.02	191 021 191	83.05
水体	17.03	17 034 214	7.41
裸地	4.18	4 185 468	1.82

参 考 文 献

卜雪旸, 2006. 当代西方城市可持续发展空间理论研究热点和争论. 城市规划学刊(4): 106-110.

陈军, 陈晋, 廖安平, 等, 2014. 全球 30 米地表覆盖遥感制图的总体技术. 测绘学报, 43(6): 551-557.

方创琳, 王振波, 马海涛, 2018. 中国城市群形成发育规律的理论认知与地理学贡献. 地理学报, 73(4): 651-665.

刘冲, 2015. 区域尺度不透水面提取及其对陆地碳水通量的影响研究. 武汉: 武汉大学.

刘玲, 2010. 城市生命体视角: 现代城市和谐建设初探. 上海: 复旦大学.

刘盛和, 吴传钧, 陈田, 2001. 评析西方城市土地利用的理论研究. 地理研究, 20(1): 111-119.

唐亚明, 2016. 从全球视角看城镇化进程中的土地利用模式. 中国土地(1): 47-48.

王新文, 2002. 城市化发展的代表性理论综述. 中共济南市委党校学报(1): 25-29.

赵忠明, 孟瑜, 岳安志, 等, 2016. 遥感时间序列影像变化检测研究进展. 遥感学报, 20(5): 1110-1125.

BERNDT D J, CLIFFORD J, 1994. Using dynamic time warping to find patterns in time series. Proceedings of the 3rd International Conference on Knowledge Discovery and Data Mining: 359-370.

CHEN J, CHEN J, LIAO A, et al., 2014. Global land cover mapping at 30 m resolution: A POK-based operational approach. ISPRS Journal of Photogrammetry and Remote Sensing, 103: 7-27.

GAO F, DE COLSTOUN E B, MA R, et al., 2012. Mapping impervious surface expansion using medium resolution satellite image time series: A case study in the Yangtze River Delta, China. International Journal of Remote Sensing, 33(24): 7609-7628.

GRAY J, SONG C, 2013. Consistent classification of image time series with automatic adaptive signature generalization. Remote Sensing of Environment, 134: 333-341.

GU C, HU L, ZHANG X, et al., 2011. Climate change and urbanization in the Yangtze River Delta. Habitat International, 35(4): 544-552.

HAAS J, BAN Y, 2014. Urban growth and environmental impacts in Jing-Jin-Ji, the Yangtze River Delta and the Pearl River Delta. International Journal of Applied Earth Observation and Geoinformation, 30: 42-55.

JEONG Y S, JEONG M K, OMITAOMU O A, 2011. Weighted dynamic time warping for time series classification. Pattern Recognition, 44(9): 2231-2240.

THÜNEN J H V, WARTENBERG C M, Hall P, 1966. Von Thünen's isolated state: An English edition of der isolierte staat. New York: Pergamon Press.

SHAO Z, LIU C, 2014. The integrated use of DMSP-OLS nighttime light and MODIS data for monitoring large-scale impervious surface dynamics: A case study in the Yangtze River Delta. Remote Sensing, 6(10): 9359-9378.

ZHANG L, WENG Q, SHAO Z, 2017. An evaluation of monthly impervious surface dynamics by fusing Landsat and MODIS time series in the Pearl River Delta, China, from 2000 to 2015. Remote Sensing of Environment, 201: 99-114.

第6章 多源遥感影像融合的海绵城市监测方法

海绵城市全要素包括布设在城市下垫面环境中的各类交通、建筑、绿地、裸土和水体等要素。城市内部下垫面类型复杂，各人工地物类之间类内差异大、类间差异小。仅依靠光学遥感影像，难以监测海绵城市下垫面动态变化情况。多源遥感数据融合可以为海绵城市下垫面监测提供定量观测信息，从而为海绵城市建设提供可靠的基础数据和技术支撑。其中，通过遥感技术直接监测或结合相应模型反演的海绵城市下垫面相关参数包括：地物覆盖类型、不透水面、土壤湿度、水质环境、地表植被生物量、水文效应等。

本章围绕多源数据融合以提升海绵城市遥感监测准确性，在探讨遥感影像时空谱数据融合相关理论及方法的基础上，以光学影像和红外影像、光学和 LiDAR 影像、光学和 SAR 影像等多传感器集成为例，探讨多源遥感影像融合基本方法、多源遥感影像时空谱融合方法、海绵城市下垫面多源遥感影像融合的动态监测方法、空-天-地联合的海绵城市建设成效遥感监测方法。

6.1 多源遥感影像融合的基本方法

由于遥感影像信噪比、数据存储和传输、光学衍射极限、调制解调函数等影响，单源遥感影像在空间、光谱和时间分辨率方面相互制约，不可兼得（孟祥超，2017）。因此，通过影像融合技术实现不同传感器时间、空间、光谱信息的优势互补，是增强影像信息的重要方法。

6.1.1 多源遥感影像融合的业务流程

城市下垫面是海绵城市遥感监测的主要对象。在海绵城市建设过程中，精细的海绵城市下垫面遥感监测参数，可以为海绵生态本底调查、辅助规划决策、水文生态效应监测及海绵体状态评估等提供更客观的信息支持。在不同复杂度及不同成像条件下，多分辨率的光学遥感、微波遥感（SAR）、激光雷达（LiDAR）、红外（infrared）等传感器，在反映地物光谱、形状、纹理、三维信息及可视化等特征方面各具优势。

针对海绵城市遥感监测对下垫面精细分类的需求，基于时、空、谱融合的遥感监测技术可以在融合地物视觉、物理特性信息，提升已建城区和新建城区等下垫面景观特征、地表生物量及水文效应等高级信息反演结果的准确性。遥感影像融合流程如图6.1所示。

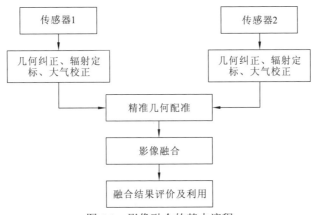

图 6.1 影像融合的基本流程

首先,对不同传感器遥感影像进行预处理,主要包含几何纠正、辐射定标与大气校正等。然后,将来自不同传感器的影像进行精确的几何配准,从而减小源影像中地物位置、形状及辐射量误差所带来的影响。影像配准是多源遥感影像融合必不可少的环节。常见的影像配准方法包括基于影像灰度信息配准、基于影像特征配准及其他配准方法,如基于物理模型等。接着,进行不同传感器的遥感影像融合。遥感影像融合方法可以分为基于成分替换方法、基于多分辨率分析融合方法、基于模型优化的融合方法及基于学习的融合方法(孟祥超,2017)。其中:基于模型优化的融合方法根据理想融合影像与全色、多光谱观测影像之间的关系建立能量函数,通过最优化求解方法获得融合影像;基于学习的融合方法采用稀疏表达、深度学习等学习方法,建立融合影像与观测影像的关系,进而重构融合影像。最后,评估遥感影像融合结果,进而结合遥感监测目的,提供满足精度要求的融合影像。其中,遥感影像融合是一个信息传递的过程,可以通过评估融合结果影像的空间特征和光谱特征,进而客观评价融合结果质量(刘军 等,2011)。基于特征结构相似度的评价指标(feature-based structure similarity index,FSSI)可以用来综合表达影像融合质量。

6.1.2 遥感影像时空谱信息描述和提取

遥感影像融合过程是一个针对不同遥感影像具有的空间信息、光谱信息及时间信息进行融合的过程。遥感影像融合算法涉及影像深层次特征的提取、影像特征筛选及无效信息剔除过程,最终能够获得综合多幅遥感影像有效信息的融合结果。

1. 遥感影像的空间特征信息

遥感影像目标空间分布及其结构的图形化表达是典型的遥感影像空间的“图”特征,可以从空间几何角度反映目标的对象化、拓扑结构及多尺度的特性。除以像素为单元提取低层次的空间特征外,结合滤波、卷积等分析方法,可以进一步提取遥感目标对象级特征。

在城市下垫面环境中,与自然地物多具有不规则的形状相比,以不透水面为代表的城市人工地物通常具有边缘明确、空间拓扑形状多为几何形状及其组合的特点。然而,对于同属于不透水面的道路、建筑物屋顶、地面硬质铺装等同质区对象来说，还需要提取边缘、形状、语义、纹理等多种空间特征（图6.2），才能进一步分辨出城市下垫面目标地物，其特征描述和提取流程如图6.2所示。

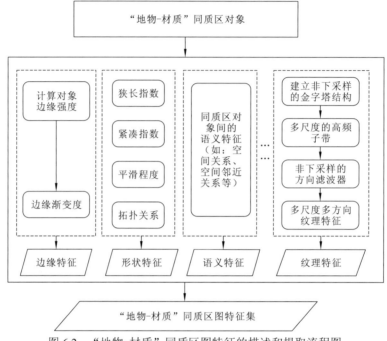

图6.2 "地物-材质"同质区图特征的描述和提取流程图

地物形状的规则程度可以由狭长程度、紧凑程度、平滑程度等方面通过构造同质区对象的形状指数描述。在纹理特征提取方面，多尺度基于时频分析的纹理描述方法可以提取同质区对象的上下文语义空间特征信息。其提取步骤：首先，基于非下采样的金字塔结构，将影像分为低频子带及多尺度的高频子带，获得多尺度分解结果；然后，采用非下采样的方向滤波器组对每个高频子带分别进行多方向分解；最后，使用局部纹理能量函数计算每个尺度和方向子带的局部能量，并用该结果形成多尺度多方向的影像纹理特征向量。

2. 遥感影像的光谱特征信息

对象谱特征是对空间对象的谱的认知描述，可以提高城市复杂下垫面背景下不同尺度提取不透水面的准确性。"地物-材质"同质区对象的光谱特征描述和提取流程如图6.3所示。

1）"地物-材质"同质区对象的光谱异质性特征描述

"地物-材质"同质区对象内光谱异质性指数 h_s 用来度量"地物-材质"同质区内像元光谱的差异性。光谱异质性指数通常用每个波段光谱反射率标准差的均值表示。由于地物在不同的波段的光谱反射强度不同，一般会对不同波段光谱信息进行预处理。比如，对每个波段的光谱首先除以该波段光谱反射率的均值后，再计算同质区对象光谱异质性指数

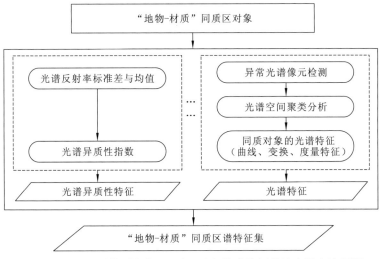

图 6.3 "地物-材质"同质区对象的谱特征描述和提取流程图

$$h_s = \frac{1}{n} \sum_{i=1}^{n} \sqrt{\sum_{j=1}^{m} \frac{\left(\dfrac{r_{ij} - \overline{r_i}}{\overline{r_i}}\right)^2}{m}} \qquad (6.1)$$

式中：r_{ij} 为第 j 个像元在第 i 个波段上的光谱反射率；$\overline{r_i}$ 为同质区内所有像元在第 i 个波段上的平均光谱反射率；m 为同质区内像元的个数；n 为影像的波段数。

2)"地物-材质"同质区对象的光谱特征描述和提取步骤

首先，对"地物-材质"同质区内所有的像元在光谱空间进行异常光谱检测，寻找并剔除与同质区内大部分像元的光谱差异性较大的像元，迭代地进行异常光谱像元剔除过程直到检测出没有光谱异常像元或迭代次数达到设定的阈值次数。

然后，对剔除了光谱异常像元后的同质区像元在光谱空间进行聚类分析，提取聚类中心代表该同质区的特征光谱向量，对特征光谱向量进行归一化处理作为该同质区对象的光谱特征。记特征光谱向量为 $(r_1, r_2, \cdots, r_i, \cdots, r_n)$，归一化后的光谱向量为 $(\overline{r_1}, \overline{r_2}, \cdots, \overline{r_i}, \cdots, \overline{r_n})$，则

$$\overline{r_i} = \frac{r_i}{\sqrt{\sum_{l=1}^{n} r_l^2}} \qquad (6.2)$$

式中：r_i 为第 i 个波段的光谱反射率；$\overline{r_i}$ 为归一化后第 i 个波段的光谱反射率；n 为影像的光谱波段数。

针对行道树覆盖同质区光谱特征的提取，可以先利用高分辨率遥感影像，结合植被所具有的光谱特性（植被指数）与道路的邻近关系来提取道路两旁的行道树区域；针对落叶乔木具有的季节性特征，选取老叶脱落后乔木休眠期的遥感影像，对行道树覆盖区域下的地表光谱特征进行提取；针对常绿行道树区域，在行道树覆盖区域采集车载光谱影像数据，对行道树覆盖区域下的地表光谱特征进行提取。

3. 遥感影像的时相特征信息

高重访周期的遥感影像为长时间序列遥感监测提供了基础的数据保障。比如，中分辨率光谱成像仪（MODIS）可以提供重返周期为 1 天的影像。但是，重返周期较高的遥感影像往往对应的空间分辨率会比较低，还可能出现影像缺失或数值异常的情况；对于光学遥感影像来说，可能受到天气条件等成像因素影响，出现影像质量不高、数据不可用的情况。因此，在长时间序列遥感监测研究中，多传感器影像的时相融合就显得极有必要。

例如，张磊（2017）开发了一种融合 MODIS 遥感影像生成完整的 Landsat 月度时间序列影像的方法。该方法提取遥感影像时相光谱的趋势性、季节性和随机性特征，采用动态时间弯曲距离衡量时相光谱特征相似性（见 4.2.2 小节）。

$$Y_t = T_t + S_t + I_t \tag{6.3}$$

式中：Y_t 为 t 时刻时相光谱特征值；T_t 为时相光谱特征在 t 时刻的趋势值，区域内导致趋势性特征的因素包含气候变化、土地覆盖类型变化等；S_t 为季节值，季节性特征表现为光谱特征值随着自然季节的交替出现高峰值和低谷值的时间动态变化规律；I_t 为随机值，随机性特征指地物受大气、传感器、土壤湿度等因素造成的干扰特征。

1）时相光谱的趋势性特征求取步骤

首先，计算得到移动平均序列 $\overline{T}$。移动平均序列是根据时相光谱特征，按照固定项推移，并依次计算一定项数内的特征值平均数，从而得到的新时相光谱特征。

$$\overline{T} = \frac{\omega_1 T_{t-1} + \omega_2 T_{t-2} + \cdots + \omega_{12} T_{t-12}}{12}, \quad \omega_1 + \omega_2 + \cdots + \omega_{12} = 1 \tag{6.4}$$

式中：ω_i 为权重，$i = 1, 2, 3, \cdots, 12$。

然后，利用移动平均序列 $\overline{T}$ 对 t 回归，遥感影像趋势性特征对应的回归模型为

$$\overline{T} = \alpha_0 + \alpha_1 t + \alpha_2 t^2 \tag{6.5}$$

式中：α_1 和 α_2 为回归系数；α_0 为误差。$\overline{T}$ 的线性拟合值 T 即为趋势性特征。

2）时相光谱的季节性特征提取步骤

季节性特征基于平滑的时相光谱特征，在两次去除趋势性特征的基础上，利用稳定的季节性滤波器提取出时相光谱的季节性特征，主要提取步骤。

首先，采用 12 项移动平均窗口平滑以月为最小时间尺度的时相光谱特征。

然后，获取第一次去除趋势性特征的时相光谱特征。去除趋势性特征的时相光谱特征 DT_t 的公式为

$$\mathrm{DT}_t = X_t - T_t \tag{6.6}$$

式中：X_t 为原始时相光谱特征；T_t 为趋势性特征。

接着，根据研究总年数，获取月份周期对应的季节性光谱特征。创建季节指数 $\mathrm{SI}_{n \times m}$ 如下：

$$\begin{cases} \mathrm{SI}_{n \times m} = (\mathrm{SI}_1, \mathrm{SI}_2, \cdots, \mathrm{SI}_i, \cdots, \mathrm{SI}_m), \quad m = 1, 2, \cdots, 12 \\ \mathrm{SI}_{in} = f(\mathrm{DT}_t^i)_n \end{cases} \tag{6.7}$$

式中：n 为研究时期总年数；m 为月周期，最大值为 12；SI_i 为研究时期内某年对应第 i 个月的时相光谱特征值，由对应月份去除趋势性的时光谱特征 DT_t 计算获得；SI_{in} 表示第 n 年第 i 月的时相光谱特征值；DT_t^i 为对应第 i 个月的光谱特征 DT_t。常量峰值季节性特征 S_t 由所有年份对应 SI_i 均值计算：

$$S_t = \overline{\sum_n \sum_{i \subset t} SI_{in}}$$ （6.8）

式中：t 代表某个季节。

随后，获取第二次去除常量峰值季节性趋势特征的时相光谱特征 DS_t，进而计算第二次估计的趋势性特征 T_t，进而得到第二次去除趋势性特征的时相光谱特征 DT_t。

$$\begin{cases} DS_t = X_t - S_t \\ DT_t = X_t - T_t \end{cases}$$ （6.9）

式中：X_t 为原始时相光谱特征；S_t 为上一步生成的季节性特征。

最后，在计算出的时相光谱特征 DT_t 基础上，利用稳定的季节性滤波器提取时相光谱特征的季节性特征 S_t。

3）时相光谱的随机性特征提取步骤

在获取季节性特征 S_t 后，可以进一步得到去除季节性特征的新时相光谱特征 DS_t：

$$DS_t = X_t - S_t$$ （6.10）

式中：X_t 为原始时相光谱特征。因此，剩下的时相光谱特征由时相光谱的随机特征和趋势特征组成，故时相光谱的随机特征提取方式为

$$I_t = DS_t - T_t$$ （6.11）

6.2　多源遥感影像时空谱融合方法

依据用作融合的遥感影像数据源及时空谱融合主题差异，可以将遥感影像融合分为同源多光谱影像图谱融合方法、多源多光谱影像时空谱融合方法、多源影像图谱融合方法。

（1）同源多光谱影像图谱融合方法一般利用同一卫星数据源获取的同一时间的全色影像与多光谱影像进行融合，进而提升融合结果的空间分辨率、影像信噪比等影像质量。

（2）多源多光谱影像时空谱融合方法一般指采用时间分辨率相对较高的遥感影像融合到空间分辨率相对较高的遥感影像，例如：采用高时间分辨率的 MODIS 数据与高空间分辨率的 Landsat 影像融合，可以补全 Landsat 影像条带噪声或覆盖指定监测范围内可用遥感影像数据缺失等问题（曾超，2014）；采用 Landsat OLI 和 Sentinel-2 MSI 融合，两种传感器之间的数据协同可以提升森林退化、火灾和地表水范围监测的数据质量（Quintano et al.，2018；Hirschmugl et al.，2017）。本质上，这两种传感器的频带规格较为相似，是获得精度较高的空间分辨率和较高光谱保真率的基础，表 6.1 显示了 Landsat-8 与 Sentinel-2 的影像波段分布情况（Shao et al.，2019）。

表 6.1　Landsat-8 与 Sentinel-2 影像波段分布

传感器	波段名称	波长范围/nm	分辨率/m
Landsat-8	1（海岸）	430～450	30
	2（蓝）	450～515	30
	3（绿）	525～600	30
	4（红）	630～680	30
	5（近红外）	845～885	30
	6（短波红外-1）	1 560～1 660	30
	7（短波红外-2）	2 100～2 300	30
	8（金色）	503～676	15
Sentinel-2	1（海岸）	433～453	60
	2（蓝）	458～523	10
	3（绿）	543～578	10
	4（红）	650～680	10
	5（红边）	698～713	20
	6（红边）	733～748	20
	7（红边）	733～793	20
	8（近红外）	785～900	10
	9（水系）	935～955	60
	10（卷云）	1 360～1 390	60
	11（短波红外-1）	1 565～1 655	20
	12（短波红外-2）	2 100～2 280	20

（3）多源影像图谱融合方法一般指采用不同传感器进行遥感影像之间的融合，如采用光学与 SAR 影像融合、光学与近红外融合、光学与 LiDAR 融合等。其中，以全色、多光谱、高光谱等多源传感器多时相、多角度的遥感影像为数据源，集成多传感器遥感影像时、空、谱互补信息，实现多视融合、时-空融合和空-谱融合的处理协同，能够实现地物信息更精确全面的表达，有效提升遥感影像价值和应用潜力。孟祥超（2017）提出了适用于两个以上多传感器遥感影像处理的时-空-谱一体化融合方法，并结合 IKONOS、QuickBird、Landsat ETM+、MODIS、HYDICE 和 SPOT5 影像，从多视融合、空-谱融合、时-空融合、时-空-谱一体化融合等方面验证了该方法的适用性。

可见光传感器主要利用物体的反射特性成像，光学遥感影像属于被动成像模式，具有光谱频段较多、解释简单的优点；但是，光学遥感影像易受光照条件、云、雾等因素的影响。SAR 影像有可在全天时、全天候成像的优势。因此，融合光学影像和 SAR 影像能够集成两种影像优势，获得更高质量遥感影像。

红外探测器主要通过接收场景目标向外辐射或反射的红外辐射（infrared radiation，IR）成像，在光照条件较差情况下仍具有较好的目标探测能力。光学影像与红外影像融合，可以充分利用光学影像纹理信息和红外影像的穿透优势。Shao 等（2012）提出了一种在 Curvelet 域引入清晰度评价算法的可见光与红外影像融合方法。该方法采用局部方差加权策略对低频系数进行融合，有效保留了所有低频信息，也将可见光影像部分低频系数进行了融合；并且采用 FOCC 规则匹配可见光影像的高频系数，进而保留了更多的地物细节。

高分辨率遥感影像和其他辅助数据的土地利用类型分类方法受到了更多的关注。其中，LiDAR 能够提供高精度的结构和高程信息，将 LiDAR 与高分辨率遥感影像相结合能够极大地提高具有不同高程特征的地物类别的区分度，从而有效地提升地物分类的精度。

6.2.1 常用的全色多光谱影像融合方法

许多地球观测卫星，如 Landsat、IKONOS、高分一号、QuickBird 等，都可以在同一覆盖区域内同时拍摄全色（panchromatic，PAN）影像和多光谱（multispectral，MS）影像。由于反射率随土地覆盖和光谱波段而变化，MS 影像比 PAN 影像能记录更多的地球表面信息。但是，考虑传感器的信噪比和数据存储和传输、光学衍射极限等，MS 影像的空间分辨率通常低于 PAN 影像。近年来，人们提出了多种遥感影像融合方法，可分为分量替换方法、多分辨率分析方法和基于稀疏表示方法。

（1）分量替换方法。该方法的基本思想是将 MS 影像转换到另一个空间，将主分量替换为 PAN 影像，然后将整个数据集反向转换到原始域。强度亮度-饱和度（intensity hue saturation，IHS）转换、主成分分析、广义 IHS（general IHS，GIHS）和自适应 IHS（adjustable IHS，AIHS）等为分量替换方法。分量替换方法可以保持源影像的空间细节，但可能会造成严重的光谱畸变。

（2）多分辨率分析方法。该方法将源影像在不同尺度和方向上分解为低频子带和高频子带序列，再对子带特征选择融合规则合并冗余信息和互补信息，最后对融合子带进行反变换得到融合结果。常用拉普拉斯金字塔变换、小波变换、曲波变换、第二代曲波变换、非下采样轮廓线变换等多分辨率分析方法。该类方法可以准确地从不同尺度的分解影像中提取特征，从而减少融合过程中的光晕和混叠现象；但是会存在融合结果受到不同融合方法影响的问题。

（3）基于稀疏表示方法。该方法假定所有的图像块都是特定字典原子的线性组合。基于稀疏表示的影像融合方法的主要步骤：首先，将源影像按照特定的滑动距离划分为块，并将图块按字典排序转化为向量；然后，通过向量化后的图块在预定义的字典上的线性表达式得到稀疏系数；接着，通过将不同源影像的稀疏系数按照一定的规则（如最大活度规则）进行融合，得到融合后的稀疏表示；最后，将字典和融合系数相乘得到融合后的影像块，进而得到最终的融合结果。基于稀疏表示方法选择的融合策略对融合结果有很大影响。

6.2.2 基于不同时相MODIS和Landsat遥感影像的时空谱融合方法

由于云覆盖影响，不同月份、不同季度乃至不同年度下可用的 Landsat 影像数目存在不一致的问题。因此，像元的时间序列曲线中任意时间尺度（月时间尺度、季度时间尺度、年时间尺度）下观测样本的数目存在差异性，这给地物年内、年际变化信息和物候信息的提取带来挑战。Zhu 等（2016）提出可变时空数据融合（flexible spatiotemporal data fusion，FSDAF）模型融合 MODIS 影像生成该月份缺失的 Landsat 影像。FSDAF 的融合业务流程如图 6.4 所示。

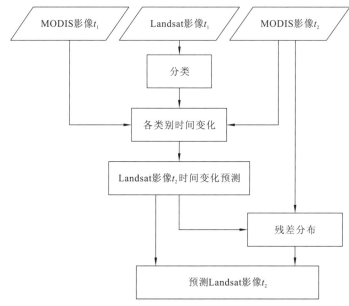

图 6.4 FSDAF 融合 MODIS 与 Landsat 影像的流程图

（1）记缺失的 Landsat 影像时刻为 t_2，提取与时刻 t_2 相邻的前一个时相 t_1 的 Landsat 影像为参考影像，并提取 t_1 时刻和 t_2 时刻分别对应的所在研究区域的 MODIS 影像。

（2）对 t_1 时刻和 t_2 时刻 MODIS 影像和 t_1 时刻 Landsat 影像进行预处理。采用最近邻算法将两幅 MODIS 影像的空间分辨率重采样为 480 m。再将 MODIS 影像的投影坐标系定义为 Landsat 影像的投影坐标系。然后，将 Landsat 影像利用像元聚合（pixel aggregate）方法重采样至 480 m 空间分辨率。继而，利用 Landsat 影像的研究区域裁剪 MODIS 影像，得到与 Landsat 影像同样大小的 MODIS 影像。最后，将两幅 MODIS 影像利用最近邻算法重采样至 30 m 空间分辨率。

（3）利用遥感影像分类器对 t_1 时刻 30 m 空间分辨率的 Landsat 影像进行分类，并估算每一类别地物从 t_1 时刻 MODIS 影像到 t_2 时刻 MODIS 影像的时间变化。

（4）利用类别层次的时间变化预测 t_2 时刻 Landsat 影像，并计算 MODIS 影像每个像元真实值与预测值的残差。时间预测的残差主要来自地表覆盖类型变化和类间异质性。根据 t_2 时刻 MODIS 影像基于薄板样条插值（thin plate spline，TPS）预测 t_2 时刻 Landsat 影像。

（5）基于 TPS 预测值得到残差分布，利用邻域信息得到 t_2 时刻 Landsat 影像预测结果。

6.2.3　基于深度学习RSIFNN模型的全色多光谱影像时空谱融合方法

传统的遥感影像融合往往需要选择一个或多个工具来进行影像变换及特征提取,再设计规则选择输入特征,最后对结果进行反变换得到融合影像。卷积神经网络(convolutional neural network,CNN)广泛用在影像分类研究中。CNN 通过局部感受野、共享权值和池化三种思想,获得某种程度的位移、尺度和形变不变性。同时,CNN 具有强大自学习能力,可以学习到从浅层到深层的多个层次特征,在影像分类研究中表现出极强的能力。

较浅的卷积层感受野较小,学习到局部特征较小;较深的卷积层具有较大的感受野,能够学习到更抽象的特征。卷积操作是自动学习多层次特征的基本方法,假设 $x^{(i)}$ 和 $y^{(j)}$ 分别代表第 i 层输入特征图和第 j 层输出特征图,对于输入层 $x^{(i)}$ 卷积操作可以表达为

$$y^{(j)} = f(b^{(j)} + \sum_i k^{(i)(j)} * x^{(i)})\qquad(6.12)$$

式中:$k^{(i)(j)}$ 为应用在第 i 层输入特征图以获取第 j 层输出特征图的卷积核;$b^{(j)}$ 为残差;$*$ 为卷积操作;f 为激活函数。

在基于CNN的影像分类中,一般向训练好的网络模型中输入影像,得到的影像属于某种类别的概率的输出结果。利用 CNN 进行遥感影像超分辨率重建时,模型网络的输出重建为与输入影像大小一样的输出结果。并且,CNN网络模型学习训练对应的输入图特征为低分辨率的遥感影像,输出特征则为高分辨率遥感影像。

遥感影像融合的目标是通过多光谱影像和全色影像重建出更高分辨率的多光谱影像。因此,遥感融合 CNN 模型的标签对应着分辨率更高的目标影像,输入数据对应着低分辨率的多光谱影像与高分辨率的全色影像。针对已有超分辨率重建模型卷积层比较浅(只有三层)、只将全色影像作为多光谱的一个新波段,忽略全色影像与多光谱影像特有特征的问题,Shao 等(2018)提出了基于 CNN 的遥感影像融合(CNN-based remote sensing image fusion,RSIFNN)方法。RSIFNN 方法具有两个分支和一个主线程,两个分支分别用于提取多光谱及全色影像特征,主线程用于融合提取特征结果,模型训练方案如图 6.5 所示。

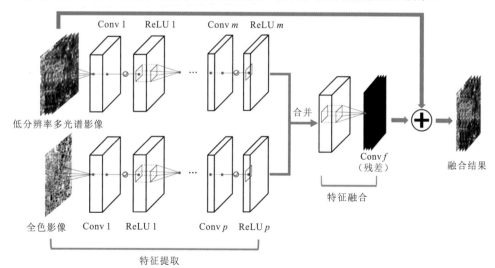

图 6.5　遥感影像融合 RSIFNN 方法示意图
Conv 为 ReLU 为激活函数

RSIFNN 网络训练的目的是寻找网络描述的最优参数。x_1 和 x_2 表示一对下采样的多光谱影像和全色影像，y 代表输出结果标签。那么，训练集可以描述为：$\{x_1^{(i)}, x_2^{(i)}, y^{(i)}\}_{i=1}^N$，$N$ 代表样本数量。网络训练过程就是为了获得功能函数：$\hat{y} = f(x_1, x_2)$，$\hat{y}$ 代表预测的高分辨率多光谱影像集。一般情况下，采用均方根误差作为量化预测结果与标签值差异的损失函数。

$$L = \frac{1}{n} \sum_{i=1}^n \left\| y^{(i)} - f(x_1^{(i)}, x_2^{(i)}) \right\|^2 \tag{6.13}$$

式中：$y^{(i)}$ 为预测融合的高分辨率多光谱影像；$f(x_1^{(i)}, x_2^{(i)})$ 为预测输入的影像；n 为批的大小，指从训练集中随机选择的训练样本的数量。同时，针对现有网络直接利用融合影像来计算预测影像与输出影像的损失函数，忽略预测高分辨率影像与原低分辨率影像之间高度相似，进而存在大量冗余的问题，RSIFNN 增加了一个残差学习层（$r = y - x_1$）来解决这个问题。加入残差学习层的损失函数可以定义为

$$L = \frac{1}{n} \sum_{i=1}^n \left\| r^{(i)} - g(x_1^{(i)}, x_2^{(i)}) \right\| \tag{6.14}$$

式中：$r^{(i)}$ 为实际训练集对应的残差影像；$g(x_1^{(i)}, x_2^{(i)})$ 为预测结果的残差影像。那么，可以推算出

$$
\begin{aligned}
L &= \frac{1}{n} \sum_{i=1}^n \left\| r^{(i)} - g(x_1^{(i)}, x_2^{(i)}) \right\|^2 \\
&= \frac{1}{n} \sum_{i=1}^n \left\| y^{(i)} - x_1^{(i)} - g(x_1^{(i)}, x_2^{(i)}) \right\|^2 \\
&= \frac{1}{n} \sum_{i=1}^n \left\| y^{(i)} - (x_1^{(i)} + g(x_1^{(i)}, x_2^{(i)})) \right\|^2 \\
&= \frac{1}{n} \sum_{i=1}^n \left\| y^{(i)} - f(x_1^{(i)}, x_2^{(i)}) \right\|^2
\end{aligned}
\tag{6.15}
$$

可以看出，在训练网络的同时，残差学习层也可以得到训练。RSIFNN 采用后向传播梯度下降算法优化损失函数，权值更新求解方法如下：

$$\Delta_{i+1} = \beta \cdot \Delta_i - \omega \cdot \alpha \cdot \omega_i^l - \alpha \cdot \frac{\partial L}{\partial \omega_i^l}, \quad \omega_{i+1}^l = \omega_i^l + \Delta_{i+1} \tag{6.16}$$

式中：l 为层数；i 为迭代次数；α 和 β 分别为学习率和步长；ω 为权值衰减度；$\frac{\partial L}{\partial \omega_i^l}$ 为利用损失函数对权值进行求导。并且，RSIFNN 网络通过添加 0 像元确保卷积提取出的图特征和输入的多光谱影像、全色影像的大小保持一致。

以下介绍采用 RSIFNN 网络融合 QuickBird 全色影像与多光谱影像提取不透水面实验。

（1）训练样本制作：由于 QuickBird 卫星生成的多光谱影像及全色影像的空间分辨率为 2.8 m 和 0.7 m。为了保持与原始多光谱影像（标签）相同的空间分辨率，在制作输入样本数据时，需要根据多光谱影像与全色影像的分辨率比值对原始全色影像进行下采样，得到分辨率分别为 2.8 m 及 11.2 m 的影像；原来的多光谱影像（分辨率为 2.8 m）建立训练网络的标签（original MS images）。训练样本的制作过程如图 6.6 所示。

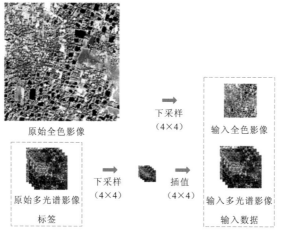

原始全色影像

下采样
（4×4）

输入全色影像

原始多光谱影像
标签

下采样
（4×4）

插值
（4×4）

输入多光谱影像
输入数据

图 6.6　全色影像及多光谱影像训练样本制作过程示意图

（2）验证集：验证数据集采用模拟数据，将原始多光谱影像作为参考的高分辨率多光谱影像，模拟的低分辨率 MS 影像和 PAN 影像都降低了 4 倍。

（3）对比算法：选择 AIHS，自适应小波变换（wavelet transform，WT）、小波变换和稀疏表示［WT+SR（sparse representation）］、波段相关空间细节（band-dependent spatial detail，BDSD）的扩展方法 C-BDSD、基于深度学习的超分辨率卷积神经网络（super-resolution convolutional neural network，SRCNN）、超分辨率卷积神经网络格拉姆-施密特（super-resolution convolutional neural network Gram-Schmidt，SRCNNGS）方法和基于 CNN 的超分辨率（CNN-based Pan-sharpening，PNN）方法与 RSIFNN 方法进行比较，对比结果见图 6.7。

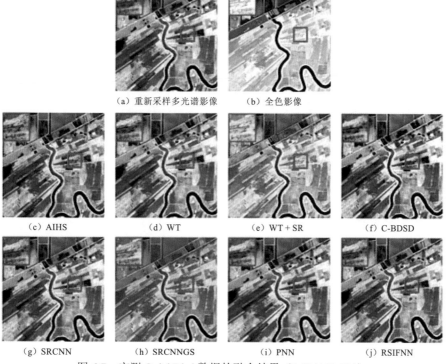

（a）重新采样多光谱影像　　　（b）全色影像

（c）AIHS　　　（d）WT　　　（e）WT＋SR　　　（f）C-BDSD

（g）SRCNN　　　（h）SRCNNGS　　　（i）PNN　　　（j）RSIFNN

图 6.7　实测 QuickBird 数据的融合结果（1 024×1 024）

QuickBird 数据主要覆盖河流等自然地貌。小波变换方法在 QuickBird 影像的河岸边产生了振铃效应。C-BDSD 方法抑制了光谱失真，但整个区域的结果模糊。虽然 SRCNN 方法得到了高光谱分辨率，但与低分辨率多光谱影像相比，空间分辨率并没有提高多少。相比之下，PNN 和 RSIFNN 方法在没有谱失的情况下，均能显著提高多光谱影像的空间分辨率，且 RSIFNN 结果中的细节信息比 PNN 清晰。

（4）评价指标：采用光谱角制图（spectral angle mapper，SAM）、光谱失真指数 D_λ、空间畸变指数 D_s 及质量无参考（quality with no reference，QNR）等指标进行融合算法的定量评估（表 6.2）。其中，QNR 的最优值为 1，SAM、D_λ、D_s 的最优值为 0。结果显示，RSIFNN 方法获得的 SAM、D_s、QNR 结果最好，虽然 D_λ 值略高于 PNN、C-BDSD，但整体结果显示 RSIFNN 方法可以从源图像中保留更多的光谱和空间信息。

表 6.2　真实 QuickBird 数据融合结果评价表

方法	SAM	D_λ	D_s	QNR
AIHS	3.719 9	0.140 3	0.267 7	0.629 6
WT	4.667 5	0.170 4	0.254 0	0.618 9
WT+SR	7.191 3	0.133 8	0.315 9	0.592 6
C-BDSD	3.954 8	**0.010 5**	0.052 4	0.937 7
SRCNN	3.017 4	0.029 5	0.179 6	0.796 1
SRCNNGS	5.984 7	0.062 5	0.254 0	0.699 4
PNN	3.023 9	0.020 9	0.054 0	0.926 3
RSIFNN	**2.700 3**	0.027 7	**0.031 6**	**0.941 5**

6.2.4　基于深度学习 ESRCNN 模型的多时相影像时空谱融合方法

受经典的影像超分辨率卷积神经网络（SRCNN）启发，Shao 等（2019）提出了拓展 SRCNN（extended SRCNN，ESRCNN）模型。其中，在 CNN 模型中，以第 i 层输入特征图 $x^{(i)}$ 进行自动学习多层次特征，进而得到第 j 层输出特征图 $y^{(j)}$，这一过程可以表达为式（6.12）。

最大池化过程可以表达为

$$y_{r,c} = \max(x_{r+m,c+n}), \quad 0 \leqslant m,n \leqslant s \tag{6.17}$$

ESRCNN 采用了端到端的网络设计，并包含一个三层的结构来完成超分辨率重建的任务，这三层结构分别被命名为块提取、非线性映射、重建，可以表示为

$$\begin{cases} f_1(x) = \max(0, b_1 + \omega_1 * x), & \omega_1 : N_2 \times (k_1 \times k_1 \times N_1), & b_1 : N_2 \times 1 \\ f_2(x) = \max(0, b_2 + \omega_2 * f_1(x)), & \omega_2 : N_3 \times (k_2 \times k_2 \times N_2), & b_2 : N_3 \times 1 \\ f_3(x) = b_3 + \omega_3 * f_2(x), & \omega_3 : N_4 \times (k_3 \times k_3 \times N_3), & b_3 : N_4 \times 1 \end{cases} \tag{6.18}$$

式中：第一层为块提取层，以 N_1 为输入通道，采用感受野为 $k_1 \times k_1$ 的卷积核及非线性函数激活层 ReLU 计算特征图 N_2；第二层为非线性映射层，采用 $k_2 \times k_2$ 感受野及激活层 ReLU，计算出特征图 N_3；第三层为重建层，采用 $k_3 \times k_3$ 感受野，输出 N_4 通道融合结果。

假设用 x 表示网络输入，用 y 表示输出结果，训练集可以描述为：$\{x^{(i)}, y^{(i)}\}_{i=1}^{M}$，$M$ 代表样本数量。网络训练过程即为学习映射函数：$y = f(x; w)$，代表预测结果，w 代表包括权重和偏差在内的网络参数。ESRCNN 优化函数采用均方根误差作为损失函数，表示为

$$L = \frac{1}{n}\sum_{i=1}^{n}\left\| y^{(i)} - f(x^{(i)}; w) \right\|^2 \tag{6.19}$$

式中：$y^{(i)}$ 为期望输出的结果；$f(x^i; w)$ 为预测输出结果；n 为每次迭代中的训练样本大小；$\|\cdot\|$ 为 ℓ_2 范数。ESRCNN 采用具有标准反向传播的随机梯度下降算法优化损失函数，权值更新公式如下：

$$\Delta_{t+1} = \beta \cdot \Delta_t - \alpha \cdot \frac{\partial L}{\partial w_i^l}, \quad w_{i+1}^l = w_i^l + \Delta_{t+1} \tag{6.20}$$

式中：α、β 为学习率和步长；$\dfrac{\partial L}{\partial w_i^l}$ 为导数；l 为具体某层；Δ_t 为第 t 次迭代对应增量。

以 Landsat-8 和 Sentinel-2 融合为例，采用 ESRCNN 网络结构（图 6.8），获得的不同分辨率的 Landsat-8 融合结果见图 6.9。其中，ESRCNN 网络包括以下两部分。

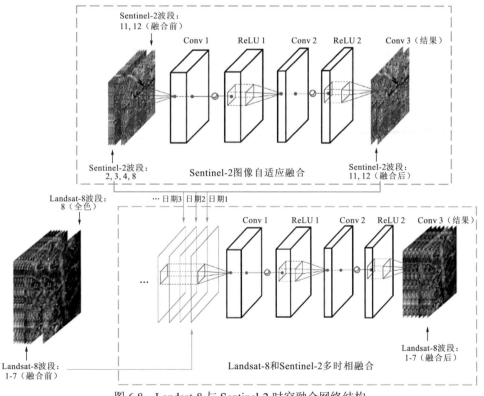

图 6.8　Landsat-8 与 Sentinel-2 时空融合网络结构

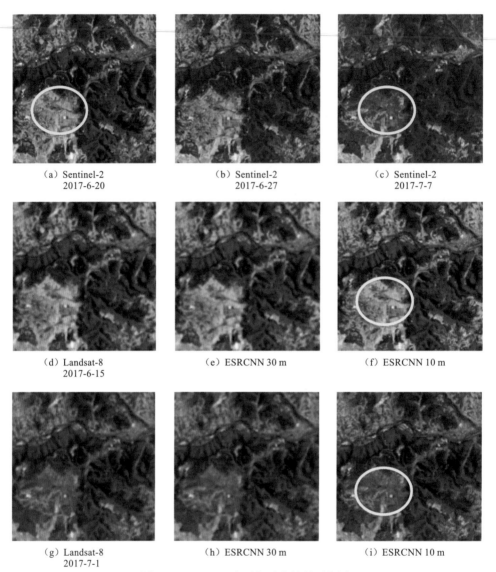

（a）Sentinel-2　　　　　（b）Sentinel-2　　　　　（c）Sentinel-2
　　2017-6-20　　　　　　　2017-6-27　　　　　　　2017-7-7

（d）Landsat-8　　　　　（e）ESRCNN 30 m　　　　（f）ESRCNN 10 m
　　2017-6-15

（g）Landsat-8　　　　　（h）ESRCNN 30 m　　　　（i）ESRCNN 10 m
　　2017-7-1

图 6.9　ESRCNN 多时相融合结果对比图

5、4、3 波段作为 R、G、B 显示，黄色圈中为用地类型和地物覆盖

（1）Sentinel-2 影像自适应融合。将 Sentinel-2 空间分辨率为 10 m 的第 2～4 波段及第 8 波段与空间分辨率为 20 m 的第 11 波段、第 12 波段，输入 ESRCNN，从而将第 11 波段、第 12 波段的空间分辨率从 20 m 提升至 10 m。

（2）Landsat-8 和 Sentinel-2 多时相融合。将时间相对接近的 Landsat-8 的全色波段及融合提升的 Sentinel-2 数据（空间分辨率为 10 m 的第 2～4 波段、第 8 波段、第 11 波段、第 12 波段）输入 ESRCNN 中，最终提升 Landsat-8 影像的第 1～7 波段的空间分辨率。

基于 ESRCNN 模型多时相融合数据源，Sentinel-2 影像为 2017 年 6 月 20 日、2017 年 6 月 27 日和 2017 年 7 月 7 日获取的 10 m 分辨率遥感影像，Landsat-8 为 2017 年 6 月 15 日和 2017 年 7 月 1 日获取的 30 m 的遥感影像。由图 6.9 可以看出，通过协调 Landsat-8 和 Sentinel-2 影像之间的空间分辨率差距，采用两种数据的协同，可以明显提升遥感影像的空间分辨率。该融合方法能够为海绵城市长时间序列、多尺度精细遥感监测需求，提供高空间分辨率和高时间分辨率的影像数据。

6.3 多源遥感影像融合的海绵城市下垫面动态监测方法

海绵城市人工地物的透水性与不透水性规律对应的物理性质具有显著差异；同时，具有相同透水性功能的不透水材质物理特性相似，采用时空谱多源遥感影像融合下垫面动态监测，可以提高动态监测和识别地物空间分布规律、下垫面水文生态环境等效应的准确性。

6.3.1 融合光学和 SAR 影像的海绵城市下垫面动态监测方法

采用 SAR 数据与光学数据融合的方法监测下垫面中不透水面变化情况，是实现海绵城市遥感监测研究的重要技术之一。目前，用于不透水面制图的光学和 SAR 数据融合主要在像素级和特征级进行。然而，由于存在散斑噪声，针对广泛使用的 IHS 转移成分替换法存在光谱失真，不适宜 SAR 影像像素级融合情况，梯度转移融合（gradient transfer furion，GTF）方法等基于规则的融合方法不失为一种可行技术途径。Shao 等（2020）提出的一种密度色度饱和度-梯度转移融合（IHS-GTF）的光学影像和 SAR 影像融合算法，能够有效提升遥感影像质量。

在特征级融合方面，Shao（2016）设计了 Dempster-Shafer（D-S）证据理论的光学和 SAR 影像融合方法。D-S 证据理论是一个数学框架，在这个数学框架中，非加性概率模型能够对不确定性建模。该方法基于信任函数，对同一对象进行多种描述和判断，考虑每个信源的不确定性，对"证据"进行"组合"，消除矛盾的判断和不准确信息，保证信息的一致性，进而得出相对可靠的结论。以下将从建立鉴别框架、计算证据支持度、验证实验三部分介绍基于 D-S 证据理论的光学影像和 SAR 影像融合方法。

（1）建立鉴别框架 Θ（也称为识别框架或假设空间）。Θ 为互斥元素的固定集合，鉴别框架是证据推理理论的基础。在该研究中，鉴别框架代表用地类型，由高/低反射特征的不透水面（high/low albedo impervious surface，记为 IS_H/IS_L）、水体（water，记为 W）、植被（vegetation，记为 VE）、高/低反照率裸土（high/low reflectance of bare land，记为 BL_H/BL_L）组成，$\Theta=\{IS\_H, IS\_L, W, VE, BL\_H, BL\_L\}$，其结构如图 6.10 所示。

（2）证据支持度计算。一个证据可以为 Θ 的一个或多个子集提供支持。定义函数 $m(A)$ 为属于土地覆被类型 A 的支持函数，即基本概率分配（basic probability assignment，BPA），表示分配证据支持假设集的程度。该 BPA 函数需要满足以下条件：

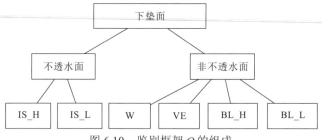

图 6.10　鉴别框架 Θ 的组成

$$\begin{cases} m(\varnothing)=0 \\ m:2^{\Theta}\to[0,1] \\ \displaystyle\sum_{A\subseteq 2^{\Theta}}m(A)=1 \end{cases} \tag{6.21}$$

式中：$\varnothing$ 为空集，意味着一个空命题；2^{Θ} 为 Θ 对应的幂集；$m(A)$ 为地覆被类型 A 的支持程度，当 $m(A)>0$ 时，A 被描述为所有土地覆被类型的焦点元素；$m:2^{\Theta}$ 为证据支持假设集的取值范围为 0 到 1。

以光学影像或 SAR 影像为例，土地覆盖类型 A 的证据概率可以由随机森林分类算法分配到每个像素，然后再利用土地覆盖类型分类概率 p_{v} 和分类正确概率 p_i，构造 BPA 函数

$$m(A)=p_{\mathrm{v}}*p_i \tag{6.22}$$

信任函数［$\mathrm{Bel}(A)$］和合理性函数［$\mathrm{Pl}(A)$］被用来表示某一特定土地覆盖类型的上、下概率（不确定性水平区间），计算公式为

$$\begin{cases} \mathrm{Bel}:2^{\Theta}\to[0,1] \\ \mathrm{Bel}(A)=\displaystyle\sum_{A_i\in A}m(A_i) \end{cases} \tag{6.23}$$

$$\begin{cases} \mathrm{Pl}:2^{\Theta}\to[0,1] \\ \mathrm{Pl}(A)=1-\mathrm{Bel}(\bar{A}) \\ \mathrm{Bel}(A)\leqslant\mathrm{Pl}(A) \end{cases} \tag{6.24}$$

式中：$\bar{A}$ 为 A 的补集，有：$A\cup\bar{A}=\Theta,\ A\cap\bar{A}=\varnothing$。

不确定性水平区间分布示意图如图 6.11 所示。可以看出，整个不确定性水平区间由证据支持区间（以信任函数计算出的区间）、可信区间和证据排除区间三部分组成。其中，证据支持的信任函数区间（信任支持度）包含在合理的证据区间（合理支持度）范围内。

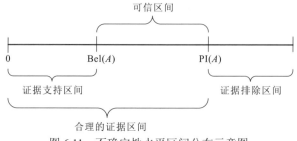

图 6.11　不确定性水平区间分布示意图

计算出每一类的 BPA 函数（质量函数）后，将光学数据和 SAR 数据中识别出的不透水面数据集转换为证据，然后根据 Dempster 的组合规则进行融合。如果 $\forall A \subset \Theta$，m_1 和 m_2 为光学数据集和 SAR 数据集在特征框架 Θ 的质量函数，Dempster 组合值计算规则如下：

$$\begin{cases} m(\varnothing) = 0, A = \varnothing \\ m(A) = m_1 \oplus m_2 = K^{-1} \sum_{A_1 \cap A_2 = A} m_1(A_1) m_2(A_2), A \neq \varnothing \\ K = 1 - \sum_{A_1 \cap A_2 = \varnothing} m_1(A_1) m_2(A_2) = \sum_{A_1 \cap A_2 \neq \varnothing} m_1(A_1) m_2(A_2) \end{cases} \quad (6.25)$$

式中：$K \in [0,1]$，为两个质量集之间冲突量的度量值，K 值越大，表示不同数据源之间的冲突较大，合并这些数据源会导致分类结果较差。最后，采用 $\text{Bel}(A_i)$ 的最大值来确定像素所属的类别（C_i）。类别归属准则如下：

$$C_i = \max(\text{Bel}(A_i)) \quad (6.26)$$

表 6.3 给出了像元被光学影像分类为水体（W）、被 SAR 影像分类为高反照裸土（BL_L）等对应于鉴定框架地物类型的质量函数分布结果。可以看到，光学影像对应像素被分为 W 的概率为 0.91（不确定性水平为 0.09），SAR 影像将像素分为 W 的概率是 0.29（不确定性水平为 0.22）。融合处理后，该像素被划分为 W 的概率为 0.89（不确定性水平为 0.04）。

表 6.3　六类土地覆被类型的质量函数值及组合结果

项目	IS_H	IS_L	W	VE	BL_H	BL_L	$M(\Theta)$
光学影像 [$m_1(A_1)$]	0	0	0.91	0	0	0	0.09
SAR 影像 [$m_2(A_2)$]	0.02	0	0.29	0.02	0.03	0.42	0.22
$m_1 \oplus m_2$	0	0	0.89	0	0	0.07	0.04
组合结果				$A \in W$			

（3）验证实验。以高分一号和 Sentinel-1A 融合为例，基于 D-S 理论的决策层面光学和 SAR 影像融合分为以下 4 个步骤。

步骤 1：影像处理。在影像拼接后，通过 ENVI 对高分一号影像进行大气表面反射率校正及几何校正。SAR 影像预处理包括切片组装、辐射校准、多视点和地形校正等。

步骤 2：特征提取。提取高分一号影像中包含归一化差分植被指数（NDVI）、归一化差分水指数（NDWI）等的光谱特征，以及 Sentinel-1A 影像数据的纹理特征。

步骤 3：分类。分别独立量化高分一号图像、Sentinel-1A 影像、高分一号影像及其光谱特征和 Sentinel-1A 影像及其纹理特征 4 个数据源对应城市下垫面证据信息。

步骤 4：构建 BPA 函数与决策融合。计算每个像素属于每个类别的概率及基于 RF 分类的正确分类概率，构建 BPA 函数；再根据决策规则，将高分一号和 Sentinel-1A 影像的 RF 分类下垫面地物类别进行组合，计算出总体置信度。从光学影像、SAR 影像不同融合方式对应提取下垫面不透水面特征不确定性分布结果。

图 6.12 中的不透水面和透水面是根据图 6.10 的识别框架的地物合并而成。可以看出，影像特征融合影像提取的结果[图 6.12（b）]比仅用影像融合提取的结果[图 6.12（a）]能够更完整地识别水体地物；从不确定性分布图看，采用光学影像与 SAR 影像及特征融合提取地物的不确定性中[图 6.12（c）]，水体地物不确定性基本上分布在 0.00～0.10 段。

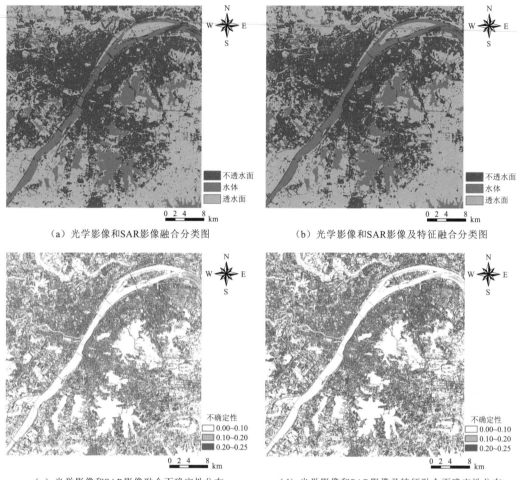

（a）光学影像和SAR影像融合分类图　　　　　（b）光学影像和SAR影像及特征融合分类图

（c）光学影像和SAR影像融合不确定性分布　　　（d）光学影像和SAR影像及特征融合不确定性分布

图 6.12　利用不同数据源融合提取的地物分类结果及不确定性分布图

　　表 6.4 统计了利用光学影像、SAR 影像的影像、影像特征及融合影像、融合影像及特征，提取城市下垫面不透水地物的混淆矩阵及精度评估结果。可以看出，从高分一号影像提取的不透水分布特征的分类精度整体高于 Sentinel-1A 影像的提取精度；对于通过融合影像提取的不透水分布特征，采用决策级融合提取的精度显著高于仅用影像融合获得的分类精度。因此，在海绵城市不透水特征监测研究，可以以光学影像与 SAR 影像的影像及特征融合结果为数据源。

表 6.4　不透水面（IS）和非不透水面（NIS）的混淆矩阵及精度评估

类别	高分一号		Sentinel-1A		DS 融合		高分一号及特征		Sentinel -1A 及特征		DS 融合及特征	
	IS	NIS	IS	NIS	IS	NIS	IS	NIS	IS	NIS	IS	NIS
IS	151	27	97	58	160	21	155	21	116	53	166	19
NIS	15	214	69	183	6	220	11	220	50	188	0	222
Kappa 系数	0.79		0.35		0.87		0.84		0.48		0.91	
总体精度/%	89.68		68.80		93.37		92.14		74.70		95.33	

6.3.2 融合光学影像和 LiDAR 数据的海绵城市下垫面动态监测方法

激光雷达（LiDAR）作为一种重要的对地观测技术，具有穿透性强、直接获取地物三维信息的优点。然而，LiDAR 系统较难获得地物表面的光谱、纹理等信息，并且离散的三维点云数据具有不连续和不规则特征。然而，对于机载 LiDAR 数据来说，可以利用的信息仅包括几何信息（平面坐标与高程信息）、强度信息与回波信息等。这些信息基于点云固有空间结构，存在一定的冗余。相比之下，光学信息具有丰富的图谱信息。因此，融合光学影像与 LiDAR 数据，可以有效联合地物的空间特征与图谱特征，提升遥感监测能力。

1. LiDAR 数据特征

LiDAR 数据为散乱的三维点云，除直接可以获取的高程信息、平面坐标、回波信息及强度外，其他特征信息通常是以该点为中心的某个领域的几何变化。其中，领域一般包括但不限于圆柱体领域、球体领域、格网领域。以下简要描述 LiDAR 数据高程相关特征、平面相关特征、密度相关特征、回波相关信息。

（1）高程相关特征：除了点高度值，主要基于领域对象计算高差（指当前点与领域内最低点的高差）、高差偏度、高差峰度等统计量。其中，高差偏度［Skew(X)］、高差峰度（Kurtosis）均是用来描述球体领域中所有点高程分布形态的参数统计量，计算公式如下：

$$\text{Skew}(X) = E\left[\left(\frac{X-\mu}{\sigma}\right)^3\right] \tag{6.27}$$

式中：E 为数学期望；X 为领域内各点；μ 为高程均值；σ 为高程标准差。

$$\text{Kurtosis} = \frac{\frac{1}{n}\sum_{i=1}^{n}(x_i-\bar{x})^4}{\left[\frac{1}{n}\sum_{i=1}^{n}(x_i-\bar{x})^2\right]^2} - 3 \tag{6.28}$$

式中：n 为领域内的点数；x_i 为领域内第 i 个点的高程；$\bar{x}$ 为领域点高程均值。

（2）平面相关特征：该类特征是基于圆柱体领域内各点拟合而成的平面，描述相关特征主要有平面参数、平面粗糙度、平面坡度、平面法向角、点到平面的距离、距离之和等参数。其中，平面参数指拟合平面对应的特征参数（a、b、c）：

$$ax + by + c = 1 \tag{6.29}$$

（3）密度相关特征：一般有点密度（D_p）和点密度比（D_{ratio}）两种特征，利用圆柱体领域和球体领域进行计算：

$$D_p = \frac{N_{\text{cylinder}}}{\pi r^2 h} \tag{6.30}$$

$$D_{\text{ratio}} = \frac{N_{\text{sphere}}}{N_{\text{cylinder}}} \times \frac{3}{4r} \tag{6.31}$$

式中：$N_{cylinder}$、N_{sphere}分别为圆柱体领域、球体领域内的点数；r为圆柱体领域或圆球体领域对应的半径；h为圆柱体领域内最低点与最高点的高度差。

（4）回波相关信息：回波相关信息为当前点的回波强度与回波次数。地物目标反射激光脉冲的能量值与其光谱反射特性有关。比如：回波次数多且强度较大的点为地物点的可能性较大；单次回波且回波强度值偏低的点为地面点的可能性更大，基于此原理，可以利用强度特征进行地物分类。但是，激光回波的强度还与距离、回波次数、天气等多种因素相关；同时，点云反射的强度还具有大量噪声。因此，回波相关信息主要用于弥补地物特征信息的缺失，一般不作为主要的特征源。

2. LiDAR 数据滤波

在机载 LiDAR 研究领域，滤波特指提取地面点，有时也称为数字高程模型提取或裸露地表提取等。滤波后的点云数据被分为地面点与非地面点，其中，非地面点主要包括建筑物、立交桥、植被等地物。LiDAR 滤波是地物识别或分类的前提和基础。传统的滤波方法包括基于坡度的滤波、基于数学形态学的滤波、基于不规则三角网的滤波、基于分割的滤波等方法。然而，由于传统方法需要一些常识与经验，结合主动学习（如基于分类委员会启发式方法、基于边缘的启发式方法、基于后验概率的启发式方法等）、分类器（如支持向量机、随机森林等）等自动滤波处理方法具有较强的普适性和扩展性，成为重要的 LiDAR 滤波方法。

3. 光学影像与 LiDAR 融合方法

LiDAR 数据是三维点云数据，无法直接与光学影像二维特征进行融合，多在点云数据滤波和插值采样获得的数字地表模型（digital surface model，DSM）和数字高程模型（digital elevation model，DEM）的基础上研究光学影像与 LiDAR 数据的融合。光学影像与 LiDAR 数据的融合，也可以分为像素级融合、特征级融合和决策级融合三个层次。像素级融合是多种特征的叠加；特征级融合主要研究不同特征有效组合问题；决策层融合是在像素级融合和特征级融合的基础上进行投票从而获得融合结果，最终提升分类结果的准确性。

4. 光学影像与 LiDAR 数据融合实验

以 2011 年美国纽约州布法罗市市中心空间分辨率为 1 英尺的光学正射影像（包含 4 个波段：红波段、绿波段、蓝波段、近红外波段）为基准数据，以该地区 2008 年 LiDAR 数据为辅助数据，研究基于 LiDAR 数据的高程特征和强度特征影像进行光学影像的融合。该区域以建筑物、道路、人行道、植被和裸土等代表性地物，分类测试样本参见图 6.13。

本书将 LiDAR 数据第一次回波点内插得到数字表面模型（DSM）后，用渐进三角网滤波方法滤波分离出地面点内插得到数字高程模型（DEM），再将 DSM 与 DEM 两者相减得到归一化数字高程模型（normalized digital surface model，nDSM），如图 6.14 所示。用 nDSM 表示 LiDAR 数据的高度特征；强度特征则采用 LiDAR 强度信息获得强度影像表示。

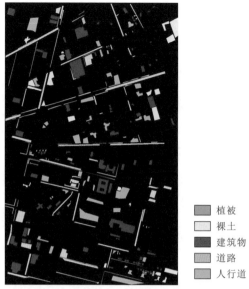

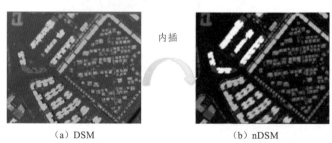

图 6.13 地物分类测试样本的参考图

	植被
	裸土
	建筑物
	道路
	人行道

内插

（a）DSM
（b）nDSM

图 6.14 由点云构建的 DSM 生成 nDSM

基于光学影像和 LiDAR 融合研究的主要步骤如下。

（1）将光学影像和 nDSM 影像叠加，形成一个组合影像集，进行影像分割。

（2）分别分割光学影像和 nDSM 影像，输出对应分割结果中对象的空间信息和属性信息。空间信息包括形状指数和长宽比；属性信息包括每个影像的波段均值、方差。分割后，光学影像面向对象的光学特征为 5 个波段（4 个原始波段、1 个 NDVI 波段）的均值和方差、形状指数、长宽比，共 20 个维度特征；nDSM 影像面向对象的特征包括 2 个波段（nDSM 和回波强度）的均值和方差、形状指数、长宽比，共 6 个维度特征。

（3）基于光学影像与 LiDAR 影像的所有波段及联合的 26 个维度特征，采用随机森林分类方法，分别对比独立使用光学影像、LiDAR 影像、光学影像与 LiDAR 影像特征联合、光学影像与 LiDAR 影像特征融合获得的下垫面地物分类结果（图 6.15）。其中，融合光学影像与 LiDAR 影像也是采用基于 DS 证据理论方法得到的。

从图 6.15（a）可以看出，单独使用高分辨率光学影像分类得到的建筑物分类结果较差，误分现象比较明显；单独使用 LiDAR 数据[图 6.15（b）]可以较好地提取出建筑物，但是较难有效识别人行道；采用光学影像与 LiDAR 影像联合[图 6.15（c）]或者融合[图 6.15（d）]都表现出非常精确的地物识别能力，此外光学影像和 LiDAR 影像特征融合比影像特征联合对地物阴影区域识别更有优势。因此，在海绵城市下垫面地物的精细化分类研究中，也可以考虑采用光学影像与 LiDAR 影像结合的研究方法。

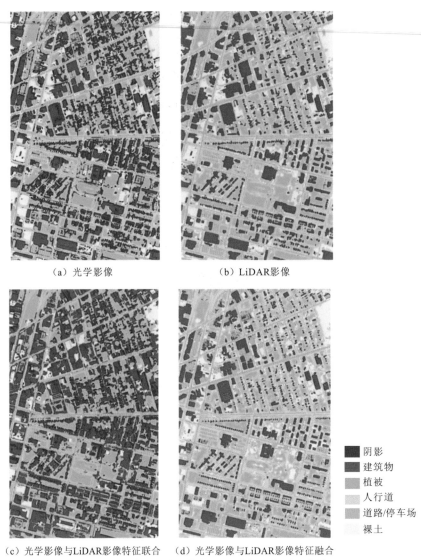

（a）光学影像　　　　　　　　　　　（b）LiDAR影像

■ 阴影
■ 建筑物
■ 植被
▨ 人行道
▨ 道路/停车场
▨ 裸土

（c）光学影像与LiDAR影像特征联合　　（d）光学影像与LiDAR影像特征融合

图 6.15　采用 4 种影像获得的城市下垫面分类结果

6.4　基于天空地联合的海绵城市建设成效遥感监测方法

　　海绵城市是我国系统治理以城市内涝为代表的城市水问题的解决方案，在系统全域海绵型城市建设大背景下，城市生态水文现状调查、海绵城市建设生态水文效应动态调查评估等，是海绵城市规划、建设及运维面临的重要问题。

　　城市特有的地理空间环境特征，决定城市面临着由自然因素决定的典型水问题；城市自身的发达程度、治理理念及历史文化背景等差异，是引起城市典型水问题的社会因素。传统的气象水文站等地面观测网可以获得准确的流域、区域水文结果，但是无法满足调查流域、区域、城市等多尺度的水文生态本底特征的需求。以机载、星载为主的多尺度遥感技术可以多时相、多尺度、全方位地立体调查下垫面生态水文特征，但是缺乏地面观测信息的验证，也较难得到准确性高、可信度高的监测结果。

因此，采用天空地联合的遥感监测技术，是面向海绵城市建设需求、客观调查城市生态水文本底、动态评估海绵城市建设效应行之有效的方法。同时也需要意识到，在海绵城市规划、设计、建设全生命周期中，持续监测地理位置、气象水文、生态本底各异城市对应的"海绵效应"，是一项复杂的系统巨工程，不仅需要遥感学科、水文学科、生态环境等学科多方面知识，更需要科研人员、海绵城市规划者、建设者、管理者等多方人士的共同参与。

6.4.1　基于透水铺装材质光谱特征的海绵城市透水性监测方法

不同地物具有不同的波谱特性，这是遥感影像监测地表的理论基础。透水铺装是海绵城市的重要工程，通过监测下垫面透水铺装材料的空间分布特征、透水能力，可以在一定程度上监测海绵建设分布及海绵体运行状态。因此，建立结合区域特征的海绵城市下垫面地物光谱数据库，可以为面向海绵城市遥感监测奠定重要的光谱档案基础。

20 世纪 60 年代末到 70 年代初，美国国家航空航天局收集了大量地物的实验室反射光谱数据，并建立了地球资源波谱信息系统（earth resources spectral information system，ERSIS），包含植被、土壤、岩石矿物及水体 4 种主要地物的光谱信息（Leeman，1971）。国际上比较有代表性的光谱数据库有：美国喷气推进实验室建立的包含 160 种矿物反射光谱数据的地物反射光谱数据库；美国地质调查局面向矿产资源的遥感勘探需求建立的美国地质调查局光谱数据库；约翰·霍普金斯大学建立的除基础植被、土壤、水体等光谱外，还包含月球土壤、人工材料、陨石等地物光谱的地物反射光谱数据库；随后出现的融合了前几个数据库内近 2 000 种地物的先进的星载热发射和反射辐射（advanced space borne thermal emission and reflection radiometer，ASTER）光谱数据库（万余庆 等，2006）。

我国从 20 世纪 80 年代开始建立光谱数据库。比如，中国科学院上海光学精密机械研究所和中国科学院南京土壤研究所等单位联合建立了综合性地物波谱库（荀毓龙，1991）；1998 年，中国科学院遥感与数字地球研究所建立了基于 FOXPRO 的高光谱数据库（田庆久 等，2002）；2001 年，北京师范大学联合其他单位于开发了中国典型地物标准波谱数据库（屈永华 等，2004）和面向作物灾害识别的高光谱波谱库（曹入尹 等，2008）；其他还有浒苔高光谱反射数据库（谢宏全 等，2012）、湿地典型植物光谱数据库（甘迪龙，2013）、南水北调中线工程的光谱数据库（郑明福 等，2007）等。

1. 海绵城市典型地物材质光谱采集

我国的干湿地区分布与我国的年降水量分布密切相关。根据年径流总量控制率与设计降雨量的对应关系，全国地区大致分为了 5 个区。可能因为气候分区不同，海绵城市下垫面透水铺装人工材料、海绵城市植被等对应光谱特征具有一定差异（图 6.16）。

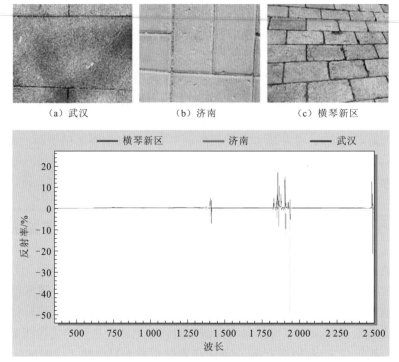

（a）武汉	（b）济南	（c）横琴新区

（d）武汉、济南、横琴新区同种地物光谱反射率对比

图 6.16 不同干湿分区透水铺装光谱特征

因此，本书作者团队使用 SVC HR-1024、ASD FieldSpec 4 等多种便携式地物光谱仪，采集并建立了海绵城市透水铺装材质及典型植被的光谱库，采集区域见表 6.5。结合气候条件来看，采集城市的气候主要分布在湿润地区、半湿润地区，个别城市分布在半干旱区、干旱区。其中：属于湿润区的城市包括武汉、遂宁、玉溪、昆明、珠海；属于半湿润区的城市包括济南、鹤壁；属于半干旱区的城市包括固原；属于干旱区的城市包括银川。

表 6.5 部分地物光谱采集区域

省份/自治区	市区	具体区域
湖北省	武汉市	青山区南干渠游园、马鞍山森林公园、学府佳园
云南省	玉溪市	东方风广场、住建委大院
	昆明市	翠湖公园
河南省	鹤壁市	政府大院、淇水公园
宁夏回族自治区	固原市	玫瑰苑小区、原州八幼
	银川市	丽景湖公园
陕西省	西咸新区	沣西新城西部云谷乐创空间、同德佳苑、秦皇大道
重庆市	市辖区	国博中心、悦来会展公园
四川省	遂宁市	圣莲岛
广东省	珠海市	横琴新区

2. 海绵城市典型地物材质光谱库

海绵城市光谱库以采集的下垫面柏油、沥青等硬化地面，以及示范区内使用的典型透水性铺装材料对应的点光谱数据建立光谱库。本光谱库由省→城市→测站→测点逻辑进行组织。其中，外业测量主要记录的信息如下。

（1）外业采集信息表，包括采集点 GPS 坐标、地物名称、测点对应光谱序列起止号、测点光谱采集现场图片、测点地物图片等信息，如图 6.17 所示。

Date: 2019.10.19		Site: 济南市浆水泉		Weather: 晴				
Operator:彭浩、吴文福			Recorder: 彭浩					
Sample ID Objects		Time	Lon	Lat	Log Start-end		Photo	ID	Description
1 裸土		10.19	E117°4'37"	N36°37'22"	1	10	1	2
2 枯草		10.23	E117°4'37"	N36°37'22"	11	20	3	4
Spectral Measurement Record								
Date: 2019.10.20		Site: 济南市大明湖		Weather: 晴				
Operator:彭浩、吴文福			Recorder: 彭浩					
Sample ID Objects		Time	Lon	Lat	Log Start-end		Photo	ID	Description
62 灰色地砖		13.35	E117°0'57"	N36°40'25"	651	660	123	124
63 红色地砖		13.36	E117°0'57"	N36°40'25"	661	670	125	126
Spectral Measurement Record								
Date: 2019.10.21		Site: 济南市小刘家村		Weather: 晴				
Operator:彭浩、吴文福			Recorder: 王志强					
Sample ID Objects		Time	Lon	Lat	Log Start-end		Photo	ID	Description
113 闲置耕地		10.42	E117°10'45"	N36°46'12"	1171	1190	227	228
114 带残渣裸地		10.45	E117°10'45"	N36°46'12"	1191	1200	229	230
Spectral Measurement Record								
Date: 2019.10.21		Site: 济南市千佛山路		Weather: 晴				
Operator:彭浩、吴文福			Recorder: 王志强					
Sample ID Objects		Time	Lon	Lat	Log Start-end		Photo	ID	Description
177 透水材质停车场		14.52	E117°1'15"	N36°38'9"	1875	1884	355	356 材质上有防水
178 透水材质停车场		14.57	E117°1'15"	N36°38'9"	1885	1894	357	358
179 透水材质停车场		14.58	E117°1'15"	N36°38'9"	1895	1904	359	360 湿润

图 6.17　下垫面地物光谱外业测量基本信息表截图

（2）采集点采集图片及地物图片，如图 6.18 所示。

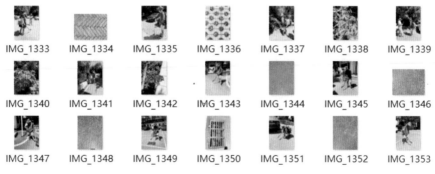

图 6.18　野外测点对应下垫面光谱特征采集图片缩略图

（3）采集点对应的光谱数据，每个测点对应采集测量 1~10 条该测点地物的光谱数据。在实际确定各测站不同测点对应地物的光谱记录时，采取测点光谱记录的平均值作为该地物实际的光谱数据。

以便携式 ASD FieldSpec4 光谱仪为例，该光谱仪可以采集 350~2 500 nm 波长范围内地物的光谱曲线。该仪器测量得到点光谱数据[*.asd 或*.sig（图 6.19）]。其中，点光谱数据部分包括 4 列数据，分别是波长（单位为纳米）、白板测量值、地物测量值、地物反射率（单位为百分比）。其中，地物反射率=]地物 DN 值/白板 DN 值]×白板反射率；其中，白板反射率是通过内业标定得到的结果。

名称	修改日期	类型	大小
HR.010808.0068.sig	2018/3/1 3:29	SIG 文件	30 KB
HR.010808.0074.sig	2018/3/1 3:36	SIG 文件	31 KB
HR.010808.0080.sig	2018/3/1 3:38	SIG 文件	32 KB
HR.010808.0085.sig	2018/3/1 3:40	SIG 文件	31 KB
HR.010808.0090.sig	2018/3/1 3:41	SIG 文件	30 KB
HR.010808.0094.sig	2018/3/1 3:45	SIG 文件	32 KB
HR.010808.0100.sig	2018/3/1 3:52	SIG 文件	32 KB
HR.010808.0105.sig	2018/3/1 5:12	SIG 文件	32 KB
HR.010808.0110.sig	2018/3/1 5:13	SIG 文件	32 KB

图 6.19　外业测量采集的点光谱（*.sig）列表图

点光谱数据可以采用 MATLAB、Python 等语言进行读取处理，也可以采用常用工具软件进行处理。例如，二进制的点光谱数据（*.asd）可以使用 ViewSpecPro 进行数据查看、统计分析及光谱数据计算等变换处理；文本格式的点光谱数据（*.sig）可以采用 Excel或 ENVI 软件打开。以 ENVI 软件叠加绘制湿柏油路、柏油路、红色透水路面、绿色透水路面、绿色湿透水路面等的光谱数据（*.sig）为例，地物点光谱数据可以绘制白板光谱、地物光谱及地物反射率等曲线图（图 6.20～图 6.22）。

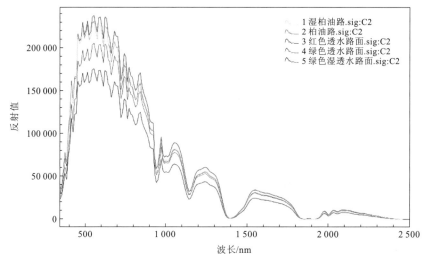

图 6.20　海绵城市不同路面白板测量值曲线图

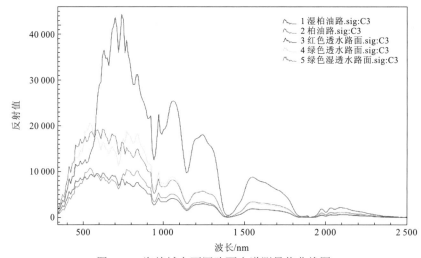

图 6.21　海绵城市不同路面光谱测量值曲线图

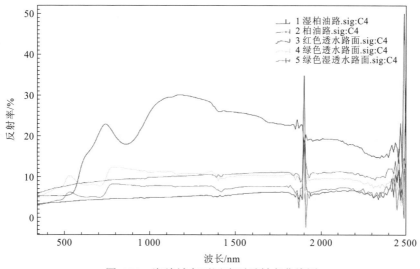

图 6.22　海绵城市不同路面反射率曲线图

从湿柏油路、柏油路、红色透水路面、绿色透水路面、绿色湿透水路面白板反射值来看：这些地物的白板反射值在可见光和近红外波段范围内波动明显；在近红外有明显的反射峰值（如大约在 1.10 μm、1.35 μm、1.56 μm 处）及吸收谷（如大约在 1.15 μm、1.40 μm 处）。

从湿柏油路、柏油路、红色透水路面、绿色透水路面、绿色湿透水路面地物反射值直观可以看出：红色透水路面的地物反射值明显高于绿色透水路面；柏油路的反射值一般高于湿柏油路反射值；大约在 750～940 nm 范围内，湿柏油路的反射值明显低于柏油路、红色透水路面、绿色透水路面和绿色湿透水路面。对于反射值的波峰波谷，在可见光范围内，红色透水路面波动周期相对更长，在可见光范围内有明显的反射率陡坡。

从湿柏油路、柏油路、红色透水路面、绿色透水路面、绿色湿透水路面地物反射率看，大约在 350～1 850 nm 的紫外可见光谱区域、近红外短波及部分近红外长波范围内，湿柏油路的反射率明显低于柏油路、红色透水路面、绿色透水路面和绿色湿透水路面。

3. 海绵城市典型人工地物光谱特征分析

对于城市来说，植被、裸土、水体、人工地物（如硬化地面、建筑物及屋顶等）对应的地物光谱特征为城市下垫面典型地物光谱特征。海绵城市径流控制及面源污染控制建设目标中，在建筑小区、道路、公园等场景中对不透水面进行透水性改造，是海绵建设的重要内容。海绵城市对应的下垫面透水性铺装人工材料光谱数据是城市本底光谱库的增量部分。这些人工材料主要包括透水砖、透水地板、道路及停车场的透水沥青等，典型人工地物如图 6.23 所示。

随着海绵城市建设持续推进，建立并维护各种人工材料对应的光谱特征，有利于动态监测海绵城市下垫面建设分布情况，以及在未来进一步定量监测海绵城市渗透性铺装区域渗透能力。图 6.24 为不同透水铺装材料的透水路面及对应反射率对比情况。

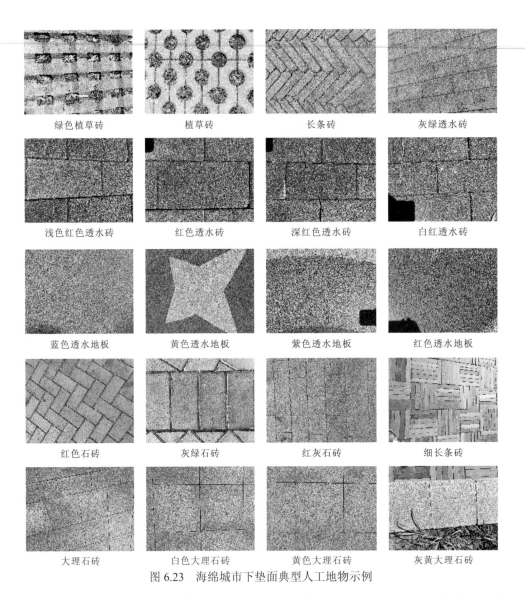

绿色植草砖	植草砖	长条砖	灰绿透水砖
浅色红色透水砖	红色透水砖	深红色透水砖	白红透水砖
蓝色透水地板	黄色透水地板	紫色透水地板	红色透水地板
红色石砖	灰绿石砖	红灰石砖	细长条砖
大理石砖	白色大理石砖	黄色大理石砖	灰黄大理石砖

图 6.23 海绵城市下垫面典型人工地物示例

　　理论上，掌握了不同透水铺装材料对应的光谱特征，一方面可以动态监测海绵城市下垫面建设情况；另一方面，也可以在对比分析长时间序列地物透水性分布的基础上，定量分析透水性铺装材料透水能力的运行情况。同时，还可以比对真实场景中不同材料的透水能力时间变化情况，进而为海绵城市建设实施工程的材料选样提供一定程度的信息支持。不同新旧程度、不同干湿程度、不同表面污染物附着程度的海绵城市人工材料，其光谱特征也具有一定的差异。

　　图 6.25 以绿色透水混凝土为例，对比了其在新、旧、半新三种状态下的光谱特征。由图可见，新旧程度对混凝土反射值变化情况影响不显著。

　　图 6.26 为绿色透水混凝土在干燥及湿润两种状态下的反射率对比情况。其中，测点采集为自然干燥状态下绿色透水混凝土的光谱特征；同时，在当前测点现场采用一定量的自来水进行浇灌后，立即采集湿润状态下绿色透水混凝土的光谱特征。从光谱对比图可以看到，在 1800～1900 nm 处，干、湿两种状态下的反射率都呈现波动状态，且阈值不同。

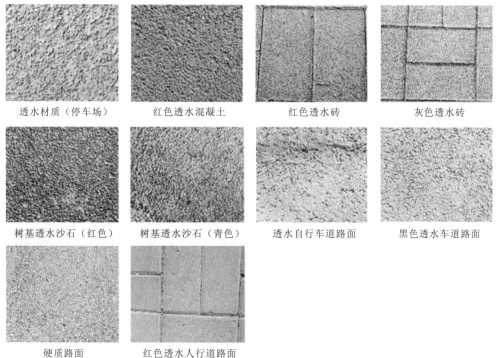

透水材质（停车场）　　红色透水混凝土　　红色透水砖　　灰色透水砖

树基透水沙石（红色）　树基透水沙石（青色）　透水自行车道路面　黑色透水车道路面

硬质路面　　红色透水人行道路面

（a）不同人工地物中的透水性材料图

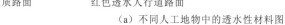

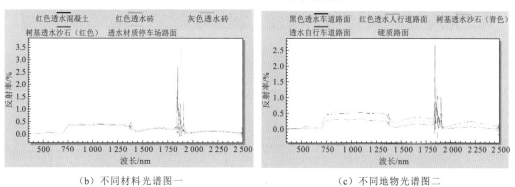

（b）不同材料光谱图一　　　　　　　　（c）不同地物光谱图二

图 6.24　不同透水铺装材料及场景对应的光谱反射率特征

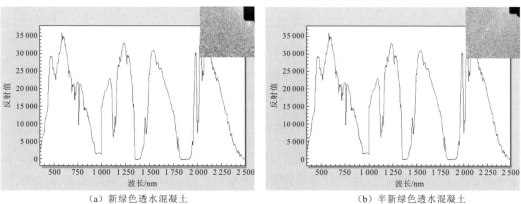

（a）新绿色透水混凝土　　　　　　　　（b）半新绿色透水混凝土

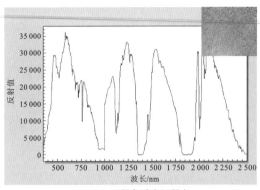

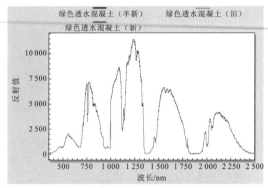

（c）旧绿色透水混凝土　　　　　　　（d）新、半新、旧绿色透水混凝土

图 6.25　不同新旧程度的绿色透水混凝土光谱特征

（a）干燥的绿色透水混凝土　　　　　　（b）湿润的绿色透水混凝土

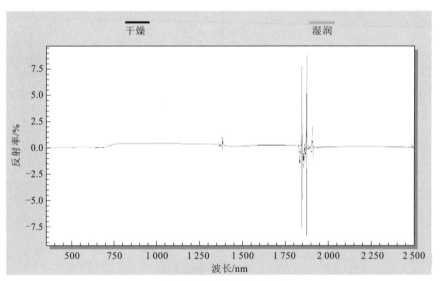

（c）干湿反射率光谱对比图

图 6.26　相同材质不同湿润程度的绿色透水混凝土光谱特征

这些地物的光谱数据是开展海绵城市建设全生命周期遥感监测的光谱本底档案。基于元数据信息如地物信息、地理位置查询对应的地物光谱信息，利用 SQL 查询操作语言，可对数据库中地物的某些属性进行简单的信息查询操作。

（1）地物编号查询：根据地物编号查询对应的地物光谱信息，并显示其他元信息，见图 6.27。

SQL 查询代码为 SELECT*FROM vegspechq.vegspectral where SampleID='724008'。

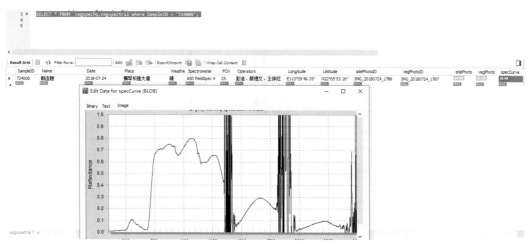

图 6.27　基于地物编号的高光谱样本数据库查询结果界面

（2）地物名称查询：根据地物名称查询对应的地物光谱信息，并显示其他元信息，见图 6.28。

SQL 查询代码为 SELECT*FROM vegspechq.vegspectral where Name Like '%榕树%'。

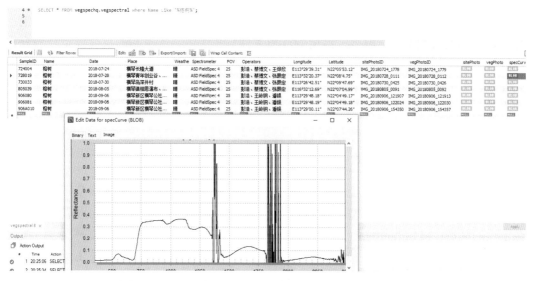

图 6.28　基于地物名称的高光谱样本数据库查询结果界面

（3）地理位置查询：根据地理位置信息查询对应的地物光谱信息，并显示其他元信息，见图 6.29。

SQL 查询代码为 SELECT*FROM vegspechq.vegspectral where Longtitude Like 'E113°29′45.19″'。

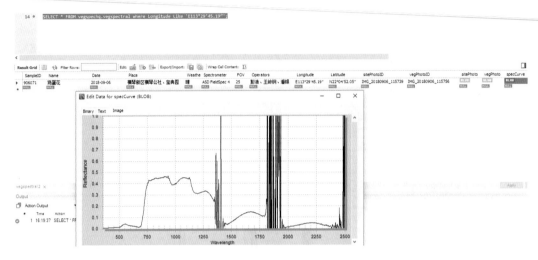

图 6.29　基于地理位置的高光谱样本数据库查询结果界面

6.4.2　基于三维探地雷达技术的海绵城市浅地表含水量监测方法

海绵城市建设可以增大城市下垫面的透水能力，这从某种程度上来说，增强了海绵区土壤的持水能力。当前，城市浅地表含水量的探测主要依赖于遥感技术。然而，受制于信号穿透深度，仅使用遥感技术无法完整地反映海绵体对透水层的影响效果。

探地雷达（ground penetrating radar，GPR）是一项高精度无损探测技术。不同介质的介电常数不同，电磁波的传播速度不同，也决定了电磁波在介质中不同的传播范围。介电常数与物质的组成、湿度、温度等环境条件有关。雷达接收到的反射波是介质介电特性的函数，对雷达图像数据的解释、判读和反演可以得到地层结构的厚度、压实度、孔隙率、含水量、渗透系数等重要水文参数指标（张蓓，2003）。通过向地下目标体如土壤水分界面等发射电磁波，并对反射电磁波进行处理和分析，可以探测浅层地表土壤水分含量。

1. 探地雷达探测原理

探地雷达的波速仅与介质本身的性质有关，不同介质入射波、反射波及折射波的波速有所不同，但波的方向遵循反射定律与折射定律（图 6.30）。电磁波和地震波在离场源很远的区域，波的等相位面在一定范围内可看成平面，其波场都转换为平面波。波动方程基本类似于地震波，电磁波在传播过程中遇到波阻抗不连续面时会发生反射。对于层状介质来说，不连续面可以是两个均质水平层中间的分界面，也可以是层内一个形状并不规则的缺陷。

介质的介电特性由介电常数 ε、电导率 σ、速度 v、磁导率 μ 来描述。对于常见的材料，大都属于非磁性，所以在实际应用中为简化计算常把其磁导率认为是 1。在图 6.30 中，θ_i、θ_r 和 θ_t 分别为入射角、反射角、折射角；E_i、E_r 与 E_t 分别为入射波、反射波和折射波的电场强度幅值；v_1、ε_{r1}、σ_1 分别为电磁波在上层介质的速度、介电常数、电

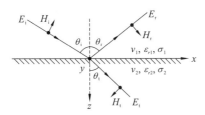

图 6.30 雷达波在分界面上的横电波和横磁波

导率；v_2，ε_{r2}，σ_2 分别为电磁波在下层介质的速度、介电常数、电导率；入射波、反射波和折射波对应的磁场强度分别记为 H_i、H_r、H_t。计算公式为

$$\begin{cases} H_i = E_i / \eta_1 \\ H_r = E_r / \eta_1 \\ H_t = E_t / \eta_2 \end{cases} \tag{6.32}$$

式中：η_1 和 η_2 分别为上层介质和下层介质的波阻抗。

探地雷达介电系统之间的关系可以表示为式（6.33）；对于探地雷达的反射式探测，由于发射与接收天线之间的距离较近，探测时大多可假定电磁波几乎垂直入射与反射，即入射角 $\theta_i \approx 0$，雷达的反射系数 $R_{12\perp}$ 计算公式为式（6.34）。

$$\begin{cases} \theta_i = \theta_r \\ \dfrac{\sin\theta_i}{\sin\theta_t} = \dfrac{v_1}{v_2} \\ n = \dfrac{\sin\theta_i}{\sin\theta_t} = \dfrac{v_1}{v_2} = \sqrt{\dfrac{\varepsilon_{r2}}{\varepsilon_{r1}}} \end{cases} \tag{6.33}$$

$$R_{12\perp} = \frac{1 - \sqrt{\varepsilon_{r2}/\varepsilon_{r1}}}{1 + \sqrt{\varepsilon_{r2}/\varepsilon_{r1}}} = \frac{\sqrt{\varepsilon_{r1}} - \sqrt{\varepsilon_{r2}}}{\sqrt{\varepsilon_{r1}} + \sqrt{\varepsilon_{r2}}} \tag{6.34}$$

因此，在一般的探地雷达探测条件下，反射与透射情况取决于分界面两侧的介电常数。即在对浅层地表探测的过程中，能够通过测得的能量来确定地表的构造，进而判断地表土壤及水分等情况。

2. 土壤的相对介电系数及与含水率的关系

土是由水、土颗粒和空气组成的。土层中的含水率和孔隙率不均匀的情况下，土层的介电常数值会发生明显变化。土壤介电常数是计算土层含水率的关键因子。目前常用经验公式根据土壤介电常数确定含水率，见式（6.35）和式（6.36）：

$$\varepsilon_r = 3.03 + 9.3\theta_v + 146.0\theta_v^2 - 76.6\theta_v^3 \tag{6.35}$$

$$\theta_v = -5.3\times10^{-2} + 2.92\times10^{-2}\varepsilon_r - 5.5\times10^{-4}\varepsilon_r^2 + 4.3\times10^{-6}\varepsilon_r^3 \tag{6.36}$$

式中：ε_r 为土层相对介电常数；θ_v 为土体的体积含水率。

基于探地雷达的土壤含水率测量方法主要有钻孔雷达法、固定距离法、多偏移距法和雷达信号属性法。

（1）钻孔雷达法通过将接收天线和发射天线放入不同的钻孔中，利用电磁波传播时间和两天线之间的距离算出电磁波传播速度，进而换算出土层的介电常数。

（2）固定距离法保持发射天线与接收天线以固定距离沿地面移动[图 6.31（a）]，进而得到电磁波传播速度，最终求出土壤的介电常数。

（3）多偏移距法保持发射天线与接收天线围绕中心点向移动[图 6.31（b）]，通过测量天线间的移动距离，并追踪连续的反射波计算电磁波的介质传播速度，进而计算出土壤含水量。

$$v = \frac{2\sqrt{d^2 + (0.5a)^2}}{t} \tag{6.37}$$

式中：v 为电磁波在土层剖面传播的平均速度；d 为反射面的深度；a 为天线间距离；t 为反射波的到达时间。

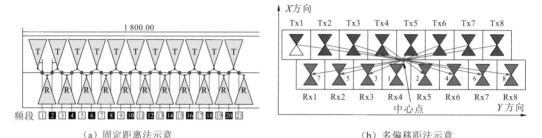

（a）固定距离法示意　　　　　　　　　　　　　（b）多偏移距法示意

图 6.31　探地雷达测量原理示意图

（4）雷达信号属性法广泛利用反射系数和雷达信号振幅与介电常数的关系计算介质的含水量。以地面反射法为例，由于空气的介电常数为 1，雷达天线与地面有一定距离，先测量地面与空气交界面反射系数 R，即可推算出介质的介电系数 ε。同时，反射系数与探地雷达电磁波振幅有关。结合式（6.34），计算 ε 的公式为

$$\begin{cases} R = \dfrac{1 - \sqrt{\varepsilon}}{1 + \sqrt{\varepsilon}} \\ R = \dfrac{A_m}{A_n} \end{cases} \Rightarrow \varepsilon = \left(\frac{1 + \frac{A_m}{A_n}}{1 - \frac{A_m}{A_n}} \right)^2 \tag{6.38}$$

式中：A_m 为探地雷达电磁波振幅；A_n 为雷达天线高度不变时，在地面放置比雷达面积大的金属板测得的电磁波振幅。

3. 基于探地雷达的海绵城市浅层地表含水量监测案例

三维探地雷达为地表分析提供丰富的电磁波频率成分。其中，低频成分具有较深的穿透能力，能够获得地表以下浅层土壤或地表海绵材料的物理参数，在测量建筑材料的实时能力方面具有良好的效果。同时，雷达天线阵列支持三维即时扫描及多偏移距测量模式，为快速准确的原位测试奠定了良好的数据基础。接下来主要从海绵城市常用透水砖的持水性能、野外测量浅层地表含水量两个方面，研究基于探地雷达的海绵城市浅层地表含水量监测。

1）常用透水砖的持水性能分析

通过分析不同材质的海绵材料在加水状态下的介电常数，可以判断对应材料的透水

能力分布特征，进而为海绵城市建设选择透水率较强的材质提供信息支撑。透水砖持水能力研究的目标是对比不同材质的透水砖在一定含水量下的介电常数分布特征。通过提取探地雷达监测方法，计算出不同材质的透水砖介质中的电磁波速度信息（图 6.32）。可以看到，普通型透水砖15%含水量静置24 h后的电磁波速度较不含透水砖的电磁波速更加均匀。

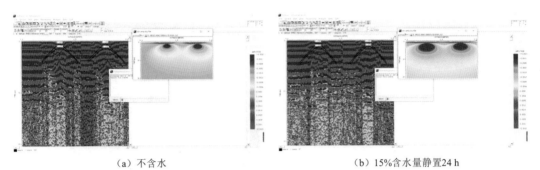

(a) 不含水   (b) 15%含水量静置24 h

图 6.32　普通型透水砖电磁波速度图

在计算出电磁波速之后，可以结合含水量经验公式拟合不同介质的含水量与介电常数。图 6.33 显示了防堵塞型透水砖、普通透水砖、陶瓷透水砖在不同状态下的含水量分布特征。其中，防堵塞型透水砖分为深部、浅部两种位置状态的防堵塞用材设计的透水砖，普通透水砖与陶瓷砖均包含了大、小两种选型透水砖，分别测试了 6 种透水砖材料在不含水状态、含水量为 5%、10%、15%三组状态及其对应放置 24 h 状态下的介电常数。

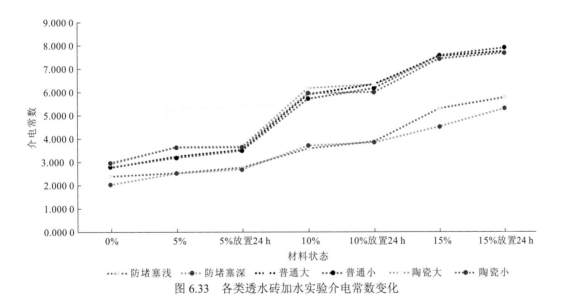

图 6.33　各类透水砖加水实验介电常数变化

由图 6.33 可知，从材料状态来看，随着含水率的增加（由 0%增加至 15%），6 种海绵材料的介电常数都在增大；并且，从介电常数与加水放置时间的关系看，6 种海绵材料在透水率为 5%、10%、15%时的介电常数都比放置 24 h 后（对应为 5%放置 24 h、10%放置 24 h、15%放置 24 h）的介电常数略小。该现象可能原因是海绵材料内部因孔隙水扩散呈现出更均匀的水分分布，因此介质的介电常数呈现出略有增加的特征。

2）野外测量浅层地表含水量

采用共偏移距测量模式下的电磁波速度分析方法，基于三维探地雷达采集浅层地表含水量的采集现场如图 6.34 所示。该野外作业测量了以裸土为代表的透水面浅层含水量，以及普通混凝土不透水材料、海绵透水材料对应的电磁波谱特征。

（a）裸土透水地表监测距离量测

（b）裸土透水地表含水量信息采集

（c）不透水面含水量信息采集

（d）不透水面含水量采集显示设备

图 6.34　浅层地表含水量野外测量图

团队张双喜教授以南干渠海绵公园为野外实地测量区，测量海绵（透水路面）材料和沥青混凝土路面材料在不同含水状态下的介电常数，并经合经验公式估算浅层地表水的含水量。结果显示南干渠海绵材料垂向透水性较好，地表水分可渗透进入下伏土壤层储存；沥青混凝土材料由于透水性较差，地表水大部分流失，小部分渗入基层，只有很小的一部分能进入土壤层。其中，实地海绵透水材料对应的速度谱分析及透水层速度获取结果见图 6.35 和图 6.36。

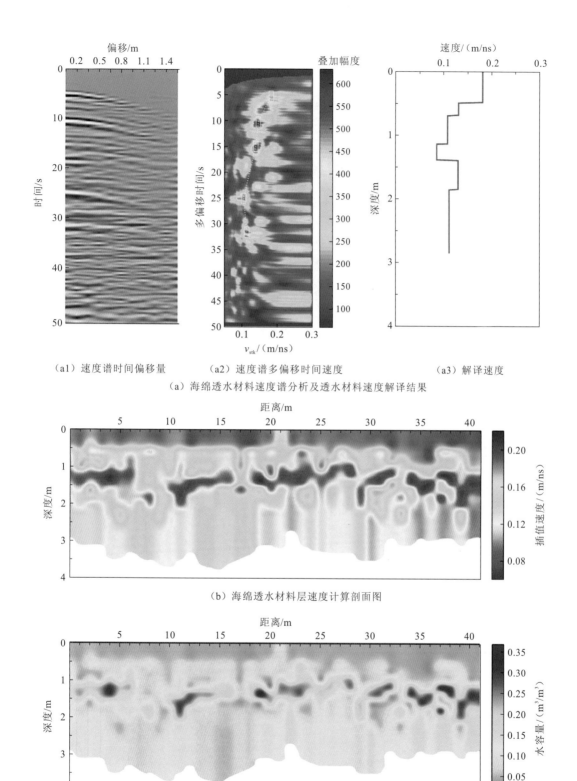

（a1）速度谱时间偏移量　　　（a2）速度谱多偏移时间速度　　　　（a3）解译速度

（a）海绵透水材料速度谱分析及透水材料速度解译结果

（b）海绵透水材料层速度计算剖面图

（c）海绵透水材料水容量反演剖面图

图 6.35　海绵透水材料的速度谱分析、速度计算剖面及水容量反演剖面图

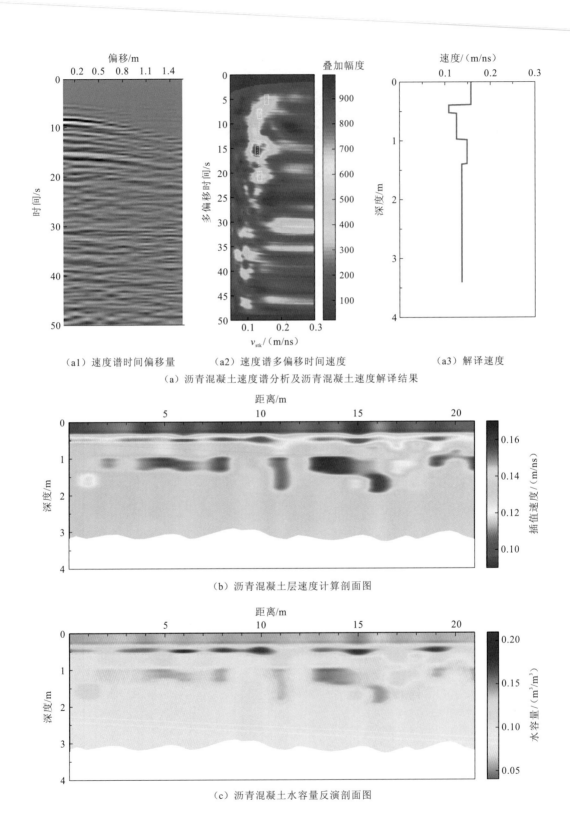

（a1）速度谱时间偏移量　　　（a2）速度谱多偏移时间速度　　　　（a3）解译速度

（a）沥青混凝土速度谱分析及沥青混凝土速度解译结果

（b）沥青混凝土层速度计算剖面图

（c）沥青混凝土水容量反演剖面图

图 6.36　沥青混凝土的速度谱分析、速度剖面及水容量反演剖面图

6.4.3 基于光学和 LiDAR 数据的海绵城市地上生物量动态监测方法

地上生物量（AGB）是指某一时刻单位面积内积累的有机质（干重）总量，包括树干、树枝和树叶的总量，单位一般为 kg/m^2，是衡量固碳能力的重要指标，也是评估区域碳平衡的重要参数。准确估算地上生物量是研究地球碳循环和全球气候变化的重中之重。植被对雨水滞留、雨水净化、吸纳多余城市降雨等都有着重要意义，也是海绵城市重要保护的对象。因此，监测海绵城市地上生物量，对海绵监测也十分必要。

LiDAR 具有很强的穿透力，能够得到与地上生物量监测密切相关的植被垂直结构信息。光学数据能够提供丰富的冠层光谱及纹理信息，但是存在信号饱和问题，从而制约了城市地上生物量反演精度。本小节以 Zhang 等（2021）基于 LiDAR 先验知识构建的光学微波协同生物量反演模型，开展横琴地上生物量反演为例，介绍城市地上生物量动态监测方法，为海绵城市地上生物量监测提供思路参考。

利用 2018 年高分影像和 WorldView 影像，计算了 3 组光学变量：4 个光谱波段、14 个光谱指数和 8 个纹理特征，并采用分层随机采样获得的训练数据集，对比了 K 最近邻（KNN）法、误差反向传播神经网络（back propagation neural network，BPNN）、支持向量机（SVR）、随机森林（RF）及多元逐步线性回归模型方法监测反演城市植被生物量的优缺点。结果显示，采用随机森林方法估测的地上生物量与地面验证集最为接近。

采用 RF 方法建立横琴生物量估算模型，采用蓝光（B）、绿光（G）、红光（R）、近红外光（NIR)4 个波段和 9 种植被指数及广泛用于森林结构特征的描述缨帽变换(tasseled cap transformation，TCT）的 5 种相关变量。其中，归一化植被指数（NDVI）和土壤调节植被指数（SAVI）在 4.2.1 节中有具体介绍，此处不再赘述。式（6.39）～式（6.45）中，B、G、R 和 NIR 分别为蓝光反射率、绿光反射率、红光反射率和近红外反射率。

（1）植被采样率指数（simple ratio vegetation index，SRVI）的计算公式为

$$SR = \frac{NIR}{R} \tag{6.39}$$

（2）增强植被指数（EVI）的计算公式为

$$EVI = \frac{2.5 \times (NIR - R)}{1 + NIR + 6 \times R - 7.5 \times B} \tag{6.40}$$

（3）改进土壤植被调节指数（modified soil adjusted vegetation index，MSAVI）的计算公式为

$$MSAVI = NIR + 0.5 - \sqrt{(NIR + 0.5)^2 - 2 \times (NIR - R)} \tag{6.41}$$

（4）优化土壤植被调节指数（optimized soil-adjusted vegetation index，OSAVI）的计算公式为

$$OSAVI = (1 + 0.16)\frac{NIR - R}{NIR + R + 0.16} \tag{6.42}$$

（5）绿色叶绿素指数（green chlorophyll index，Cl_{green}）的计算公式为

$$Cl_{green} = \frac{NIR}{G} - 1 \tag{6.43}$$

（6）大气阻抗植被指数（atmospherically resistant vegetation index，ARVI）的计算公

式为

$$\mathrm{ARVI} = \frac{\mathrm{NIR} - (2 \times R - B)}{\mathrm{NIR} + (2 \times R - B)} \tag{6.44}$$

（7）绿色植被指数（green vegetation index，$\mathrm{VI_{green}}$）的计算公式为

$$\mathrm{VI_{green}} = \frac{G - R}{G + R} \tag{6.45}$$

（8）采用缨帽变换亮度（tasseled cap brightness，TCB）、缨帽变换绿度（tasseled cap greenness，TCG）、缨帽变换湿度（tasseled cap wetness，TCW）及缨帽变换角度（tasseled cap angle，TCA）与缨帽变换距离（tasseled cap distance，TCD）进行森林结构线性描述。其中，TCA 和 TCD 的计算公式为

$$\mathrm{TCA} = \arctan \frac{\mathrm{TCG}}{\mathrm{TCB}} \tag{6.46}$$

$$\mathrm{TCD} = \sqrt{\mathrm{TCG}^2 + \mathrm{TCB}^2} \tag{6.47}$$

使用近红外影像，采用灰度共生矩阵（grey level co-occurrence matrices，GLCM）提取 8 种纹理特征，选择 3×3 窗口大小进行纹理特征的计算。式（6.48）～式（6.55）中，$P_{i,j}$ 代表代表行号、列号 i 和 j 的像元值，N 代表分析窗口大小，本小节中 $N = 3$。

（1）均方根（mean，ME）的计算公式为

$$\mathrm{ME} = \sum_{i,j=0}^{N-1} i \times P_{i,j} \tag{6.48}$$

（2）一致性（homogeneity，HO）的计算公式为

$$\mathrm{HO} = \sum_{i,j=0}^{N-1} i \times \frac{P_{i,j}}{1 + (i - j)^2} \tag{6.49}$$

（3）对比度（contrast，CON）的计算公式为

$$\mathrm{CON} = \sum_{i,j=0}^{N-1} i \times P_{i,j} (i - j)^2 \tag{6.50}$$

（4）异质性（dissimilarity，DI）的计算公式为

$$\mathrm{DI} = \sum_{i,j=0}^{N-1} i \times P_{i,j} |i - j| \tag{6.51}$$

（5）熵（entropy，EN）的计算公式为

$$\mathrm{EN} = \sum_{i,j=0}^{N-1} i \times P_{i,j} (-\ln P_{i,j}) \tag{6.52}$$

（6）偏差（variance，VAR）的计算公式为

$$\begin{cases} \mathrm{VAR} = \sum_{i,j=0}^{N-1} P_{i,j} \times (1 - \mu_i) \\ \mu_i = \sum_{i=0}^{N-1} i \times \sum_{j=0}^{N-1} P_{i,j} \end{cases} \tag{6.53}$$

（7）二次滑动（second moment，SM）的计算公式为

$$\mathrm{SM} = \sum_{i,j=0}^{N-1} i \times P_{i,j}^2 \tag{6.54}$$

（8）相关性（correlation，COR）的计算公式为

$$
\begin{cases}
\mathrm{COR} = \sum_{i,j=0}^{N-1} i \times \dfrac{\displaystyle\sum_{i,j=0}^{N-1} i \times j \times P_{i,j} - \mu_i \times \mu_j}{\sigma_i^2 \times \sigma_j^2} \\[4mm]
\mu_i = \sum_{i=0}^{N-1} i \times \sum_{j=0}^{N-1} P_{i,j} \\[4mm]
\mu_j = \sum_{j=0}^{N-1} j \times \sum_{j=0}^{N-1} P_{i,j} \\[4mm]
\sigma_i^2 = \sum_{i=0}^{N-1} (i-\mu_i)^2 \times \sum_{j=0}^{N-1} P_{i,j} \\[4mm]
\sigma_j^2 = \sum_{j=0}^{N-1} (j-\mu_j)^2 \times \sum_{j=0}^{N-1} P_{i,j}
\end{cases}
\tag{6.55}
$$

图 6.37 为横琴新区 10 年植被碳储量变化趋势，可以看到，2009～2014 年，横琴新区的碳储量总体逐年减少，其中大部分的森林、山区并未有所改变，而建成区的扩张使一部分草地被破坏，城市区域内的草地面积大幅减少，草地的碳储量明显减少，这也是城市建设初期给自然生态带来的破坏。2016 年，珠海获批成为海绵试点城市，将横琴新区 20.06 km² 纳入了示范区，采用政府和社会资本合作模式，已完成横琴湿地公园一、二期工程建设，66 万 m² 滨海湿地得到了生态修复。其中，由于海绵城市投入建设初期施工等原因，部分草地被施工项目破坏，呈现出裸土地貌，草地碳储量有所下降，该年的碳储量曲线有明显下降；在海绵城市建设完成后，由于海绵城市的建设成果和城市生态恢复的统筹推进，2017 年的草地碳储量大幅增加。

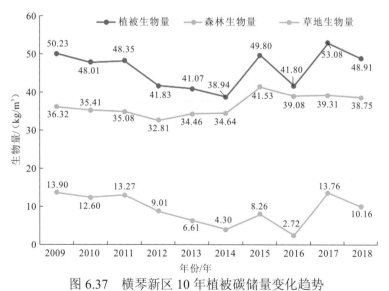

图 6.37　横琴新区 10 年植被碳储量变化趋势

6.4.4　基于天空地多传感器集成的海绵城市水系统动态监测方法

我国水系发达，江、河、湖、库、湿地等分布范围广，城市水系统水生态环境及自然地貌等情况监测参数多样化，仅使用地表布网及人工的常规定点/移动采样方式无法有效覆盖全部监测区域。因此，在我国全域推进海绵城市建设进程中，面向地理位置、气象水文、生态本底各异的海绵城市规划调查、建设及运维等业务需求，利用空-天-地协同的遥感和物联网相结合的手段，开展流域、区域、城市多尺度下垫面海绵城市水系统环境遥感监测，可以在一定程度实现海绵建设的科学支撑。图 6.38 展示了空-天-地-水下多传感器集成监测体系。

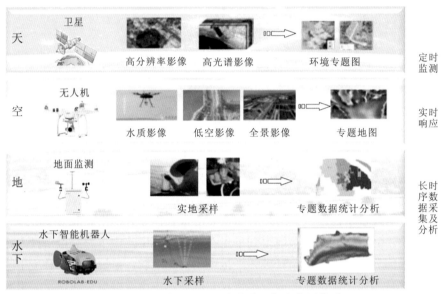

图 6.38   天-空-地-水下多传感器集成监测体系

地表实测数据主要来源于作业人员的实测及对各类历史数据的统计分析结果。在天基和空基的遥感监测方面，地表实测数据主要起到校验和率定的作用，与其他传感器所获得的数据一同为海绵城市遥感监测提供数据支撑。除了采用遥感技术监测水资源环境状态信息，还可以采用智能机器人进行水下固定点位及重点监测区域的水质提取。水下智能机器人的监测很好地弥补了地形及其他原因造成的数据缺失问题。

从海绵城市水系统环境数据处理的角度分析，整体监测流程主要分为卫星遥感监测和空地应急监测两个层面，见图 6.39。其中：常见的 Landsat、Sentinel 系列卫星，以及我国的高分系列卫星、环境星等，可以实现面向长时序、大范围事件的日常监测；空地应急监测主要面向突然爆发洪涝灾害或污染事件，以机动性强的无人机监测为主。

在内陆水体的水环境监测过程中，水体的光学特性复杂多变，因此需要较高的光谱分辨率，而捕捉快速变化的污染水体范围需要较高的时间分辨率。MODIS、高分 4 号、风云 4 号等卫星可以为水环境监测提供服务。这些遥感影像的空间分辨率及光谱分辨率较低，可以进一步融合 Landsat、Sentinel 2 及高分系列卫星（1 号、2 号）等多源遥感影像开展水环境遥感监测。珠海一号高光谱检测卫星的空间分辨率为 10 m，幅宽为 150 km，信噪比优于 300，光谱范围为 400～1 000 nm，其设有 32 个波段，光谱分辨率为 2.5 nm，4 颗珠海一号高光谱卫星组网的重访周期为 2 天，对于水环境尤其是湖库水环境监测具有较为良好的作用，能够进行水质反演、黑臭水体识别、水环境遥感监测及各类专题图表达等工作（洪韬，2019）。

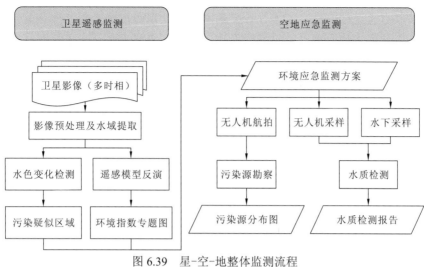

图 6.39 星-空-地整体监测流程

在空中监测层面，主要是通过无人机获取小范围地表高分辨率产品。无人机低空摄影测量技术能够获取小面积、真彩色、大比例尺、现势性强的遥感数据，在基础地理数据获取方面具有较好的效果，逐渐成为各类地面模型、地形数据及三维建模的有效数据源，同时为海绵城市土地利用分类、地形等水文过程模拟必需的参数的获取提供了数据支持，为精细化水文过程模拟提供保障。其在水文过程模拟中的主要应用包括以下几个方面。

（1）获取基础地理信息数据。相较于卫星获取的大范围影像，无人机能够针对特定的研究区域拍摄对应的大比例尺影像，同时可以根据不同的作业需求更换所携带的相机，直接满足水环境参数的测量需求，节约时间及人力成本。表 6.6 总结了无人机在洪涝模拟方面的相关应用案例。

表 6.6   无人机摄影测量技术应用于洪涝模拟的研究案例

文献	洪涝时间	事件地点	面积/km²	无人机样式	相机样式/描述	洪涝监测应用
Tokarczyk 等（2015）	2014 年 3 月	瑞士卢塞恩 Wartegg 流域	约 0.77 （77 hm²）	Sensefly eBee 固定翼	佳能 IXUS 127 HS，16 Mpix sensor	提取城市不透水率，用于 SWMM 建模
Langhammer 等（2017）	2013 年 5 月	捷克共和国舒马瓦山脉 Javoří 河	11	MikroKopter Hexa XL	佳能 EOS 550D	提取 DEM，用于精细洪涝模拟
Mourato 等（2017）	2015 年 8 月	葡萄牙蒙德古河附近 Lis 河	18	Sensefly eBee，固定翼	佳能 PowerShot ELPH 110 HS	提取影像、河道断面及水位信息
Barreiro 等（2014）	未说明	未说明	约 0.06 （6 hm²）	Eight propeller Mikrokopter Okto XL	索尼 Nex 7，24.3 MP 像素	提取精细 DEM，揭示汇流路径特征
刘佳明（2016）	未说明	武汉市汉阳区十里铺小区	2.51	未说明	未说明	获取高分辨率 DEM
侯精明等（2018）	2016 年 8 月	陕西省西咸新区	12	eBee	16 万像素	提取土地利用与地形，用于精细化城市洪涝模拟

注：总结自程涛等（2019）

（2）获取水文过程数据。在进行各类水文过程模拟时，除了需要遥感数据，还会使用无人机直接获取水体等地表信息制成专题图。如在洪涝灾害发生过程中，在遥感卫星不能即时获取数据，且人工不易探查的情况下，可以使用无人机从多个角度查看受灾情况、险情特征，并实时提供灾区的高精度影像，为救人员提供数据支持。

（3）其他应用。空-地联合的多源数据也可以为水资源调查、水资源评价等提供有效的信息支撑。比如，在众多水问题中，地下水潜力带（groundwater potential zones，GWPZ）的勘探非常必要。Shao 等（2020）以山西省为例，通过模糊数学方法-单平台层次分析法，将遥感技术和地理信息系统集成到地下水潜力带的划分研究中（图 6.40）。该研究为山西省地下水可持续发展战略规划和管理提供了综合依据，对设计可持续的地下水战略具有重要意义。

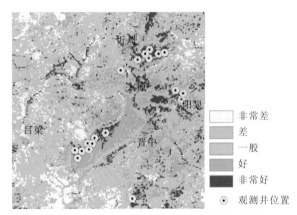

图 6.40　山西省地下水潜力带划分结果局部图

参 考 文 献

曹入尹, 陈云浩, 黄文江, 2008. 面向作物病害识别的高光谱波谱库设计与开发. 自然灾害学报, 17(6)：73-76.

程涛, 徐宗学, 洪思扬, 等. 2019. 城市洪涝模拟中无人机摄影测量技术应用进展. 水力发电学报, 38(4): 1-10.

甘迪龙, 2013. 湿地典型植物光谱及其数据库系统研究. 杭州: 杭州师范大学.

何宇, 向天毅, 凌志文, 等, 2019. 基于地质雷达的透水砖铺装道路结构层厚检测方法试验研究. 萍乡学院学报, 36(3): 21-25.

洪韬, 2019. 珠海一号高光谱卫星在内陆湖泊监测中的应用. 卫星应用(8): 19-22.

侯精明, 王润, 李国栋, 等, 2018. 基于动力波法的高效高分辨率城市雨洪过程数值模型. 水力发电学报, 37(3): 40-49.

刘佳明, 2016. 城市雨洪放大效应及分布式城市雨洪模型研究. 武汉: 武汉大学.

刘军, 邵振峰, 2011. 基于特征结构相似度的遥感影像融合质量评价指标. 光学学报, 40(1): 126-131.

孟祥超, 2017. 多源时-空-谱光学遥感影像的变分融合方法. 武汉: 武汉大学.

乔尔, 2011. 探地雷达理论与应用//雷文太, 等, 译. 北京: 电子工业出版社.

屈永华, 刘素红, 王锦地, 等, 2004. 中国典型地物波谱数据库的研究与设计. 遥感信息(2): 5-8.

田庆久, 宫鹏, 2002. 地物波谱数据库研究现状与发展趋势. 遥感信息(3): 2-6, 46.

万余庆, 谭克龙, 周日平, 等, 2006. 高光谱遥感应用研究. 北京: 科学出版社.

谢宏全, 刘军生, 卢霞, 2012. 浒苔反射光谱库系统设计与实现. 海洋环境科学, 31(4): 603-606.

荀毓龙, 1991. 遥感基础实验与应用. 北京: 中国科学技术出版社.

曾超, 2014. 时空谱互补观测数据的融合重建方法研究. 武汉: 武汉大学.

张磊, 2017. 基于 Landsat 时间序列影像的区域不透水面提取研究. 武汉: 武汉大学.

张蓓, 2003. 路面结构层材料介电特性及其厚度反演分析的系统识别方法: 路面雷达关键技术研究. 重庆: 重庆大学.

郑明福, 张加晋, 杨坤, 2007. 南水北调中线工程典型地物光谱数据库的建立. 人民长江, 38(10): 15-16.

BARREIRO A, DOM NGUEZ J M, CRESPO A J, et al., 2014. Integration of UAV photogrammetry and SPH modelling of fluids to study runoff on real terrains. Plos One, 9(11): e111031.

DEMPSTER A P, 1967. Upper and lower probabilities induced by a multivalued mapping. Annals of Mathematical Statistics, 38(2) : 325-339.

HIRSCHMUGL M, GALLAUN H, DEES M, et al., 2017. Methods for mapping forest disturbance and degradation from optical earth observation data: A review. Current Forestry Reports, 3(1): 32-45.

LANGHAMMER J, BERNSTEINOV J, MIŘIJOVSK J, 2017. Building a high-precision 2D hydrodynamic flood model using UAV photogrammetry and sensor network monitoring. Water, 9(11): 861.

LEEMAN V, 1971. The NASA earth resources spectral information system: A data compilation. Ann Arbor: Michgan University.

MOURATO S, FERNANDEZ P, PEREIRA L, et al., 2017. Improving a DSM obtained by unmanned aerial vehicles for flood modelling. IOP Conference Series: Earth and Environmental Science, 95(2): 022014.

QUINTANO C, FERNÁNDEZ-MANSO A, FERNÁNDEZ-MANSO O, 2018. Combination of Landsat and Sentinel-2 MSI data for initial assessing of burn severity. International Journal of Applied Earth Observation and Geoinformation, 64: 221-225.

SHAO Z, CAI J, 2018. Remote sensing image fusion with deep convolutional neural network. IEEE Journal of Selected Topics in Applied Earth Observations and Remote Sensing, 11(5): 1656-1669.

SHAO Z, LIU J,CHENG Q, 2012. Fusion of infrared and visible images based on focus measure operators in the curvelet domain. Applied Optics, 51(12): 1910-1921.

SHAO Z, FU H, FU P, et al., 2016. Mapping urban impervious surface by fusing optical and SAR data at the decision level. Remote Sensing, 8(11): 945.

SHAO Z, CAI J, FU P, et al., 2019. Deep learning-based fusion of Landsat-8 and Sentinel-2 images for a harmonized surface reflectance product. Remote Sensing of Environment, 235: 111425.

SHAO Z, HUQ M E, CAI B, et al., 2020. Integrated remote sensing and GIS approach using Fuzzy-AHP to delineate and identify groundwater potential zones in semi-arid Shanxi Province, China. Environmental Modelling and Software, 134: 104868.

TOKARCZYK P, LEITAO J P, RIECKERMANN J, et al., 2015. High-quality observation of surface imperviousness for urban runoff modelling using UAV imagery. Hydrology and Earth System Sciences, 19(10): 4215-4228

WAR S A P, MALWADKAR S, 2012. A review: Image fusion techniques for multisensor images. International Journal of Advanced Research in Electrical Electronics and Instrumentation Engineering, 4(1): 406-410.

ZHANG Y, SHAO Z, 2021. Assessing of urban vegetation biomass in combination with LiDAR and high-resolution remote sensing images. International Journal of Remote Sensing, 42(3): 964-985.

ZHU X, HELMER E H, GAO F, et al., 2016. A flexible spatiotemporal method for fusing satellite images with different resolutions. Remote Sensing of Environment, 172: 165-177.

第7章 面向城市水系统的
海绵城市遥感监测方法

　　城市的发展离不开水。随着经济发展和城市化进程的加快，城市产业结构会发生变化，城市用水结构也会相应地发生变化，进而导致城市水系统问题也越来越多，水资源供需矛盾突出、水环境恶化、洪涝灾害和突发事故严重、现有城市水系统基础设施逐渐趋向老化等城市水问题日益成为经济可持续发展的制约因素，2021年7月德国西部莱茵兰-普法尔茨州和北莱茵-威斯特法伦州和我国的郑州等地相继暴发严重城市内涝。

　　遥感技术是海绵城市建设的一项重要基础技术。从地区或流域尺度来看，遥感技术可以宏观监测海绵城市建设对水资源量、水安全、水环境的影响，可以支撑海绵城市建设对应的生态环境效应的客观评估。本章以面向城市水系统的海绵城市遥感监测为目标，介绍遥感可监测的水系统要素，具体阐述城市水系统遥感监测方法，分享海绵城市水系统遥感监测实例，以期为海绵城市建设提供水系统视角的遥感监测应用思路。

7.1　海绵城市水系统及要素遥感监测技术

　　城市水系统是城市化地区为水资源开发、利用、治理、配置、节约和保护而进行的防洪、水资源开发、供水、输水、用水、排水、污水处理与回用，以及跨区域调水等涉水事务的总称。本节从分析城市水系统组成出发，阐述海绵城市水系统循环模式，并以城市水系统中典型要素的遥感监测为例，探讨海绵城市水系统的遥感监测方法。

7.1.1　海绵城市水系统组成

　　城市水资源的空间分布和水资源利用设施的空间结构尤如覆盖在城市的一张网，承载着整个城市的水循环。本小节主要从水资源、用水、供水、排水4个方面介绍城市水网构成的海绵城市水系统（图7.1）。

　　（1）海绵城市水资源。城市水资源是城市水系统的主体。按照水资源形成方式，可以将水资源划分为自然水资源和再生水资源。自然水资源是指自然降水、蒸发、下渗、汇流等过程赋存在地表或地下的水资源；再生水资源是指废水或雨水经适当处理后，达到一定的水质指标，满足某种使用要求，可以进行有益使用的水。地表水主要指分布在地表，如分布在江、河、湖、库、沟渠中的水体；在国家标准《水文地质术语》（GB/T 14157—1993）中，地下水是指埋藏在地表以下各种形式的重力水。地表水和地下水是大部分城市水资源的重要组成形式。图7.2显示了梧州市地表水资源分布情况。

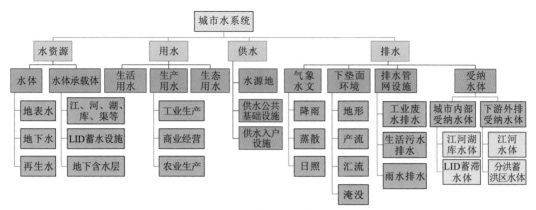

图 7.1 海绵城市水系统组成

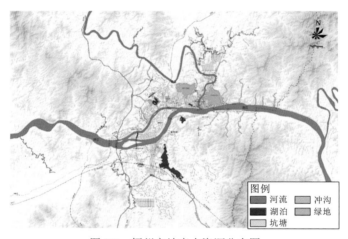

图 7.2 梧州市地表水资源分布图

（2）海绵城市用水。城市用水指城市水资源的使用，一般分为生产用水、生活用水及生态用水。生产用水包括工业生产用水、商业用水、农业生产灌溉用水等；生活用水主要提供城乡居民日常食用、盥洗、冲厕、洗车等用水；生态用水主要指景观水体用水、绿植植物灌溉用水等。

（3）海绵城市供水。城市供水是指将水资源经过一定处理后，通过供水公共基础设施，传输、运送到城市各类用水点的过程。城市水源一般包括赋存在水库或湖泊中的自然水体、从地下抽采的地下水，或经过淡化处理的海水。城市供水公共基础设施包括水站和供水管道等。

（4）海绵城市排水。城市排水指人为控制水体的流向、排出多余水量的措施。排水包括排除地表多余水量的治涝排水，也包括排出地下水量以控制地下水位的治渍排水。城市排水主要包括城市雨雪水排水系统、城市污水排水系统、工业废水排水系统。其中，城市雨雪水排水系统主要包括地表径流、排水设施及受纳水体等对象。

7.1.2 海绵城市水系统循环模式

全球气候变化及城镇化是出现城市水系统问题的重要原因。城市内涝、城市水质污染和城市缺水是城市水系统的基本问题，此外还有城市水生态退化、热岛效应和微气候等方面的问题。其中：城市内涝是由于大量降雨径流短时聚集影响城市功能正常运转而产生损失的一种灾害；城市水污染是由于污染物的排放量和排放速率大于水体的自净能力和净化速率而产生的水质退化现象；城市缺水则是由于城市经济社会对水资源的需求超过了城市所能提供的水资源量而出现的缺水现象。

1. 海绵城市水系统循环

水是生态与环境系统的核心要素，水资源是关键性自然资源和战略性经济资源，自人类社会开始利用水资源以来，以"降水—坡面—河道—地下"为基本过程的自然水循环结构和进程被打破，以"供水—用水—排水"为基本过程的社会经济系统水循环的通量、路径和结构不断成长演变，形成了"自然-人工"二元驱动力及结构的复合水循环系统（王浩，2011）。

海绵城市自然水循环及应用于城市生产、生活、生态的社会水循环共同构成了海绵城市水系统循环（王浩，2017；夏军 等，2017；李树平 等，2007）。城市水（循环）（邵益生 等，2014）系统是发生在城市区域内，以自然水循环为辅、以社会水循环为主导的水循环过程，如图7.3所示。其中：蒸发、降水、径流、下渗是自然水循环主要环节，是城市区域内气象水文过程；水源、供水、用水、排水是社会水循环过程的主要环节。

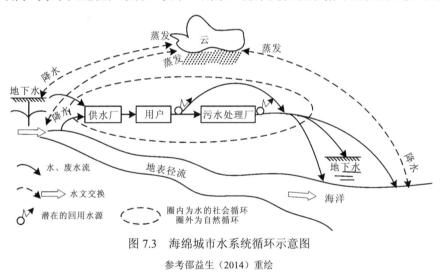

图7.3 海绵城市水系统循环示意图

参考邵益生（2014）重绘

2. 海绵城市水循环过程

海绵城市水循环过程如图7.4所示。从城市水资源承载视角看，在自然侧的森林、湖泊、湿地等天然海绵体与社会侧的雨水花园、绿色屋顶、生物滞留、透水路面、雨水再生利用等低影响开发技术措施共同作用下，增强城市降水向地层的下渗能力，促进城市降水向地表水源、地下土壤及地下水源的持续补充，将"降雨→下渗→产流→蒸散发→降雨"水系统气象循环转化为"降雨→下渗→土壤渗流→地下水补给→产流→蒸散发→降雨"循环模式。

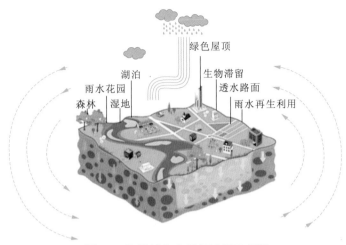

图 7.4　海绵城市水循环过程示意图

7.1.3　海绵城市水系统要素遥感监测技术

海绵城市是我国绿色可持续发展、生态城市建设和韧性城市建设的重要发展战略。在海绵城市推进进程中，需要动态定量监测海绵城市建设的生态水文效应。

遥感技术具有快速、大范围、动态监测地物光谱及物理性质的优势。长时间序列遥感影像可以周期性反演下垫面参数，如定量反演云产品、下垫面地表温度、土壤湿度、土壤含水量、下垫面调蓄库容量等信息；结合遥感反演的高时间、高空间分辨率的遥感参量，可以为海绵城市降雨径流水文水动力模型、城市热岛反演、植被生物量反演等定量模型提供精细的下垫面参数信息。遥感技术可以监测的海绵城市水系统要素如图 7.5 所示。

1. 海绵城市水体遥感监测

水体是海绵城市水系统的主体，也是海绵城市水系统的基本要素。遥感技术广泛应用在水体提取及水质反演等常态化提取及实时动态监测等研究中。基于时间序列遥感影像数据，可以动态监测江、河、湖、库、渠中的地表水水域面积变化情况。对于洪涝灾害高风险等重点监测区域，联合高空间分辨率的光学影像及可视条件较好的 SAR 影像，遥感技术可以对洪泛区、邻近河流的城乡低洼区等高风险渍涝区域新增水体开展动态监测研究。

2. 海绵城市水质遥感监测

可见光/近红外遥感的电磁辐射能够穿透一定深度的水体并被水中物质反射回水面到达遥感器，是水质检测最重要的数据源。对于海绵城市水系统重点治理的黑臭水体问题，基于黑臭水体与正常水体的颜色及光谱差异，遥感技术可以动态调查较大尺度的城市黑臭水体情况。热红外辐射往往用于获取水体表面温度信息。微波遥感无法穿透水体，一般用于获取水面粗糙的物质，如油膜、浒苔、波高等。利用多源遥感影像反演水体的叶绿素、泥沙含量、水温、水色等水质信息，可以进行水质反演、污染物扩散预报等。利用测高卫星，还可以开展水深反演研究。

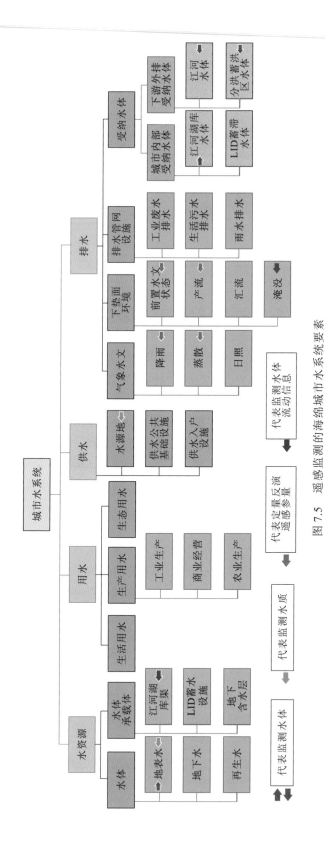

图 7.5 遥感监测的海绵城市水系统要素

3. 海绵城市水系统要素遥感参量定量反演

地球系统的温度、湿度、气溶胶、云水、云冰等是天气过程的关键参数，陆地和近地层温度和湿度信息也是地表水文过程的重要参数。可见光/近红外遥感可以用来反演地表温度信息，微波亮温数据可以用来反演土壤湿度。在城市降雨水文过程模拟中，利用遥感影像提取或反演下垫面用地类型、不透水面覆盖率、下垫面蒸散发、土壤湿度等水文参量，可以在一定程度上降低输入参数不确定性导致的水文模拟结果不确定性。

4. 海绵城市江河湖库等水体承载体遥感监测

在江、河、湖、库岸线空间数据基础上，利用可见光/近红外遥感数据动态监测水体空间分布情况，可以提取城市水体承载体（比如河流水域）的实时宽度；结合数字地面高程模型信息，可以监测水体水位信息；基于建立的河流宽度-流量、水位-流量和流速-流量模型，可以尝试开展基于遥感技术的开阔水域的流速、流量动态监测。

7.2 海绵城市水系统要素遥感监测方法

水体作为城市水系统重要组成要素，利用遥感技术可动态监测海绵城市水质与水量等信息，便于全面评价海绵城市建设在城市水生态系统保护、水环境质量改善及排水防涝能力提升方面的效果。

7.2.1 海绵城市水体遥感监测方法

从空间分布范围来看，城市水体可以分为分布在城市江河湖库渠中常规水体、洪涝灾害期间分布在江河湖沿岸低洼区域、城市内部渍涝区域内的非常规水体。其中，常规水体是海绵城市供水和用水的主要对象，非常规水体是排水的主要对象。

1. 常用的水体提取方法

常用的水体提取方法主要包括单波段法、多波段法、分类法和面向对象的 NDWI 水体提取法等。

1）单波段法

单波段法主要依据水体在近红外波段和中红外波段的低反射特征及植被、建筑物和裸地等在这两个波段的高反射特征来区分水体和其他地物，通过在该两个波段设置合适阈值来提取水体。

2）多波段法

多波段法是指通过对多个波段进行组合运算，以达到增强水体与非水体的区分度，该类方法主要包括谱间关系法、差值法、比值法、植被指数法、水体指数法等。常用水体指数包括归一化差异植被指数（NDVI）、归一化差异水体指数（NDWI）、改进的归一化差异水体指数（MNDWI）等。

3）分类法

分类法是指先对影像进行地物分类，然后再进行水体提取的方法。

4）面向对象的 NDWI 水体提取法

由于 NDWI 单一阈值法对细小水体的提取效果欠佳，且基于像元的 NDWI 阈值法提取水体容易出现"椒盐"现象，提取的结果过于破碎。马建威等（2017）提出的面向对象的 NDWI 水体提取方法在根据光谱、形状等特征对影像进行多尺度分割的基础上，选择绿波段和近红外波段计算 NDWI，再将 NDWI 值大于阈值的对象识别为水体，流程见图 7.6。该方法可以有效避免"椒盐现象"，提取的结果更具有完整性，且对细小水体的提取更加有效。

图 7.6 面向对象的 NDWI 水体提取法流程示意图

2. 洪涝灾害期间非常规水体遥感监测方法

被动式的光学/近红外遥感影像无法穿透云雾，不适宜用于洪涝灾害、阴雨及云雾遮挡等情况下的洪涝灾害监测。主动微波雷达在洪涝灾害期间的水体监测中较具优势，阈值法主要利用水体后向散射系数小的原理，利用合适的阈值 SAR 散射图进行密度分割，进而得到水体监测结果。阈值法算法简单，且具有一定可靠性，被广泛应用在基于 SAR 影像的水体提取研究中。图 7.7 为安徽省地质调查院、高分辨率对地观测系统合肥市数据与应用中心、高分辨率对地观测系统安徽数据与应用中心利用高分三号制作的巢湖汛情遥感监测图。

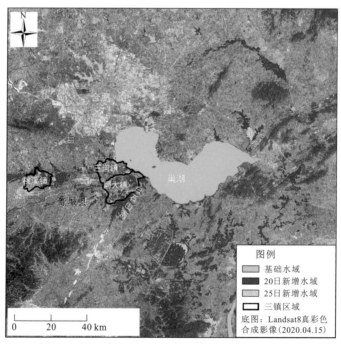

图 7.7 2020 年 7 月 25 日安徽巢湖汛情遥感监测图

7.2.2　海绵城市水质遥感监测方法

从物质组成来看，水体中除了纯净水，还有溶解在水中的有机物、无机物，以及悬浮颗粒物。水体中不同物质组成会在一定程度上影响水色、透明度、气味等物性特征。水质遥感监测可以用来评价海绵城市建设在城市水生态系统保护、水环境质量改善及排水防涝能力提升方面带来的改善效果，有利于指导海绵城市的建设。

常规水质检测一般包括物理指标、化学指标、生物指标。物理指标包括感官性物理指标（如温度、色度）、其他物理指标（如总固体、悬浮固体等）；常用化学指标包括一般化学指标（pH、酸碱度、硬度）、毒理学化学指标（重金属、氰化物、氟化物）、有关氧平衡的化学指标（溶解氧、化学需氧量）；常用生物学指标包括细菌总数、总大肠菌群数等。依据地表水水域环境功能和保护目标，根据水体内部各种物质的组成及浓度差异，我国水环境水质由高到低分为 I−V 类。对于水体水质中的氨氮等污染浓度超过以上 5 类的水质，称为劣 V 类水体，黑臭水体也属于劣 V 类水体。

可见光/近红外由于能够穿透水体，广泛应用在水质遥感监测中。利用可见光/近红外遥感数据监测水体称为水色遥感。面向光学特性的内陆水体水色遥感能够探测的水体要素可以分为 5 大类，分别为光学指标、生物指标、物理指标、化学指标和综合指标。①光学指标：离水辐射、遥感反射率、辐照度比、漫衰减系数、吸收系数、散射系数、光束衰减系数等；②生物指标：叶绿素 a、有害藻类爆发、优势藻种类、水草类型等；③物理指标：悬浮物、透明度、浊度、水深、水底类型等；④化学指标：有色溶解有机物、溶解有机碳等；⑤综合指标：初级生产力、富营养化状态等。本小节以水体富营养化遥感监测、黑臭水体遥感监测为例，介绍城市水质遥感监测方法。

1. 海绵城市水体富营养化遥感监测方法

富营养化是氮、磷等植物营养物质含量过高引起的水质污染现象。海绵城市水体富营养化将会导致蓝藻水华频繁爆发（王代堃 等，2016）。蓝藻会引起水质恶化，严重时耗尽水中氧气造成鱼类死亡，进而导致水中有机物溶解严重超标。

叶绿素 a 是藻类物质中富含的色素，其含量较为稳定，易于人工测定，其浓度是反映水体富营养化程度的一个重要指标。纯净水的吸收光谱曲线在 340～540 nm，为近于 0 的近似直线。叶绿素 a 是光学活性物质，在水体中，因叶绿素 a 浓度的不同，其光谱反射峰也会发生变化。图 7.8 为水体中含有叶绿素 a 时水面光谱曲线图。

水体中的藻类物质在蓝紫光波段（0.42～0.50 μm）和红光波段（0.675 μm）呈现出吸收峰。若水体中含有大量叶绿素 a，由于叶绿素 a 的强吸收性，水体反射率曲线会在这两个波段中出现谷值，而在近红外波段（0.70 μm）处，水体光谱特征将会出现一个显著的反射峰，这种现象是水体中含有藻类物质的显著特征。

由于多光谱遥感只能接收个别波段的地物反射信息，高光谱遥感数据能够捕捉内陆水体精细的光谱特征，在监测水质方面具有极大潜力。利用高光谱遥感反演水体要素的模型主要包括半经验模型、半解析模型及人工智能模型。半经验模型是在水体要素光谱特征分析的基础上，利用遥感数据的特征波段或波段组合与同步测量的水体要素之间建

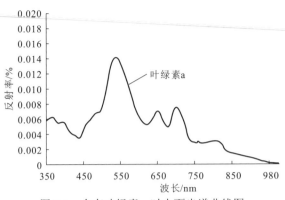

图 7.8　含有叶绿素 a 时水面光谱曲线图

立统计关系；半解析模型是在水中辐射传输模型推导过程中引入一些经验公式得到的反演模型；人工智能模型有神经网络、遗传算法、支持向量机等。

珠海一号卫星是我国发射的商业高光谱卫星。2018 年 4 月 26 日，4 颗珠海一号高光谱卫星成功发射升空，在国内首次实现了高光谱卫星组网观测。4 颗珠海一号高光谱卫星组网的重访周期为 2 天，可以用于空间分辨率、光谱分辨率、时间分辨率要求均较高的小型的水库和河流水体污染快速监测（洪韬，2019）。

2. 海绵城市黑臭水体遥感监测方法

城市黑臭水体治理也是海绵城市建设的一项重要内容。城市黑臭水体的一般定义是指城市建成区内，出现令人不悦的颜色和（或）散发令人不适气味的水体（图 7.9）。从视觉上来说，水体颜色异常，水面漂浮杂质较多，整体浑浊，流速慢甚至不流动，通常有排污口排放污水；从嗅觉上来说，水体散发恶臭（物体腐烂的腥臭味、化工废料的刺激性臭味等）。

图 7.9　城市黑臭水体图

海绵城市建设采用控制湖泊生态蓝灰红线、建设生态驳岸、对雨水排放口生态改造、在河道设置生态浮岛、湿地修复等技术及措施，依据并扩大城市山、水、林、田、湖生态系统本身对雨水及污染物的吸纳、降解、净化能力，可以有效地减少地表径流，大大减少由地表径流带来的污染物。再联合点源、面源污染的控源节污、对水体底泥污染层进行清淤固化处理等，可有效治理城市黑臭水体。

通过野外实测光谱数据，温爽（2018）发现城市黑臭水体在 550～700 nm 范围内（对

· 190 ·

应着高分二号影像中的绿光波段、红光波段，中心波长分别为 546 nm 和 656 nm）光谱曲线变化最为平缓，斜率最低。进而构建了一种类似于归一化水体指数的归一化黑臭水体指数（normalized difference black-odorous water index，NDBWI）：

$$NDBWI = \frac{\rho_{Green} - \rho_{Red}}{\rho_{Green} + \rho_{Red}} \tag{7.1}$$

式中：ρ_{Green} 和 ρ_{Red} 分别为绿光波段和红光波段反射率；NDBWI 值无量纲。

图 7.10 展示了采样得到黑臭水体和非黑臭水体 NDBWI 值的分布情况。非黑臭水体样本的 NDBWI 值分布较分散，其中 83.3% 的非黑臭水体样本的 NDBWI 取值小于 0.06 或大于 0.115，而黑臭水体样本的 NDBWI 值分布较集中，其中 93.1% 的黑臭样本取值范围为 0.06～0.115。因此，可以选取 NDBWI=0.06、NDBWI=0.115 作为判别黑臭水体和非黑臭水体的阈值，如下：

$$水体类别 = \begin{cases} 黑臭水体，0.06 \leqslant NDBWI \leqslant 0.115 \\ 非黑臭水体，NDBWI < 0.06 \ 或 \ NDBWI > 0.115 \end{cases} \tag{7.2}$$

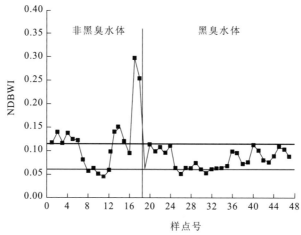

图 7.10　样点 NDBWI 的分布情况

结合黑臭水体和一般水体的 NDBWI 值的差异，得到南宁市城市黑臭水体分布情况，如图 7.11 所示。

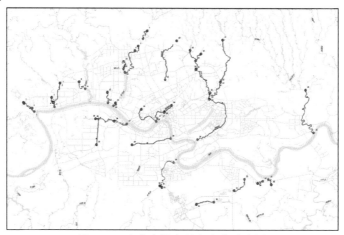

图 7.11　南宁市城市黑臭水体分布图

7.2.3　海绵城市降雨量遥感反演方法

在海绵城市水文循环中的降雨、蓄滞、渗透、蒸发、产流过程中（图 7.12），降雨量是城市水循环水源补给的主要方式。降雨量可以通过传统的雨量计获取，也可以从天气雷达或者气象卫星 [如热带测雨任务卫星（tropical rainfall measuring mission satellite，TRMM）、全球降水量（global precipitation measurement，GPM）卫星] 中获取。气象卫星传感器接收来自地球高空云层里的各种电磁波辐射信息，可以间接反映与降雨有关的云的相关信息。如卫星的可见光通道探测的是地表和云层表面反射的太阳辐射，水汽通道接收来自对流层中水汽发射的辐射，红外通道接收地表和云层表面发射的红外辐射。将红外云图与可见光云图结合起来，提取云图中的大气参数因子，根据云的特征与降雨量之间的相关性，通过构建非线性模型来反演降雨量。

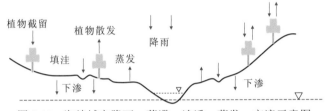

图 7.12　海绵城市降雨、蓄滞、渗透、蒸发、产流示意图

MODIS 时间分辨率较高，并且能够获得与大气和云相关的波段及产品，如云顶温度、云顶压力、云的有效发射率、云层上水汽含量、大气中水汽含量等。本小节以胡广义（2009）基于反向传播（back propagation，BP）神经网络并结合 MODIS 影像与监测雨量、反演降雨量为例，介绍一种遥感反演降雨量方法。

1. BP 神经网络基本原理

1986 年，Rumelhart 等提出的前向多层网络反向传播学习算法，简称 BP 算法，并基于该算法建立了适合处理非线性信息的 BP 神经网络模型。BP 神经网络包含输入层、隐含层、输出层，可以用一个有向无环图表示，是一个具有典型的前向分层网络结构的模型（图 7.13）。

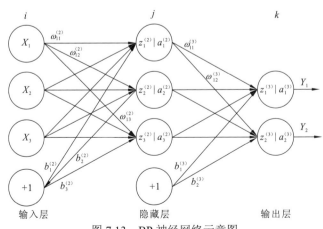

图 7.13　BP 神经网络示意图

图中节点 i、j、k 分别对应输入层、隐藏层、输出层。BP 神经网络模型的计算公式如下：

$$
\begin{cases}
z^{(2)} = \begin{bmatrix} z_1^{(2)} \\ z_2^{(2)} \\ z_3^{(2)} \end{bmatrix} = \boldsymbol{W}^{\mathrm{T}} x + \boldsymbol{b} = \begin{bmatrix} w_{11}^{(2)}, w_{12}^{(2)}, w_{13}^{(2)}, b_1^{(2)} \\ w_{21}^{(2)}, w_{22}^{(2)}, w_{23}^{(2)}, b_2^{(2)} \\ w_{31}^{(2)}, w_{32}^{(2)}, w_{33}^{(2)}, b_3^{(2)} \end{bmatrix} \begin{bmatrix} x_1 \\ x_2 \\ x_3 \\ 1 \end{bmatrix} \\
a^{(2)} = \begin{bmatrix} a_1^{(2)} \\ a_2^{(2)} \\ a_3^{(2)} \end{bmatrix} = f(z^{(2)}) \\
a^{(3)} = \begin{bmatrix} a_1^{(3)} \\ a_2^{(3)} \end{bmatrix} = f(z^{(3)})
\end{cases}
\tag{7.3}
$$

图 7.13 和式（7.3）中：x_i 为模型的输入；$\boldsymbol{W}$ 为模型的权重矩阵，通过训练得到；$\boldsymbol{b}$ 为模型的偏置向量；$z_i^{(j)}$ 为隐藏层的输出；$f(\cdot)$ 为激活函数。在 BP 神经网络中，相邻神经元采用连接权值表示连接强度，同一层神经元相互平行。每一层神经元的状态只影响下一层神经元的状态，经连接权值的加强或抑制，最终前向传播至隐含层节点，经过激活函数 f 运算后，从隐含层输出信息，并按照连接权值传输至输出节点，最终获得输出信息。

2. 结合 MODIS 与气象台站降雨量的 BP 神经网络降雨量反演实例

从 MODIS 影像上综合选取与降雨影响关系密切的 7 个参数因子作为输入层参数，通过构建 BP 神经网络模型来反演降雨量。其中，MODIS 影像上选取的参数因子是模型的输入层，它们分别为云顶亮温、水汽通道亮温、红外通道亮温、水汽通道与红外通道亮温差、云顶压力、云的覆盖率及云的有效发射率；气象台站的雨量站的降雨量，则是 BP 神经网络模型的输出；隐含层的权重参数、误差传递参数等，则需要通过训练数据集学习获得。

以湖北省西部地区共 338 组雨量站点的雨量样本数据及遥感气象因子样本数据作为输入 BP 神经网络的训练学习样本，剩余 29 组雨量站点的样本数据作为检验估算数据。表 7.1 为降雨量估算值与实测值之间的误差比较。基于 BP 神经网络模型反演降雨量的平均相对误差为 22.64%，在实际工程实践中，这一误差在可以接受的范围内，表明结合遥感资料进行降雨量的反演估算是有效可行的。

表 7.1　降雨量估算值与实测值之间的误差比较

站名	降雨量/mm	估算值	绝对误差	相对误差/%	站名	降雨量	估算值	绝对误差	相对误差/%
竹溪	6.50	6.4	0.1	1.11	远安	5.50	3.5	2.0	37.01
郧西	5.60	3.6	2.0	36.07	利川	2.20	3.1	−0.9	40.03
郧县	5.90	3.6	2.3	42.10	建始	3.40	3.2	0.2	6.35
十堰	4.90	6.5	−1.6	32.61	恩施	3.40	2.4	1.0	30.81
竹山	5.60	3.4	2.2	40.23	五峰	2.90	3.2	−0.3	10.11

站名	降雨量/mm	估算值	绝对误差	相对误差/%	站名	降雨量	估算值	绝对误差	相对误差/%
房县	2.60	3.1	-0.5	20.17	当阳	2.80	3.7	-0.9	30.65
丹江口	5.10	4.5	0.6	11.09	宜昌	5.80	4.8	1.0	17.10
老河口	5.40	3.9	1.5	28.57	三峡	8.50	5.4	3.1	36.05
谷城	2.60	2.7	-0.1	4.52	长阳	6.10	5.3	0.8	13.23
巴东	6.80	5.8	1.0	14.20	宜都	6.40	4.3	2.1	32.49
秭归	8.00	6.2	1.8	23.05	枝江	7.90	6.4	1.5	18.50
兴山	5.80	4.0	1.8	30.94	咸丰	6.70	5.7	1.0	15.09
保康	4.10	3.3	0.8	20.76	宜恩	6.70	7.1	-0.4	5.60
神农架	5.30	4.7	0.6	11.29	来凤	6.20	4.63	1.6	25.40
南漳	2.70	3.3	-0.6	21.28					

7.2.4 海绵城市地表径流模拟和估算方法

本小节以武汉市为研究区,分析不透水面与城市径流之间的关系。研究基于 Google Earth Engine (GEE) 平台,利用 1987～2017 年的 Landsat 数据提取城市不透水面;再利用 InfoWorks 模型,分析不透水面与城市径流之间的关系;最后,利用 2013 年 7 月 7 日逐时和 5 min 间隔降水资料,模拟同一降水事件不同城市化程度下的降雨径流量(Shao et al., 2019)。

1. 基于 GEE 平台的城市不透水面提取

选择随机森林算法作为分类器,提取武汉市 1990～2017 年的不透水面。将地物分为亮不透水面、暗不透水面、植被、高反射率裸地、低反射率裸地和水体 6 种地物类型。对于每种类型,通过对高空间分辨率的谷歌地图图像进行目视解译,随机、均匀地选取样本。最后将 6 种土地覆被类型合并为不透水面(包括亮不透水面和暗不透水面)、非不透水面(包括植被、高反射率裸地和低反射率裸地)和水体 4 种类型。此外,分别提取归一化植被指数(NDVI)、归一化差异水指数(NDWI)、归一化建筑指数(NDBI)、土壤调节植被指数(SAVI)和生物物理组成指数(biophysical composition index,BCI)并作为附加光谱特征进行分类。图 7.14 为武汉市 1990～2017 年的不透水面面积变化趋势图。

2. 径流量计算

选择经典的 InfoWorks 模型,根据透水-不透水比计算径流。将恒比径流模型应用于不透水地表集水区,可以较准确地估算径流。透水面采用 Horton 模型(Horton,1933)。

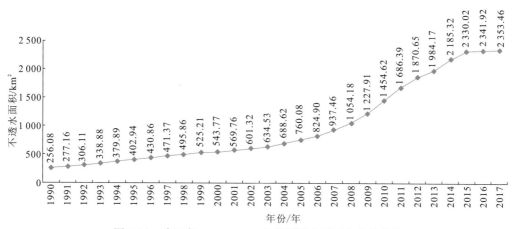

图 7.14　武汉市 1990～2017 年的不透水面面积变化趋势

不透水面区域的径流计算模型为

$$R = c(P - D - E) \tag{7.4}$$

式中：R 为径流量；c 为恒定径流系数；P 为降水量；D 为初始损失；E 为蒸发量。

透水面区域的径流计算模型为

$$R = (i - f)t - D - E \tag{7.5}$$

$$f = f_c + (f_0 + f_c)e^{-kt} \tag{7.6}$$

式中：i 为降雨强度；f 为入渗强度；f_0 为初始入渗率；f_c 为最终入渗率；k 为指数项系数；t 为时间，径流模型中的参数为经验值。

3. 城市不透水面与城市流域尺度径流的关系

图 7.15 展示了 1987～2017 年武汉市不透水面率和地表总径流量的关系。武汉市不透水面率从 1987 年的 3.44% 增加到 2002 年的 9.64%，径流量从 1987 年的 0.22 km³ 增加到 2002 年的 0.51 km³。不透水面率从 2002 年的 9.64% 缓慢增加到 2012 年的 11.47%，径流量从 2002 年的 0.51 km³ 增加到 2012 年的 0.58 km³。不透水面率从 2012 年的 11.47%，迅速增加到 2017 年的 16.95%，径流量从 2012 年的 0.58 km³ 增加到 2017 年的 0.81 km³。因此，城市地表不透水面率的变化会影响城市降雨径流量。

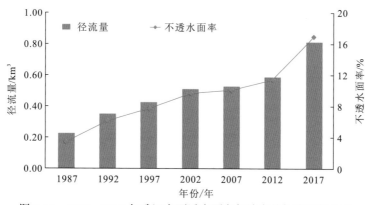

图 7.15　1987～2017 年武汉市不透水面率与地表总径流量的关系

7.3 海绵城市水系统洪涝承载力遥感评估案例

从城市洪涝问题对应的水安全角度来看，极端降雨是引起城市内涝的直接因素。降雨过程中城市下垫面产流并汇聚的雨量远超过城市的调蓄能力时，就会出现城市洪涝灾害。城市水系统降雨汇流过程可以简单地概括为"降雨补给→地表滞留→蒸散→地表径流"。

在降雨过程中，部分雨水经过蒸发、截留、下渗、填洼地等损失后，余下的雨水将会形成地表径流经过流域地面汇入河槽流进入河道；城市地表径流可以通过坡面汇流、雨水管网汇流并在最后汇进河道，或者直接通过沟渠汇进河道。遥感技术可以提取城市下垫面中的湖泊、河流、水库、坑塘等自然实体。

7.3.1 海绵城市水系统承载力遥感评估流程

在海绵城市水系统中，城市水循环中补给的降雨的去处主要有三种：通过渗透储存在土壤及深层地下水中；通过地表汇流储存在湖泊、水库、调蓄设施中；通过汇流与排水系统，流进城市内的河网，并进一步向下游排放。

理论上看，城市排水系统一般依据城市自然地形布置建设。排水系统可以视作汇水区自然汇流路径链路的连接通道。各个汇水区内部的湖泊、河流、水库、坑塘、湿地等水体可以视为城市内部调蓄空间。理想情况下，城市自然汇水区内部与汇水区之间的排水管网能够顺畅地汇聚、输送雨水，那么城市汇水区内部的江河湖库等实体的蓄滞库容量在一定程度上能够代表城市水系统的承载洪涝灾害的能力。

城市洪涝灾害承载力研究属于城市洪涝灾害风险研究的范畴（张红萍，2020）。城市洪涝灾害风险评估研究重点关注洪涝风险的空间分布特征，主要采用统计分析法、指标体系法、数值模拟法、遥感与 GIS 技术相结合等方法，开展城市洪涝灾害风险区划分布研究、城市涝灾害淹没情景研究。然而，结合具有一定现势性的城市下垫面的水文特征，从城市物理空间环境承载洪涝灾害能力的角度，评估城市抵御洪涝灾害能力的研究比较少。

参考"承载力"在物理学中的"度量指标"及生物学中的"安全保障标准"的定义，本书将城市洪涝灾害承载力定义为"以城市地理空间环境中的基础设施及功能设施的运行秩序、居民及工商业实体等的社会活动秩序不受影响为前提，城市承载洪涝灾害的能力"。

基于遥感技术的城市水系统洪涝承载力评估流程主要包括基于遥感影像的城市下垫面调蓄库容量计算、基于 DEM 的汇水区盈余降雨量换算、基于设计降雨量的汇水区洪涝承载力评价，如图 7.16 所示。

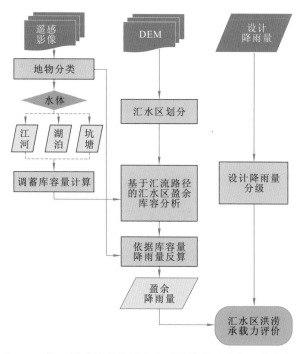

图 7.16　基于遥感技术的城市水系统洪涝承载力评估流程图

7.3.2　基于遥感影像的海绵城市下垫面调蓄库容量计算

城市水系统雨洪承载量主要指城市空间环境中的河流、湖泊、水库、坑塘等水系统对应的承载洪涝灾害库容阈值。在利用遥感影像对城市下垫面地物分类的基础上，识别出水体中的江、湖泊、坑塘。基于 VIS-W 城市下垫面的基准库容量（V_{capacity}）为

$$V_{\text{capacity}} = \text{R\_V}_{\text{capacity}} + \text{L\_V}_{\text{capacity}} + \text{P\_V}_{\text{capacity}} \tag{7.7}$$

式中：V_{capacity} 为水区域调蓄库容量，m^3；$\text{R\_V}_{\text{capacity}}$、$\text{L\_V}_{\text{capacity}}$ 和 $\text{P\_V}_{\text{capacity}}$ 分别为河流、湖泊、水坑或池塘的库容量。

1. 江河调蓄库容量

江河调蓄库容量参照常水位与历史最高水位，计算公式为

$$\text{R\_V}_{\text{capacity}} = \sum_{i=1}^{n} A_i \rho h \tag{7.8}$$

式中：$\text{R\_V}_{\text{capacity}}$ 为河流调蓄库容量，$10^6\ \text{m}^3$；A_i 为此区域水域面积，$10^6\ \text{m}^2$；ρ 为河流常规面积对应调蓄用的比例因子；h 为河流区域调蓄水位值，m。

2. 湖泊调蓄库容能力

湖泊是城市内部重要的天然调蓄空间，具体计算方法见式（7.9）。以武汉市为例，周耀华等（2015）在研究湖泊调蓄潜力中指出，在遇到降雨量超过城市防洪设计暴雨量时需要充分调蓄湖泊潜力时，可以允许湖泊在 2 h 内达到最高水位，并允许湖泊周边地

面有一定积水。参照武汉市防洪防汛规划中建议标准，若城市遇到50年一遇至100年一遇暴雨时，地面积水设计标准应当保证居民民宅和工业建筑物底层不进水情况下，一般地面淹没深度不超过 0.4 m、历时不超过 2 h；道路积水允许一条车道的积水深度不超过15 cm；对于湖泊而言，水库、湖泊可以允许超过规划最高水位 0.5 m。然而，在实际执行湖泊的预改排预调中，可能存在雨水汇入湖泊影响湖泊水质不让排、汛期预先排空预留的防涝湖泊水位而未得到足够水量补充长期影响湖泊景观等矛盾。

$$\begin{cases} L\_V_{capacity} = V_{normal} + V_{pre\_pumping} + V_{expansion} \\ V_{normal} = \sum_1^n A_i \rho h \\ V_{pre\_pumping} = \sum_1^n A_i \rho h \\ V_{expansion} = \sum_1^n A_i \rho h \end{cases} \tag{7.9}$$

式中：$L\_V_{capacity}$ 为湖泊调蓄库容量，10^6 m^3；V_{normal} 为正常蓄水库容量，10^6 m^3；$V_{pre\_pumping}$ 为汛前预排库容量，10^6 m^3；$V_{expansion}$ 为汛期调控库容量，10^6 m^3；A_i 为湖泊面积，10^6 m^2；ρ 为湖泊面积计算因子；h 为湖泊允许调蓄水位，m。

3. 坑塘调蓄库容能力

坑塘一般是分布在居民区域附近、用来临时储存雨水的较小面积的调蓄实体。从遥感影像中可以看到，坑塘数据分布范围广、分散性强、图斑相对较为独立，其相较于湖泊，不宜安排汛前抽排；并且坑塘具有分布在居民地、建筑区域附近的特点，从安全利用坑塘调蓄能力来看，不宜采用湖泊的汛期调控库容。因此，坑塘库容量只包括正常调蓄库容量，其计算公式为

$$P\_V_{capacity} = \sum_1^n A_i \rho h \tag{7.10}$$

式中：$P\_V_{capacity}$ 为坑塘库容量，10^6 m^3；A_i 为坑塘面积，10^6 m^2；ρ 为面积计算因子；h 为计算水位，m。

7.3.3　海绵城市汇水区汇流能力分析

汇水区是基于空间信息技术分析流域汇流特征、雨水汇聚空间分布特征的重要参数。从常用的地面径流方法来看，径流系数法具有原理简单、广泛应用在流域产流研究中的特点。但是，该方法需要获得研究区域用地分类基础径流系数。从常用的汇流计算来看，基于水文水动力数值模型计算可以获得较为准确的结果，但该模型输入参数较多、计算较复杂，适宜于尺度范围较小区域的降雨淹没模拟研究。本小节以汇水区为基本研究单元，采用汇水区汇流路径，根据汇流上下游关系分析汇水区之间水量转移关系。

1. 基于综合径流系数法的汇水区产流量估算

综合径流系数法采用不同用地对应的面积加权径流系数的公式如下：

$$\psi_{av} = \frac{\sum F_i \psi_i}{\sum F_i} \qquad (7.11)$$

式中：ψ_{av} 为综合径流系数；F_i 为地类面积，$10^4\ m^2$；ψ_i 为不同地类对应的径流系数。

一般而言，城市地区综合径流系数取 0.5～0.8，郊区取 0.4～0.6（任伯帜，2004）。径流综合系数可以通过历史水文数据进行场景率定，其取值结果与区域的下垫面组成、结构、性质相关，不同城市采用的径流系数有一定的差异。表 7.2 显示了上海地区区域综合径流系数，其中，a～f 代表的地面类型分别为：各种层面、混凝土和沥青路面；大块石铺砌路面和沥青表面处理的碎石路面；碎石路面；干砌砖石和碎石路面；非铺砌路面；公园和绿地。

表 7.2　不同下垫面用地类型对应的径流系数

参数	a	b	c	d	e	f
ψ_i	0.90	0.60	0.45	0.40	0.30	0.15

2. 依据库容量的降雨量反算

在进行汇水区雨洪库容量换算时，根据预先确定的径流系数计算各子汇水区的土地覆盖面积的综合径流系数，再计算降雨量：

$$降雨量 = 1\,000 \cdot \frac{V_{capacity} / \text{Area}}{\psi_{av}} \qquad (7.12)$$

式中：$V_{capacity}$ 为汇水区库容量，m^3；Area 为汇水区面积，m^2。

3. 汇水区汇流能力分析

基于 DEM 划分汇水区生成的数字河网，河网等级较低的汇水区在自然重力下向等级较高的汇水区汇流。结合各子汇水区调蓄库容量，可进一步分析汇水区盈余库容量（图 7.17）。

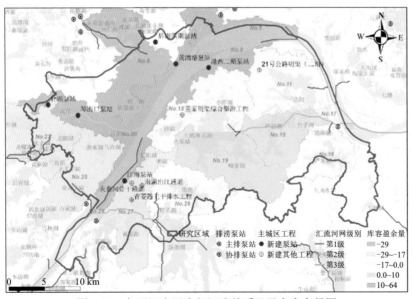

图 7.17　各子汇水区内部汇流关系及盈余库容量图

7.3.4 基于设计降雨量的海绵城市汇水区洪涝承载力评价

短历时暴雨是引起城市洪涝的重要原因。本小节参照汇水区不同重现期 6 h 降雨量（$R_{Int(6h)}$）标准，将汇水区域库容承载洪涝的能力划分为 5 个等级："非常弱""弱""正常""强"和"非常强"。以 6 小时降雨量为参考，在考虑上级子汇水区汇入情景下，如下：

$$\text{雨洪承载能力} = \begin{cases} \text{非常弱}, & R_{Int(6h)} = \text{"<1"} \\ \text{弱}, & R_{Int(6h)} = \text{"1~5"} \\ \text{正常}, & R_{Int(6h)} = \text{"5~20"} \\ \text{强}, & R_{Int(6h)} = \text{"20~100"} \\ \text{非常强}, & R_{Int(6h)} = \text{"~100"} \text{ 或 ">100"} \end{cases} \tag{7.13}$$

式中："<1"表示能够承受 1 年一遇的降雨；"1~5"表示能够承受介于 1 年一遇到 5 年一遇的降雨；"5~20"表示能够承受介于 5 年一遇到 20 年一遇的降雨；"20~100"表示能够承受介于 20 年一遇到 100 年一遇的降雨；"~100 或 >100"表示能够承受 100 年一遇及大于 100 年一遇的降雨。最后，对照城市水系各子汇水区承载雨量，得出各汇水区雨洪承载力，并绘制出城市水系统雨洪承载量评估结果图，如图 7.18 所示。

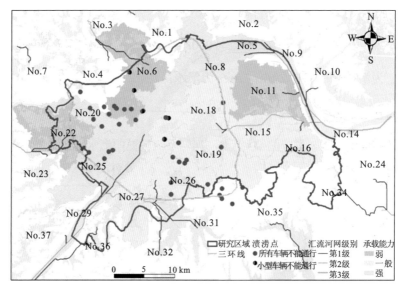

图 7.18　各子汇水区内部汇流关系及盈余库容量图

承载能力为弱/非常弱标为"弱"；承载能力为正常标识为"一般"；承载能力为强/非常强标识为"强"

参 考 文 献

洪韬, 2019. 珠海一号高光谱卫星在内陆湖泊监测中的应用. 卫星应用(8): 19-22.

胡广义, 2009. 分布式降雨量估算模型与方法研究. 武汉: 华中科技大学.

李树平, 刘遂庆, 2007. 城市水系统的可持续管理. 城市问题(8): 71-74.

马建威, 黄诗峰, 许宗男, 2017. 基于遥感的 1973—2015 年武汉市湖泊水域面积动态监测与分析研究.

水利学报, 48(8): 903-913.

任伯帜, 2004. 城市设计暴雨及雨水径流计算模型研究. 重庆: 重庆大学.

邵益生, 张志果, 2014. 城市水系统及其综合规划. 城市规划, 38(2): 36-41.

王代堃, 国巧真, 2016. 天津滨海新区地表水悬浮物浓度遥感反演研究. 测绘科学, 41(5): 67-71.

王浩, 2011. 实行最严格水资源管理制度关键技术支撑探析. 中国水利 (6): 28-29, 32.

王浩, 2017. 协同合作缓解中国水资源问题. 景观设计学, 5(1): 40-47.

温爽, 2018. 基于 GF-2 影像的城市黑臭水体遥感识别. 南京: 南京师范大学.

夏军, 张永勇, 张印, 等, 2017. 中国海绵城市建设的水问题研究与展望. 人民长江, 48(20): 1-5, 27.

张红萍, 2020. 基于遥感技术的城市洪涝灾害承载力评估模型研究. 武汉: 中国地质大学.

周耀华, 仲伯彬, 史银桥, 2015. 关于武汉市湖泊调蓄调洪潜力的思考. 中国防汛抗旱, 25(3): 18-21.

HORTON R E, 1933. The role of infiltration in the hydrologic cycle. Eos, Transactions American Geophysical Union, 14(1): 446-460.

MCFEETERS S K, 1996. The use of the normalized difference water index (NDWI) in the delineation of open water features. International Journal of Remote Sensing, 17(7): 1425-1432.

RUMELHART D E, HINTON G E, WILLIAMS R J, 1986. Learning representations by back-propagating errors. Nature, 323: 533-536.

SHAO Z, FU H, LI D, et al., 2019. Remote sensing monitoring of multi-scale watersheds impermeability for urban hydrological evaluation. Remote Sensing of Environment, 232: 111338.

XU H, 2006. Modification of normalised difference water index (NDWI) to enhance open water features in remotely sensed imagery. International Journal of Remote Sensing, 27(14): 3025-3033.

第8章　海绵城市遥感监测系统

　　当前全球的内涝、地面沉降、地下水位下沉和热岛等城市病正影响着城市的可持续发展。如何为城市开展透水性体检？如何优化城市水系统？如何定量分析城市化水文效应？海绵城市的规划和建设正是针对当前城市水问题的一个解决方案。海绵城市遥感监测系统，是以空-天-地遥感监测设备采集城市下垫面数据为基础，结合海绵城市规划、建设、运营下垫面信息需求，形成海绵城市监测信息采集、管理、分析及共享的信息化支撑手段。

　　在系统全域海绵城市建设进程中，利用传统的地面传感网开展场地、城市乃至流域的海绵需求调查及海绵效应监测工作，存在建设成本过高的问题。遥感技术具有多尺度动态监测下垫面物性特征的优势，是支撑海绵城市全生命周期科学决策的关键技术之一。充分利用遥感技术监测多尺度下垫面地物变化的优势，结合遥感反演植被生物量、地表温度、土壤湿度等物性信息，并协同地面观测降雨、径流、蒸散发等气象水文数据，能够进一步支撑海绵城市水资源、水安全、水生态、水环境等分布格局及变化态势的智能分析，进而有效保障系统全域海绵城市规划、建设、运行维护等科学决策。

　　本章围绕建立海绵城市遥感监测系统，探讨海绵城市遥感监测系统的建设需求；从海绵城市建设生命周期视角分析海绵城市规划、建设及运维阶段遥感技术监测业务；从海绵城市遥感监测专题出发，介绍不透水面、透水面、蓄水及排水4个专题遥感监测方法；设计海绵城市遥感监测系统的总体建设思路；介绍海绵城市遥感监测系统建设案例。

8.1　海绵城市遥感监测系统建设需求

　　遥感技术是一项基于地物光谱特征、几何特征或空间纹理特征差异，通过构建参数或非参数分类器，较为快速、准确地在大范围内开展地物分类、场景变化检测的技术。海绵城市遥感监测系统建设主要有以下几个方面的需求。

　　（1）从统筹规划角度，满足全域多尺度海绵城市建设对象遥感动态监测的管理需求。遥感技术可以应用在海绵建筑小区、道路广场、绿地公园及水系统等下垫面监测研究中，包括监测道路、建筑、绿地、裸土、水、地面温度及土壤湿度等。建立海绵城市遥感监测系统实现下垫面空间格局及物性特征变化趋势分析，可以客观评估"海绵型"城市水生态、水环境、水资源、水安全等效应在时间尺度及空间尺度上的变化特征。

　　（2）从建设主体角度，满足海绵城市建设不同业务专题遥感监测的需求。海绵城市遥感监测系统宜依托数字城市地理空间信息框架，建设成为遥感视角的服务海绵城市规划需求分析、设计方案科学比选及海绵建设效益评估的决策支撑体系。长时间序列的遥感影像是客观记录城市下垫面空间格局及物性特征的重要档案。以具有一定现势性的高空间分辨率、高光谱分辨率的遥感影像提取的城市精细下垫面分类成果是支撑海绵城市规划设计的重要基底数据。随着海绵城市建设的发展，长时间序列的遥感影像可以反演城市绿度空间、不透水面空间分布格局，城市地表温度、土壤湿度、城市水质、城市植物生物量等变化特征，是反映城市水文、生态、景观等效应的重要指标。

（3）从维护主体海绵城市体角度，满足海绵体全生命周期遥感监测的需求。对于海绵城市的透水性铺装、雨水花园、绿色屋顶等工程来说，周期性地开展高精度遥感影像的海绵城市下垫面分类及其物性特征的遥感监测，为海绵城市的水文效应、城市生态效应评估模型提供定量参数，进而支撑海绵体运行效益的科学评估。例如，利用高光谱遥感及地质雷达监测透水铺装的渗透能力，可以为透水铺装地面的科学养护提供支撑。

8.2 海绵城市不同阶段遥感监测任务

海绵城市工程建设与其他系统工程建设一样，存在规划设计、系统建设及运行维护的完整生命周期过程。然而，海绵城市建设规划如何有效地兼顾水系统综合治理目标，如何科学评估海绵城市建设对生态水文产生的效应，如何客观监测海绵城市建设主体的"健康状况"等，是海绵城市规划、建设、运维过程中需要探索的问题。

合理有效的海绵城市规划是科学建设海绵城市的核心前提。海绵项目建设过程中，城市海绵化改造个体无法达到硬性指标的情形下，从城市水系统、水循环的角度系统分解并协调控制目标是海绵城市建设的核心经验；海绵城市建设完成后，海绵体养护成本、透水铺装等海绵体的健康状态是海绵城市建设的生态效益最大化发挥的关键影响因素。

8.2.1 基于海绵城市规划角度的遥感信息监测

海绵城市建设是一个由点到面的持续建设过程。识别城市下垫面中山、水、林、田、湖、草天然海绵体，监测已建海绵体空间格局，是海绵规划、建设及运维遥感监测的核心目标。城市下垫面受人类活动影响并持续变化，具有人地矛盾突出、土地利用破碎的问题，海绵体呈现出破碎特征，空间大小不一的特点。因此，需要开展时间序列的遥感变化检测，才能实现对城市下垫面的动态监测。

通过了解海绵城市全生命周期中所需的海绵体监测的精度需求、频率需求，结合现有卫星的对地观测特点，确定海绵体遥感监测的数据来源；借助遥感图像解译技术，建立海绵体在多源异构遥感影像（包括光学遥感影像、雷达遥感影像等）"时空谱角"地学知识图谱的海绵城市遥感监测模型，可以为进一步比对海绵规划方案提供基础信息。比如，Nguyen 等（2020）模拟了基于 MIKE URBAN、LCA、W045-BEST 和 MCA 模型的海绵城市基础设施选择的环境、社会和经济方面对现有城市水管理模式的影响。Sun 等（2020）从海绵城市雨水管理技术对应的水-能源关系角度，研究了海绵城市建设在城市发展和新建筑中的作用。

8.2.2 基于海绵城市建设角度的遥感信息监测

不透水面是人类对城市原有自然地表改造的重要内容，也是城市建成区的重要标志之一。海绵城市典型特征是对不透水面进行改造，以增强城市下垫面的雨水下渗能力。然而，对于现有的道路、广场等典型不透水面，还需要根据其地面功能进一步区分改造的类型。例如，对于承载能力、承载速度都有一定要求的城市级道路路面来说，还是需要建设或改造为能支撑车辆快速行驶的不透水面或半透水面。遥感技术可以长时间序列地监测海绵城市下垫面透水性空间的分布格局，通过对比透水性特征空间分布格局，可以在一定程度上反映城市下垫面海绵化建设进程。

1. 城市建成区的海绵城市监测

城市建成区简称建成区，是人类活动对城市地区持续建设的结果。建成区的海绵工程以城市建筑与小区、公园、市政道路为主要场景，开展以透水铺装、下沉式绿地、雨水花园、绿色屋顶、雨水资源化利用、干塘湿塘及河流生态驳岸建设、河流清淤疏浚、排水系统提标改造等灰绿结合的海绵措施，增强城市内部汇水面及城市排水系统的"渗、滞、蓄、净、用、排"能力。

海绵城市改造对象多为已建城区的老旧小区，需要高空间分辨率遥感影像提取出米级或分米级分辨率的精细下垫面信息，才能为海绵城市规划、建设和运维提供定量的参数。

同时，海绵城市下垫面透水性改造、海绵城市地表温度及土壤湿度等信息，需要通过高光谱遥感影像、SAR 影像等进行区分。并且，在城市复杂场景背景下，需要结合多角度的遥感影像才能解决高层建筑、高大行道树等遮挡问题。因此，需要结合"时空谱角"遥感调查和监测技术，实现海绵城市建设区下垫面及海绵体的动态监测。

2. 新城区的海绵体监测

新城区指未开发或正在开发的城区。新城区海绵城市建设的核心目标是在新建项目中落实海绵城市对汇水区降雨径流、面源污染、雨水资源化利用等生态雨洪管理指标的控制。系统调查新城区山、水、林、田、湖、草天然海绵体分布格局，厘定新城区水资源、渍涝分布及水质环境等问题，是推动新城区海绵建设的重要前提。

新城区海绵城市建设遥感监测系统的终级目标是支撑新城区科学利用天然海绵体，合理规划灰绿结合的海绵雨洪控制技术，进而使城市化对城市地区原有水文效应及生态环境的影响极小化。因此，新城区具有联合地面传感物联网与空天地相结合的多承载平台的遥感监测技术、开展面向海绵建设全生命周期的动态监测的优势。例如，可以结合无人机、车载观测平台及机载、星载遥感监测平台，常态化地开展新城区海绵城市下垫面地物分布格局及植被生物量、地表温度、土壤湿度等物化特征遥感影像数据的采集、分析及处理；同时，可以系统地布署地面雨量站、土壤墒情监测站、区域中小河水文站及排水管网流量监测、视频监控器等，常态性地开展地面信息动态监测。

8.2.3 基于海绵城市运维角度的遥感信息监测

在投入大量资金建设完建筑小区、城市道路、绿地广场、水系统等相关海绵体后，还需要做好巡检、保养、维修等日常管理工作。如海绵城市建设并投入使用后，一定出现自然损耗或人为损伤的情况，这就需要进行海绵工程的定期维护。一般情况下，可以采用人工定期巡检的方式，定期对海绵体健康状态进行检查，及时发现并按照海绵城市建设指南、海绵体维护相关规范手册执行养护、更换等处理。

在海绵体监测和维护的过程中应遵守几点基本要求。①公共项目的低影响开发设施由城市道路、排水、园林等相关部门按照职责分工负责维护监管，其他低影响开发雨水设施，由该设施的所有者或其委托方负责维护管理。②应建立健全低影响开发设施的维护管理制度和操作规程，配备专职管理人员和相应的监测手段，并对管理人员和操作人员加强专业技术培训。③低影响开发雨水设施的维护管理部门应做好雨季来临前和雨季期间设施的检修和维护管理，保障设施正常、安全运行。④低影响开发设施的维护管理部门宜对设施的效果进行监测和评估，确保设施的功能得以正常发挥。⑤应加强低影响开发设施数据库的建立与信息技术应用，通过数字化信息技术手段，进行科学规划、设计，并为低影响开发雨水系统建设与运行提供科学支撑。⑥应加强宣传教育和引导，提高公众对海绵城市建设、低影响开发、绿色建筑、城市节水、水生态修复、内涝防治等工作中雨水控制与利用重要性的认识，鼓励公众积极参与低影响开发设施的建设、运行和维护。

8.3 海绵城市典型专题的遥感监测

海绵城市建设是在城镇化发展的现状条件下，以城市局部示范区带动城市全域，持续推进海绵城市改造、新建项目海绵化响应等相关城市建设工作。因此，结合具有一定现势性的城市下垫面高分辨率遥感影像，开展下垫面用地现状遥感调查及监测研究，开展下垫面中反映不同生命周期海绵体的水文效应特征、生态效应特征、环境效应特征反演研究，是评估海绵城市建设效益、支撑进一步规划部署海绵建设工程的关键步骤。

8.3.1 海绵城市不透水面专题遥感监测

不透水面分布情况会从源头上影响植被蒸散截留、土壤渗透、湖库蓄滞等降雨产流水文过程。有效不透水面是城市雨洪控制研究中城市不透水面的重要子集。Boyd 等（1993）认识到与排水系统直连的有效不透水面是决定降雨产流的主要因素。其中：在强降雨事件中，透水面、不透水面有相当大的产流量；透水面与不透水面产流差异只在小雨径流和中雨径流中表现明显；在小雨事件中，透水面降雨径流主要受降雨量影响，但在强降雨事件中，透水面降雨还受土壤湿润条件影响。有效不透水面实质上是分辨出与直排系统直接连接的不透水面，可以结合遥感、GIS、景观生态学原理，通过分析景观空间格局间接获得。

指数法是城市不透水面光学遥感提取的快捷方法之一（Li et al.，2021）。微波遥感影像可以用来反演城市不透水面，但其反演结果的分辨率比使用光学遥感影像更低。联合高分辨率遥感影像纹理特征、InSAR 反演平均后向散射系数、振幅比等多源特征参数，可以显著提升不透水面提取精度（Shao et al.，2019）。城市、汇水区尺度的透水性地面特征提取研究主要采用中低分辨率遥感影像，并以传统机器学习方法为主；场地、景观尺度的不透水面提取一般以高分辨率遥感影像为主。

卷积神经网络（CNN）提供一种端到端的多层次学习模型。采用传统梯度下降方法进行训练的 CNN 模型，可以从海量数据的颜色、纹理、形状等低层次的视觉特征中逐级自主学习到样本局部场景中的结构上下文等高层次语义特征，非常适合影像特征的学习与表达（周飞燕 等，2017）。本书作者团队基于 GF-2 遥感影像数据，利用深度卷积网络，引入全局优化和类别空间关系信息作为约束，训练深度学习模型提取不透水面，完成了武汉市不透水面信息提取（蔡博文 等，2019）。

在不透水面产品方面，2010 年，美国国家航空航天局发布的全球尺度不透水面数据集分辨率为 30 m，主要由全球人造不透水面（GMIS）数据集（2010）[Global Man-made Impervious Surface（GMIS）Dataset From Landsat，VI（2010）] 和全球人类建成区和定居范围（HBASE）数据集（2010）[Global Human Built-up and Settlement Extent（HBASE）Dataset From Landsat，VI（2010）]。2015 年，中国科学院空天信息创新研究院刘良云团队利用 Landsat 8 地表反射率数据、Sentinel-1 SAR 数据、数字高程数据、夜间灯光数据及 GlobeLand30 地表覆盖产品，采用多源多时相遥感数据的不透水面提取算法和基于 GEE 平台的全球不透水面产品生产框架，生产了全球 30 m 不透水面数据产品，主要包含全球陆地区域不透水面的分布信息。2019 年，清华大学宫鹏团队基于 2017 年在《科学通报》发表的全球首套 30 m 分辨率多季节样本库，将其迁移到 10 m 分辨率的 Sentinel-2 全球影像，结合 GEE 平台强大的云计算能力，基于随机森林分类器开发出了世界首套 10 m 分辨率的全球地表覆盖产品（Gong et al.，2019）。2018 年，本书作者团队提出了图谱信息融合的不透水面提取模型，实现了基于深度学习的不透水面提取新方法，研制了不透水面遥感全流程提取和监测软件。基于多源高分辨率遥感影像首次完成了中国 31 个省（直辖市、自治区）的 2 m 不透水面专题信息提取，形成全国不透水面一张图，为海绵城市和生态城市的建设提供了基础数据支撑和技术监测手段（邵振峰 等，2018）。

然而，对于海绵城市具体海绵体的透水性铺装、雨水花园、绿色屋顶等工程来说，在已建区旧有项目海绵化改造、建成区或规划新区的新建项目海绵设计中，需要针对规划建设场景需要，从无到有地开展米级甚至分米级的城市下垫面本底信息普查；对于处在建设、运维阶段的海绵体，也有必要周期性地开展基于分米级高精度遥感数据的海绵体遥感核查研究，进而利用遥感定量评估模型常态化地客观估算动态发展的海绵城市产生的水文效应、城市生态效应。

融合光学影像、SAR 影像、LiDAR 影像、街景影像等多源传感器、多视场、多分辨率的遥感影像，可以在一定程度上满足城市存在的阴影、树木遮挡等问题及复杂背景约束下不透水面精细化提取的需求。同时，结合海量遥感数据，采用基于图谱特征融合的深度学习模型框架自动学习多层次的特征，进而提升不透水面提取结果的准确性。图 8.1 展示的是以高分辨率的 GF-2 影像为基础，整合地面街景影像提取的城市下垫面分类结果。

图 8.1　基于深度学习模型的遥感影像数据的米级不透水面提取效果图

8.3.2　海绵城市透水面专题遥感监测

海绵城市透水专题遥感监测中，城市地区的植被覆盖情况代表海绵城市具有自然渗透能力的地表分布情况。城市地区的植被分布情况是透水面监测中的主要对象之一。城市地表植物具有明显的光谱反射特征，可以利用植被光谱指数提取城市地表的植被覆盖物。植被在不同的波段，具有不同的吸收和反射光谱特征。在可见光波段内，在中心波长分别为 0.45 μm（蓝色）和 0.65 μm（红色）的两个谱带内为叶绿素吸收峰，在 0.54 μm（绿色）附近有一个反射峰。在光谱的中红外波段，绿色植物的光谱响应主要被 1.4 μm、1.9 μm 和 2.7 μm 附近的水的强烈吸收带所支配。

同时，遥感技术也可以监测城市植被分布量，并反演出植被生物量情况，进而评估以植被生物量为代表的城市碳源碳汇分布情况。不同于土壤、水体和其他的典型地物，植被对电磁波的响应是由其化学特征和形态特征决定的，这种特征与植被的发育、健康状况及生长条件密切相关。遥感技术具有快速获取较大范围内地面覆盖物光谱特征、地面覆盖物后向散射特征等优势，广泛应用在地表植被生物量估算研究中。

比较常见的生物量研究方法是通过野外测量树木的冠层高度、树木胸径等，结合评估模型，估算出城市地表的生物量。然而，受外业测量实施难度及实施成本等限制，在较大范围内大量开展生物量测定工作难度较大，具体表现在：①外业测量得到的生物量样本本身的可靠性难以估计，进而无法估计使用实地测量样本评估率定模型并验证模型精度的可靠性；②在大范围开展植被生物量研究时，由于植物的生长状态、生长周期存在时间与空间上的异质性，较难确定外业测量的生物量参数信息是否明确代表整个研究区域植被状态；③由于实际研究尺度及研究区自然环境条件的复杂性，较难确保外业能够获取可靠的符合抽样统计规则的基础样本信息。

结合光学、微波、LiDAR 等遥感数据，以及定量反演模型、机器学习及深度学习框架等技术，学者们开展了一系列地表生物量反演的相关研究。针对光学与微波辐射传输模型存在较大差异，导致二者协同困难的问题，Zhang 等（2015）结合统一光学与微波辐射传输模型，提出了基于统一植被土壤场景的光学与微波辐射传输协同模型，并构建了光学与微波协同模拟数据库，并验证了该模型在无源光学和有源微波遥感集成的森林地上生物量估算中具有相当大的潜力。

由于光学数据在植被茂盛区域易出现饱和现象,而植被覆盖度较低情况下 SAR 数据易受土壤等影响。图 8.2 是武汉市青山区某小区内部居民住宅区植被分布的空中俯瞰图。从图中可以看到,街道、小区内部道路、广场等为硬化路面,道路两侧缓冲区为小型乔木、灌木,广场地面覆盖草地。针对光学数据可能低估植被生物量的问题,Shao 等(2016)提出了一种组合型植被指数,该指数利用加权光学优化土壤调整植被指数和微波水平传输信号、垂直接收信号提出,克服了光学数据、SAR 数据可能低估植被生物量的缺点。

图 8.2   武汉市青山区某城市建筑小区植被覆盖情况

随着野外观测技术及遥感三维激光雷达技术等应用,机载 LiDAR 数据可以获得客观的植被三维冠层覆盖信息。然而,与星载遥感影像具有广泛数据资源且具有高空间分辨率、高时间分辨率的优势相比,采集时间覆盖频率高、空间分辨率高的机载 LiDAR 影像的成本较高。因此,集成机载 LiDAR 与卫星影像开展地表生物量监测是性价比较高、结果可靠性较强的方法。针对传统光学影像易受云雨天气污染的缺点,Shao 等(2017)结合 Landsat OIL、Sentinel-1A 影像与 LiDAR 数据,提出了基于深度学习的森林地上生物量估算模型。针对光学遥感获取植被参数易受光谱饱和问题、云层覆盖限制及使用 LiDAR 数据估算森林结构属性无法为植被冠层提供足够光谱信息的问题,Zhang 等(2019)基于深度学习的工作流程,提出了一种将 LiDAR 数据与 Landsat 8 影像相结合的协同方法来估算生物量。针对城市植被生物量反演样本获取困难和城市下垫面异质性较高的问题,Zhang 等(2021)使用 LiDAR 数据扩大样本量,结合高分辨率影像数据对城市区域植被进行分类,并利用随机森林等多种模型进行生物量定量估算和反演。

8.3.3 海绵城市蓄水专题遥感监测

遥感技术可以监测海绵城市蓄水对象如河流、湖泊、水库、坑塘等的水体的分布特征，进一步结合 DEM 数据，可以估算出下垫面蓄水对象的水位分布情况。对于湖泊水体，结合其在红波段、近红外波段及中红外波段的光谱差异，采用城市湖泊水体指数（urban lake index，ULI）进一步区分识别出湖泊空间范围。

$$ULI = \frac{R - MIR}{NIR + MIR} \tag{8.1}$$

式中：ULI 为城市湖泊水体提取指数；R 为红波段反射率；NIR、MIR 分别为近红外波段、中红外波段反射率。水体在近红外波段、中红外波段的低反射率是水体与其他地物产生区别的主要依据，中红外波段对遥感影像中易与水体混淆的阴影有良好的抑制作用，而城市湖泊和江水在红波段的光谱差异最大。

自然调蓄实体中，河流、湖泊、水库等构成了城市水系主要调蓄空间。在对城市自然调蓄实体监测中，遥感技术可以通过监测常态化水体范围，进而获取河流、湖泊等空间分布信息。图 8.3 为利用 1987～2017 年 Landsat 遥感影像，在面向对象分割的基础上，采用随机森林算法提取的武汉市内水体分布情况。从水体提取结果图可以明显看出，武汉市的湖泊面积在整体上呈现出减少的趋势。

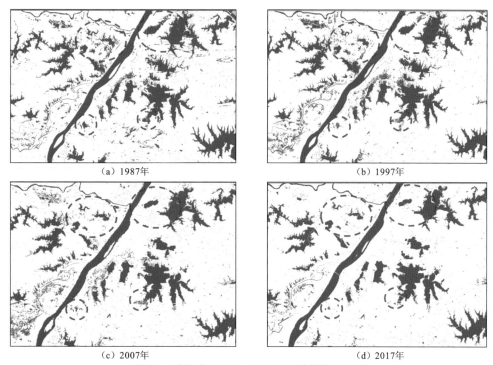

（a）1987年　　　　　　　　　　　　　（b）1997年

（c）2007年　　　　　　　　　　　　　（d）2017年

图 8.3　武汉市 1987～2017 年水体提取分布图

此外，在从提取结果也可以看出，在非河流、湖泊等大面积连续水体区域，存在较多散点误提的图斑。该现象主要是由于建筑物、植被等阴影遮挡引起的水体区域的误分。稳定水体指数（steady water index，SWI）结合主要洪涝调蓄实体对应的面积阈值经验值，可以分辨河流、湖泊、水库等调蓄实体与水田、坑塘等非调蓄实体。

$$SWI = \frac{Shape\_Length}{\sqrt{Shape\_Area}} \qquad (8.2)$$

式中：SWI 为稳定水体指数；Shape_Length 和 Shape_Area 分别为水体栅格像元转化为矢量图斑后对应形状的长度和面积。根据经验，当 SWI 设置为 6～200 时可较好地识别河流、湖泊、水库等调蓄实体。图 8.4 为 SWI>6 时识别出的郑州市内的水体分布情况。

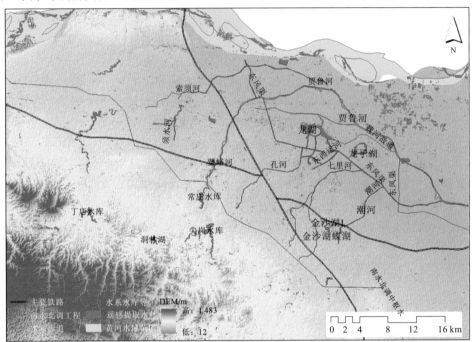

（a）遥感提取水体

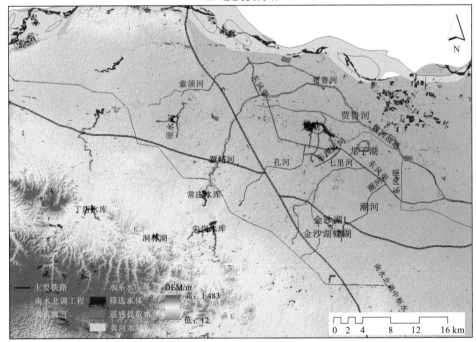

（b）SWI>6 时提取的水体

图 8.4　城市内部水体分布情况

1. 湿地

在海绵城市蓄水专题研究中，湿地是重要的研究对象之一。湿地公园的核心要素是水，具有显著的湿地景观特征，兼具保护物种及其栖息地、生态旅游及生态教育功能，参与城市地表及地下水系统，是城市生态系统的重要组成部分。海绵城市建设的目标是控制城市降雨径流及城市面源污染，同时修复并维护城市生态系统。图 8.5 展示了自然湿地景观生态驳岸。

图 8.5　自然湿地景观生态驳岸

湿地公园是近年来各地热衷建设的主题公园，也是海绵城市建设中的主题公园之一。截至 2020 年 3 月，全国共建立的国家级湿地公园有 899 个。以武汉市为例，有东湖国家湿地公园、安山国家湿地公园、后官湖国家湿地公园、杜公湖国家湿地公园等。湿地公园不仅分布在城郊区域，也有因地制宜地利用江河、湖泊及一方水塘建立的。湿地公园因地制宜地利用自然水域，营建水域与陆地之间的湿地过渡地带以保护物种的多样性及栖息地。同时，结合亲水平台等景观设计，还能体现显著的水生态景观特色。图 8.6 是在安徽池州护城河遗址基础上建立的湿地公园，也是池州海绵城市建设示范项目之一。该公园位于城市中心区域，以池州保留的护城河为核心，在保留城市汇水区本身行洪水域的基础上，在水域东岸采用多级垂直砌台平衡主干道路与常规水域面积之间的高差，在水域四周建立湿地过渡地带，并在水面构建步行廊道，提升市民休憩游览的亲水体验。

图 8.6　池州护城河遗址公园景观

在遥感技术提取湿地研究中较多采用 MODIS、Landsat、SPOT 等影像，主要利用湿地本身含有水体特征，结合常用的水体谱间指数法（张晓川 等，2020）提取开阔水体，并进一步采用缨帽变换改进水体提取指数（王凯霖 等，2017）、采用线性光谱分解（吴见 等，2011），区分开阔水体和草甸湿地水体，进而提高湿地提取结果的可靠性。在湿地提取研究中，主被动微波影像也是一种重要的研究数据（Zhao et al.，2020）。

2. 雨水花园

雨水花园是海绵城市低影响开发技术中常用的增强城市蓄水能力的技术，也是蓄水专题监测的主要对象之一。雨水花园表现为表土层种植景观植被，实则还需对地层中原本压实的土层增加渗透、蓄滞、排水等海绵化工程。雨水花园基底层一般采用透水能力较强的砂土、砾石分层铺砌，进而增强地层的渗透能力与过滤能力。

有些雨水花园还会在蓄水砂石及砾石的基础上增加排水管，进而将降雨下渗形成的壤中流蓄滞部分引流到市政排水系统中。图 8.7 为武汉青山构建的雨水花园施工样例实景图，直观体现了雨水花园相对于地表通用高程下凹、地层表土层与下渗基质层的构成及排水管的空间部署情况。

图 8.7　武汉青山雨水花园施工样例实景图

采用常规光学遥感影像或微波遥感对海绵城市地表植被、裸土、道路透水或不透水铺装等进行地面覆盖物分类及变化检测的技术已经非常成熟。L 波段或者 X 波段可以穿透一定深度的地表并反映地层物质的介电系数特征。对于 80～120 cm 的透水铺装，可以结合地质雷达监测透水地层构成物的空间三维展布及介电状态。然而，距离遥感技术监测雨水花园实际的透水状态，尚需从技术可靠性、经济性等方面开展更多的研究。

3. 干塘、湿塘

干塘、湿塘等也是海绵城市建设过程中的典型低影响开发技术，是局部地形汇水环境的微改造，也属于海绵城市蓄水专题监测对象，具体实例见图 8.8。干塘、湿塘一般采用景观设计形成一个封闭的下凹洼地，再引入绿色生态景观设计，在带给人们愉快观感的同时，也可以从水文过程的角度汇聚蓄滞局部汇水面在一定降雨重现频率下产生的径流量。这类低影响开发项目一般会结合地形本身的特点，确定雨水花园、干塘、湿塘汇水区可以改造的面积，在评估汇水面降雨产流量的基础上，参照海绵城市设计相关规范，设置适宜汇聚局部汇水面洼地的下凹深度。

（a）武汉南干渠游园的湿塘　　　　　　　（b）武汉东湖绿道磨山公园干塘

图8.8　武汉南干渠游园的湿塘及武汉东湖绿道磨山公园干塘实景图

干塘、湿塘的规划功能是实现局部系统中汇水面在降雨期间的内部蓄水。在海绵城市规划设计中，可以结合精细地表模型分析出区域内部的洼地分布进而确定候选的干塘、湿塘的空间位置。进一步结合该地区的降雨强度、设计暴雨对应的降雨产流条件下的汇水面累积流量，进而得出干塘、湿塘的设计方案。

在对海绵城市建成区的干塘、湿塘提取遥感监测研究中，可以结合干塘、湿塘在降雨期间的蓄滞雨水功能，采用非降雨期与降雨蓄滞时期的影像，发现变化水体覆盖范围差异，结合时序遥感影像，识别干塘、湿塘的空间分布情况。另外，也可以以遥感分类的地表覆盖物为基础，结合精细地表数字高程模型洼地分析结果，进一步识别干塘、湿塘在海绵城市建设中的空间分布情况。

4. 绿色屋顶

绿色屋顶也是海绵城市建设采用的蓄水专题设计之一。相对传统屋顶汇水面直接采用沟槽式盖瓦、斜面引流或平层雨落管汇流的方式，绿色屋顶通过绿色植物根系涵养、较强渗透能力的基质层滞水消解滞纳一部分的雨水，有的绿色屋顶还结合蓄水桶、蓄水池等雨水收集系统消化并储存屋顶收集的雨水之后，再将多余的雨水汇入市政排水管网系统。

随着城市雨水收集及资源化利用等理念的盛行，越来越多的建筑设施采用绿色屋顶。例如，日本的国立国会图书馆、新加坡南洋理工大学的绿色屋顶（图 8.9）等，将屋顶公共空间用作植被覆盖的微型生态空间，并收集屋顶的雨水用作植物浇养、厕所冲洗等。

图8.9　新加坡南洋理工大学的绿色屋顶

随着生态城市理念的普及，越来越多国家涌现出低影响开发理念的绿色建筑，不仅是建设绿色屋顶，同时还尝试在整个建筑的日常的运行中融入更多的生态、节能和环保理念。比如新加坡的 Oasia 酒店和 PARKROYAL on Pickering 空中花园式酒店。类似的绿色屋顶建筑体越来越多出现在我国沿海城市和发达城市，如海南三亚半山半岛洲际酒店、北京华贸中心、深圳万科云城、上海天安阳光半岛等项目（图 8.10）。

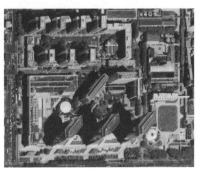

（a）三亚半山半岛洲际酒店　　　　　　　　（b）北京华贸中心

（c）深圳万科云城　　　　　　　　　　（d）上海天安阳光半岛

图 8.10　我国绿色屋顶典型建筑

绿色屋顶遥感监测可以结合光学或微波遥感，结合阴影、影像高度等进一步监测到具有一定高度的绿色植被覆盖物；同时，也可以在提取建筑物的基础上，进一步识别具有透水性铺装、绿色植被覆盖等低影响开发技术设计的绿色屋顶。

在海绵城市建设过程中，对已有建筑物进行绿色屋顶改造也是城市海绵化的一项重要工作（图 8.11）。屋顶海绵化改造工程需对房屋材质、承重能力及可改造面积等进行综合评估，进一步结合多时相的遥感影像对，采用变化检测方法对于建筑物绿色屋顶进行识别。

（a）绿色屋顶透水铺装及种植植被

（b）墙角砾石铺装

图 8.11　武汉青山绿色屋顶建设实景图

8.3.4　海绵城市渍水排水专题遥感监测

渍水专题包括渍涝水体、易涝易渍风险区空间分布。在渍涝水体遥感监测中，城市场景存在下垫面遮挡及下垫面组成结构较为复杂的特征，星载或机载遥感技术可以定期监测渍涝淹没水体的分布态势，结合低空无人机、地面水位及水深传感器，可以实现局部区域洪涝灾情信息的即时获取。

以王家坝蒙洼蓄洪区泄洪监测为例，2020 年 7 月 20 日 2 时王家坝水位涨至 29.3 m，淮河挂起洪水红色预警信号；8 点 30 分左右，接国家防汛抗旱总指挥部命令，王家坝闸开闸泄洪。图 8.12 为利用 2020 年 7 月 13 日、20 日、21 日高分 3 号卫星影像及 7 月 24 日 Radarsat2 影像，对开闸前后王家坝及附近水域进行监测的效果图。

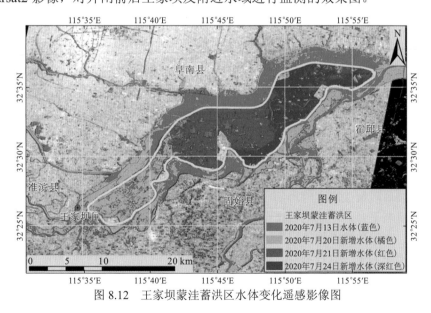

图 8.12　王家坝蒙洼蓄洪区水体变化遥感影像图

7 月 13 日，蒙洼蓄洪区水域面积为 19.356 km^2，占总面积的 10.19%，为图 8.12 中蓝色区域；7 月 20 日，从 8:32 开闸至 18:23，蒙洼蓄洪区水域面积增加至 58.301 km^2，占总面积的 30.68%，新增水体为橘色区域所示；截至 7 月 21 日 17:42，被淹面积增加至 112.452 km^2，占总面积的 59.19%，新增水体为红色区域；截至 7 月 24 日 09:54，被淹没面积增加至 152.584 km^2，占总面积的 80.31%，新增水体为图中深红色区域。

在降雨径流过程中，城市各子汇水区内部汇聚的雨水通过雨水收集系统汇入排水系统。城市排水系统是城市地上、地下布署的立体的排水网络、抽排系统及提升系统等排水防涝设施的总称。城市排水防涝设施主要包括各类公共排水设施，如雨水口、检查井、排水管、排水渠、排水泵站等。按照排水防涝设施在空间数据库中的组织方式差异，可以分别将点、线、面类排水防洪设施对应为排水节点、排水管线、排水区域三大类别。①排水节点类设施主要包括雨水口、检查井、排放口、阀门、闸门、溢流堰、调蓄设施、截流设施、排水泵站等；②排水管线类设施主要包括排水管、排水渠、城市受纳水体（如河道）；③排水区域是指排水防涝设施中的面状要素，主要包括汇水区、易涝区、城市受纳水体（湖泊或水库）、排水系统、设施空间范围等。

在排水专题的排水防涝设施中，排水管网的空间布署情况多采用 GPS 接收机、全站仪、水准仪、探测仪、探测雷达等进行普查测量；从建设及维护成本来看，对于城市排水管网的运行情况，在整个排水系统中布署监测设备和监控仪器都不切合实际。可以结合地理信息系统空间分析技术，在排水网络中各子汇水区的关键排水节点、主干排水网络布署一定的传感器，进而结合空间分析及水文水动力学模型模拟等方法，实现各子汇管网运行负荷的数值模拟监测。同时，结合空-天协同的遥感观测技术，定期监测易渍易涝区域的溢流、冒顶等渍涝淹没情况，进而为水文过程模拟提供可靠的空间分析或数值模拟的边界条件。

8.4 海绵城市遥感监测系统建设思路

在海绵城市需求调查、规划、建设及运行维护全生命周期中，利用地面传感网、空-天遥感监测平台等获取多源信息，结合海绵城市下垫面遥感动态调查、海绵参量提取及定量反演、海绵城市水文、生态、环境效应评估模型，构建起支撑排水、供水、环保、园林等不同专题业务的遥感监测系统信息化平台。

8.4.1 海绵城市遥感监测系统架构设计

在海绵城市政策法规和管理制度指导下，依据相关的标准规范和信息安全，构建海绵城市遥感监测平台。在海绵城市已建立的软硬件设施及信息化环境基础上，以地理信息平台引擎、空间数据库管理引擎为支撑，采用面向服务体系架构，建设海绵城市遥感大数据信息化服务平台的数据层、服务层、平台层、应用层。海绵城市遥感监测系统体系结构如图 8.13 所示。

（1）构建以海绵城市空间数据库、海绵城市业务属性综合信息数据库、海绵城市遥感监测多源异构大数据为基础的数据层。

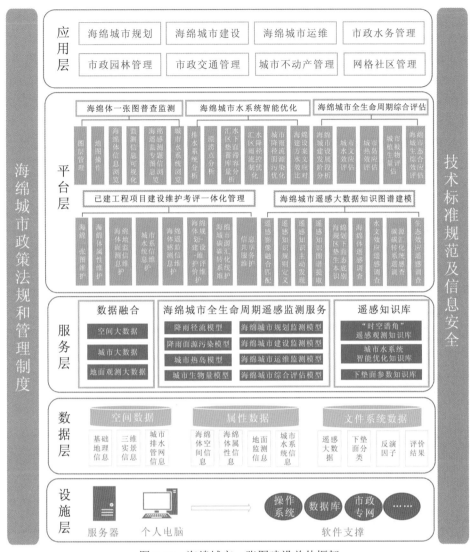

图 8.13　海绵城市一张图建设总体框架

（2）构建以数据融合服务、海绵城市全生命周期遥感监测服务及海绵城市遥感监测知识图谱服务为代表的服务层。

（3）建设海绵城市遥感监测信息平台，包括构建海绵城市多尺度综合信息一张图展示、空-地协同海绵城市水系统智能优化、面向海绵城市全生命周期的遥感定量模型综合评估、已建工程项目建设维护考评一体化管理及海绵城市遥感大数据知识图谱建模等核心业务模块。

（4）面向海绵城市规划、建设及运行维护周期，并面向海绵城市建设相关的市政水务、市政园林、市政交通、不动产及网格社区管理等行业海绵城市遥感监测信息服务及共享支撑的应用需求，构建应用层。

海绵城市遥感监测系统能够科学地监测和评价海绵体空间分布及其生态水文效应特征。综合考虑各地区的气候特征、土壤地质等自然条件和经济条件，基于物联网技术设计可支持项目实施的海绵城市在线监测系统，为城市的水安全、水资源和水环境综合管理评估提供依据，为海绵城市建设成效评定和考核提供数据支撑。具体主要体现在以下几个方面。

（1）建立全过程、全方位的信息动态反馈机制。综合利用数学模型与在线监测技术，在规划设计阶段实现目标自上而下的层级分解，在项目实施阶段实现运行情况自下而上的统计反馈，为海绵城市建设的系统规划、建设实施、运营维护和高效管理提供全过程信息化支持。

（2）为海绵城市规划建设提供决策平台。利用规划评估工具与模型，为海绵城市总体规划目标的实现与分解提供规划决策依据，建立基于地块的海绵城市指标可视化地图管理系统，为实现海绵城市示范与构建提供可视化展示条件；建立海绵城市建设与运营管理的标准化数据接口，规范建设运营数据，开发设施建设运行大数据分析功能，为海绵城市各类设施的建设运行提供决策保障。

（3）为海绵城市长效运行提供业务管理平台。结合具体业务应用需求，开发相应的信息化管控平台，针对建设信息、运营维护信息建设海绵城市信息管理系统，针对不同部门用户提供相关的软件功能和管理流程，为地方政府管理部门、政府规划部门和工程实施方提供较为统一的信息化架构。

（4）为海绵城市长效运行提供业务管理平台。结合具体业务应用需求，开发相应的信息化管控平台，针对建设信息、运营维护信息建设海绵城市信息管理系统，针对不同部门用户提供相关的软件功能和管理流程，为地方政府管理部门、政府规划部门和工程实施方提供较为统一的信息化架构。

8.4.2　海绵城市遥感监测系统建设关键技术

基于遥感和物联网的海绵城市在线监测已经成为一个热点。通过物联网、传感器等数据采集技术，可以将监测数据传输到海绵数据中心，进而实现不同设备之间的信息清洗、抽取、融合及协同。在数字孪生、虚拟现实增强、元宇宙等先进技术发展趋势下，二三维一体化、地上下集成化、虚拟现实与真实场景协同的空间信息智能计算与分析等技术是海绵城市孪生模拟的重要支撑。

1. 海绵城市多源多时态地理空间数据信息体

数字城市空间数据体是支撑智慧城市空间信息的本体。现实世界中城市下垫面空间信息、城市物质系统信息、城市社会活动类信息、城市内部对象状态变化等信息，共同构成了智慧城市空间信息数据体。举例如下。

（1）城市下垫面空间环境信息包括城市地形信息、城市地理信息（如河流湖泊坑塘等水系信息、城市街区信息、居民地分布信息、商业区分布信息、城市湿地分布信息、城市公园分布信息）、城市下垫面环境中的地表覆盖物信息（如建筑物、建筑、居民小区、植被、道路、林草地、裸地等）、城市地质信息（如城市水文地质、工程地质、环境地质等信息），可以在一定时间范围内，将其视作固态化信息。

（2）城市物质系统信息包括城市市政业务类信息（如城市供水、供电、供气等信息，城市道路、桥梁、隧道等信息，城市教育、医疗、卫生、环保等设施，城市污水、雨水、通信、电力等管网信息）、城市治安防控信息（如城市安防设施、城市交通卡口设施等），可以在一定时间范围内，将其视作固态化信息。

（3）城市社会活动类信息，如城市人员轨迹、城市事件、城市聚集数据、城市交通运行数据、城市经济活动数据等，其随城市内部活动情况持续地发生着变化。

（4）城市内部对象状态变化信息，如城市内部的气象、水文等观测信息（城市气温、降雨、蒸发、湿度等信息，城市易渍易涝点分布信息、城市河情、水情水库信息等）、城市内部物质系统的状态观测信息（城市道路运行状态、城市地表不透水面变化情况等），其运行状态会随着时间的推进而持续地发生变化。

2. 海绵城市时空信息智能计算与分析

统一的时空参照系统是开展海绵城市多源地理空间信息智能计算与分析的数学基础。第一种方式是采用统一坐标参考系统对多源异构的空间参考系统的数据源进行预处理，是解决不同数据来源信息统一时空框架管理的重要方式。第二种方式则支持多源异构时空框架的动态投影技术进行近实时的智能计算与分析。结合第二种动态投影模式的模式，支撑不同来源海绵城市时空信息智能计算与分析是重要的发展趋势。

3. 多终端的海绵城市遥感监测系统

在智慧城市空间信息框架及虚拟化环境建设基础上，进一步结合 C/S、B/S、移动终端及大屏展示等技术，实现智能化计算、时空分析及可视化展示为一体的海绵城市遥感信息的统一监控与管理。

8.5 海绵城市遥感监测系统建设实践

本节结合作者团队在海绵城市遥感监测系统建设的实践，分别介绍面向不同专题视角的海绵城市水系统优化平台，以及面向海绵城市规划及运维周期的武汉市青山示范区遥感监测案例。

8.5.1 海绵城市水系统优化平台

海绵城市水系统优化平台 V1.0 是基于 Visual Studio 2012 开发的，由 Javascript 和 ZmapServerV8 二次开发编写的系统。本平台围绕特定空间下垫面地表水系统遥感监测的关键目标及优化总体目标，在水系统要素对象管理基础上，实现多地理尺度（流域、干支流、湖泊、水库）、多行政区尺度（如全国、华北、河南省、郑州市）城市水系统基本信息及遥感监测信息组织与逻辑索引，实现特定空间下垫面地表水系统下垫面环境的空间分布、属性及动态监测信息管理与可视化，以及下垫面环境水系统专题要素二三维场景联动、交互式查询，为海绵城市水系统水问题优化提供交互性的可视化平台。该平台主要包括系统首页、城市水系统专题要素可视化、下垫面遥感监测专题要素可视化、气象专题要素可视化等功能，系统建设部分效果图见图 8.14。

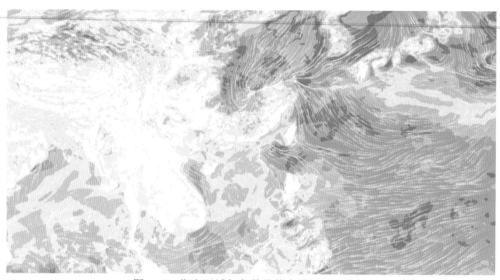

图 8.14　指定区域气象数值信息流场可视化图

8.5.2　海绵城市遥感监测系统应用案例

由前述可知，仅使用高分辨率影像的光谱特征、空间特征来提取城市不透水面具有信息不足的先天缺陷。图 8.15 为采用传统的极大似然法对高分辨率遥感影像进行分类得到的结果，处理阴影和精细化分类地面覆盖物难度较大。

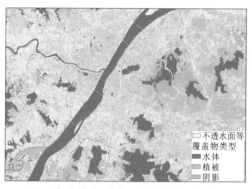

图 8.15　基于高分辨率遥感影像的城市下垫面地物分类

深度学习的优势是可以学习到比人工设计特征更多的影像特征，可以解决在城市复杂地表区域多尺度多特征的定量提取的难题。图 8.16 为采用基于高空间–光谱分辨率遥感影像图谱特征逐层融合的多分类器集成模型提取的不同精细尺度的下垫面分类结果，支撑了武汉市武昌区海绵城市规划现状下垫面调查业务。

图 8.17 为利用深度学习模型提取的武汉市青山示范区（南干渠片）海绵城市建设项目下垫面用地精细分类，支撑了青山示范区（南干渠片）项目的海绵城市规划设计。该项目位于武汉市青山区，片区总面积 3.84 km^2，海绵改造项目共计 78 项，包括市政道路类 11 项、小区公建类 59 项、公园绿地 1 项、城市水系 1 项，城市管渠 3 项、其他配套项目 3 项。

（a）3类下垫面分类 （b）6类下垫面分类 （c）11类下垫面分类

图 8.16 武汉市武昌区不同精细尺度对应的下垫面用地分类提取效果图

图 8.17 武汉市青山示范区海绵城市项目下垫面精细分类图

以武汉市海绵城市青山示范区监测维护为例，借助遥感技术、物联网技术、视频监控技术，综合利用传感器、视频监控、无人机等定期遥测方式，可以实现海绵体运行状态的科学监测；并结合海绵城市建设低影响开发建设技术对应的各类海绵体耗损信息，去除个体差异地总结海绵体功能衰退规律，进而支撑海绵城市运行维护的科学管理。

遥感技术支撑海绵城市透水铺装材质运行状态的主要方式，是在建立的透水材质非饱和、饱和透水光谱特征库的基础上，定期监测下垫面的光谱特征，分析监测下垫面的渗透规律，进而发现下垫面渗透能力衰减异常的下垫面的分布情况。图 8.18 为海绵城市建设青山示范区透水铺装外业采集图。

遥感技术监测下垫面透水性铺装中，可以通过高光谱仪器、便携式光谱仪、便携式测地雷达等遥感设备，定期采集透水铺装光谱，进而监测其在一定周期内受自然氧化、油污污染、磨损、粉尘压盖等影响的透水特性的变化情况；根据定期或其他需求采集到的透水铺装光谱变化，通过遥感分析，形成甄别透水铺装海绵体衰退规律；比较不同透水材质的优缺点，确定更换周期，并为透水铺装材质选型提供可靠依据。

（a）光谱仪点式采集　　　　（b）光谱仪线式采集　　　　（c）光谱仪面式采集

图 8.18　武汉市青山示范区透水性铺装光谱特征外业采集工作现场图

除了对于海绵城市透水铺装遥感监测，还可以结合气象、水文、土壤等监测设施，开展海绵城市生态水文效应的遥感监测。

（1）利用土壤湿度监测器（图 8.19），可以监测城市浅层土壤的持水特征，进而在一定程度上间接反映海绵城市在建筑小区、道路、绿地广场等建设中的低影响开发技术对渗透能力的影响，为支撑海绵规划实现城市水资源、水生态涵养效应提供数据支持。

（a）叶面土壤温湿度监测　　　（b）普通土壤温度监测　　　（c）便携式土壤湿度移动采集

图 8.19　海绵城市可以采用的土壤温/湿度监测

（2）利用水位传感器、流速传感器（图 8.20）等，可以监测海绵城市在降雨事件中，城市易渍涝点范围及水深分布特征，评估海绵城市建设对渍涝的改善情况。同时，利用遥感技术，可以开展城市湖泊、水库等水体环境水质特征的变化的检测，进而为海绵城市运维情况、海绵城市的系统全域持续推进布署决策等提供定量的信息支撑。

（a）河流水位流量监测　　　（b）湖泊水位监测　　　（c）沟渠水流速度监测

图 8.20　海绵城市可以采用的水位/流速监测

（3）利用海绵城市地区不同地物覆盖类型下的植被蒸散发监测（图8.21），可以通过评估土壤湿度、不同下垫面的蒸散发特性，监测海绵工程对本地水文效应的影响，进而为科学评估海绵城市碳源碳汇研究提供一定程度的信息支持。

| （a）蒸散发监测 | （b）森林地区蒸散发监测 | （c）草地蒸散发监测 |

图 8.21　海绵城市可以采用蒸散发监测

参 考 文 献

蔡博文, 王树根, 王磊, 等, 2019. 基于深度学习模型的城市高分辨率遥感影像不透水面提取. 地球信息科学学报, 21(9): 1420-1429.

李亚, 翟国方, 2017. 我国城市灾害韧性评估及其提升策略研究. 规划师, 33(8): 5-11.

邵振峰, 张源, 黄昕, 等, 2018. 基于多源高分辨率遥感影像的2 m不透水面一张图提取. 武汉大学学报(信息科学版), 43(12): 1909-1915.

王浩, 梅超, 刘家宏, 2021. 我国城市水问题治理现状与展望. 中国水利(14): 4-7.

王凯霖, 赵凯, 李海涛, 等, 2017. 基于综合识别方法的河北白洋淀湿地提取研究. 现代地质, 31(6): 1294-1300.

吴见, 彭道黎, 2011. 改进线性光谱混合分解模型湿地信息提取. 中国农业大学学报, 16(3): 140-144.

夏军, 2019. 我国城市洪涝防治的新理念. 中国防汛抗旱, 29(8): 2-3.

夏军, 石卫, 王强, 等, 2017. 海绵城市建设中若干水文学问题的研讨. 水资源保护, 33(1): 1-8.

张晓川, 王杰, 2020. 基于遥感时空融合的升金湖湿地生态水文结构分析. 遥感技术与应用, 35(5): 1109-1117.

周飞燕, 金林鹏, 董军, 2017. 卷积神经网络研究综述. 计算机学报, 40(6): 1229-1251.

BOYD M J, BUFILL M C, KNEE R M, 1993. Pervious and impervious runoff in urban catchments. Hydrological Sciences Journal, 38(6): 463-478.

GONG P, LIU H, ZHANG M L, et al. 2019. Stable classification with limited sample: Transferring a 30-m resolution sample set collected in 2015 to mapping 10-m resolution global land cover in 2017. Science Bulletin, 64(6): 370-373.

LI C M, SHAO Z, ZHANG L, et al., 2021. A comparative analysis of index-based methods for impervious surface mapping using multiseasonal Sentinel-2 satellite data. IEEE Journal of Selected Topics in Applied Earth Observations and Remote Sensing, 14: 3682-3694.

NGUYEN T T, NGO H H, GUO W, et al., 2020. A new model framework for sponge city implementation:

Emerging challenges and future developments. Journal of Environmental Management, 253: 109689.1-109689.14.

SHAO Z, ZHANG L, 2016. Estimating forest aboveground biomass by combining optical and SAR data: A case study in Genhe, Inner Mongolia, China. Sensors, 16(6): 834.

SHAO Z, ZHANG L, WANG L, 2017. Stacked sparse autoencoder modeling using the synergy of airborne LiDAR and satellite optical and SAR data to map forest above-ground biomass. IEEE Journal of Selected Topics in Applied Earth Observations & Remote Sensing, 10(12): 5569-5582.

SHAO Z, FU H, LI D, et al., 2019. Remote sensing monitoring of multi-scale watersheds impermeability for urban hydrological evaluation. Remote Sensing of Environment, 232: 111338.

SUN Y J, LI D R, PAN S Y, et al., 2020. Integration of green and gray infrastructures for sponge city: Water and energy nexus. Water-Energy Nexus, 3: 29-40.

ZENG S, GUO H, DONG X, 2019. Understanding the synergistic effect between LID facility and drainage network: With a comprehensive perspective. Journal of Environmental Management, 246: 849-859.

ZHANG L, SHAO Z, DIAO C, 2015. Synergistic retrieval model of forest biomass using the integration of optical and microwave remote sensing. Journal of Applied Remote Sensing, 9(1): 096069.

ZHANG L, SHAO Z, LIU J, et al., 2019. Deep learning based retrieval of forest aboveground biomass from combined LiDAR and Landsat 8 data. Remote Sensing, 11(12): 1459.

ZHANG X, LIU L, WU C, et al., 2020. Development of a global 30 m impervious surface map using multisource and multitemporal remote sensing datasets with the Google Earth Engine platform. Earth System Science Data,12(3): 1625-1648.

ZHANG Y, SHAO Z, 2021. Assessing of urban vegetation biomass in combination with LiDAR and high-resolution remote sensing images. International Journal of Remote Sensing, 42(3): 964-985.

ZHAO J, CHANG Y, YANG J, et al., 2020. A Novel change detection method based on statistical distribution characteristics using multi-temporal PolSAR data. Sensors, 20(5): 1508.

第9章　海绵城市示范区遥感监测应用实践

海绵城市遥感监测宜立足海绵城市建设全生命周期信息化服务需求，为海绵城市管理者、规划者、建设者、维护者提供海绵城市遥感本底信息、海绵体规划及建设成果信息、海绵城市水文生态环境等综合信息的集成、展示及共享服务。

在海绵城市建设全生命周期中：①在需求调查阶段，高分辨率遥感影像可以摸清城市下垫面现状，为城市潜在内涝点分析提供基础数据支撑；②在规划设计阶段，遥感技术实现海绵城市规划控制指标和经济评价方案的时空定量化，为城市绿地空间规划和透水铺装规划等提供科学定量的潜力参数，有助于海绵城市空间格局精准化设计；③在建设阶段，遥感技术能够围绕海绵体建设和保护目的开展监测；④在运维阶段，遥感技术能够监测城市水资源、海绵体空间及透水面、不透水面空间格局变化，可以实现对海绵城市定期体检。

本章将分析海绵城市示范区建设阶段的遥感监测需求，阐述武汉市海绵城市建设中遥感监测内容，介绍武汉市多尺度城市下垫面、城市水系统遥感监测实践，并总结目前海绵城市建设中遥感监测面临的挑战。

9.1　海绵城市示范区建设阶段的遥感监测需求

海绵城市的规划和建设是城市可持续发展的科学课题，目前国际上并没有可借鉴的经验。我国从治理城市病的迫切需求出发，提出要建设海绵城市，并将其上升到城市发展战略的高度。海绵城市建设是一个由点到面的持续建设过程。海绵城市遥感监测面向海绵城市规划、设计、建设、运维全生命周期，是海绵城市生态本底调查、海绵建设效应评估及海绵效应运行状态监测的重要技术支撑。

《海绵城市建设评价标准》（GB/T 51345—2018）考核评价体系，主要针对海绵城市总体建设控制径流情况、海绵城市对建筑小区、道路、公园绿地等海绵化项目源头减排情况、海绵建设对过程控制中路面渍涝控制情况，以及海绵城市末端水体环境质量评估、以地下水位下降为代表的城市水资源问题、以监测城市热岛效应为代表的海绵效应问题，评估海绵城市建设效应。海绵城市建设具体的监测需求见表9.1。

表 9.1　海绵城市建设监测需求

评价内容	具体评价内容	监测指标/方式
年径流总量控制率及径流体积控制	监测项目年径流总量控制率	降雨量、流量
	排水分区年径流总量控制率	降雨量、流量、水位

评价内容		具体评价内容	监测指标/方式
源头减排项目实施有效性	建筑小区	年径流总量控制率及径流体积控制	降雨量、流量
		径流峰值控制	降雨量、流量
	道路、停车场与广场	年径流总量控制率及径流体积控制	降雨量、流量
	公园与防护绿地	径流控制体积	降雨量、流量
路面积水控制与内涝防治		路面积水控制	降雨量、摄像监测
		内涝防治重现期	降雨量、流量、水位、摄像监测
城市水体环境质量		分流制雨污混接污染和合流制溢流污染控制	降雨量、废水悬浮物流量
		水体黑臭及水质监测	透明度、溶解氧
地下水埋深变化		年均地下水（潜水）水位下降趋势	地下水位
城市热岛缓解		夏季城郊日平均温差	温度

根据监测对象可分为区域和流域监测、城市监测、片区监测、项目监测和设施监测。城市监测以获取海绵城市建设前后降雨、气温、地下水位、受纳水体水位、流量、水质数据为目的，对海绵城市建设效果进行评价。主要包括以下监测项目。

（1）降雨雨量监测。海绵城市监测中对雨量的监测要求有两项：①监测年径流总量控制率、路面积水控制、内涝防治重现期，监测周期均至少 1 年；②监测排水分区年径流总量控制率、分流制雨污混接污染和合流制溢流污染，监测周期均至少 10 年。

（2）流量监测。海绵城市的流量监测一般主要用于模型参数的率定验证，与流量监测相关的监测要求共 4 项：①监测项目年径流总量控制率，监测项目接入市政管网的溢流排水口或检查井处"时间-流量"序列监测数据，连续自动监测至少 1 年，频率为 5 min；②监测排水分区年径流总量控制率、内涝防治重现期，均要求至少 1 个典型的排水分区；③监测市政管网末端排放口及上游关键节点处"时间-流量"或泵站前池"时间-水位"序列监测数据，均至少 1 年，频率为 5 min；④监测分流制雨污混接污染和合流制溢流污染，模型率定验证时应有至少两场最大 1 h 降雨量接近雨水管渠设计重现期标准的降雨下的溢流排放口"时间-流量"序列监测数据，频率为 5 min。

（3）水位监测。海绵城市水位监测的目的和流量监测类似，主要是对排水分区的泵站前池进行水位监测，共 2 项：①监测排水分区年径流总量控制率和内涝防治重现期，均应选择至少 1 个典型的排水分区；②在市政管网末端排放口及上游关键节点处设置流量计，与分区内的监测项目同步进行连续自动至少监测 1 年，泵站前池"时间-水位"序列监测数据。

（4）水质监测。对武汉市水体环境质量考核采用水质监测方式，共 2 项：①对于分流制雨污混接污染和合流制溢流污染，监测溢流污染处理设施的悬浮物排放浓度；②监测水体黑臭水质，沿水体每 200～600 m 间距设置监测点。

（5）地下水位监测。监测海绵城市建设前 5 年地下水（潜水）水位监测数据及海绵城市建设后至少 1 年的监测数据。试点区内已有地下水井时，利用现有水井实施监测，无地下水井时，点位布设参考现行国家标准《地下水监测工程技术规范》（GB/T 51040—2014）的规定。

（6）气温监测。监测建成区内与周边郊区的气温变化情况，包括海绵城市建设前近 5 年的 6 月至 9 月日平均气温和海绵城市建设后 1 年的 6 月至 9 月日平均气温。

从现有监测需求来看，可以通过地面传感器监测、地表采样化验等方式，结合具体布控监测站点的数据，综合监测海绵城市建设效应。而遥感技术具有远距离、大范围等优势，结合常态化地面监测手段，可开展海绵城市空间格局动态变化监测，丰富海绵城市监测体系。同时，在遥感监测城市下垫面水文生态效应相关因子变化特征的基础上，可以结合城市水文模型、城市热岛评估模型、城市生态评估模型等，开展海绵建设项目的生态水文效应评估。

9.2　武汉市海绵城市建设遥感监测内容

武汉，一座百湖之城，兴于水也经常遭受洪水肆虐。武汉市成为国家首批海绵城市建设试点城市，按照"集中示范、分区试点、全市推进"的思路，以青山和汉阳四新示范区作为海绵城市试点，采用"2+N"推广建设模式，通过加强城市规划建设管理，充分发挥建筑、道路和绿地、水系等生态系统对雨水的吸纳、蓄渗和缓释作用，有效控制雨水径流，实现自然积存、自然渗透、自然净化的城市发展方式。

2020 年，武汉市已初步完成全市建成区 20% 面积海绵化目标，实现了建设具有吸水、蓄水、渗水和释水功能城市的目标，提升了武汉应对内涝灾害的韧性能力，并在一定程度上改善了城市黑臭水体等水生态环境效应问题。

9.2.1　武汉市海绵城市建设概述

武汉市位于 113°41E′～115°05′E、29°58′N～31°22′N，地势以丘陵和平原相间的波状地形为主，北高南低，海拔高度在 19.2～873.7 m，大部分区域在 50 m 之下。据 2020 年全国城市人口和建设用地统计信息显示，武汉市市区面积为 8 569.2 km²，建成区面积为 885.11 km²。武汉市地处长江中游长江汉水汇合处，境内近百个湖泊星罗棋布，形成了水系发达、山水交融的复杂地形。武汉市为北亚热带季风性气候，雨水资源丰沛，年平均降水量接近 1 150～1 450 mm。武汉市特殊的地理位置、地形及降雨特征，决定了其属于典型的内涝灾害型城市。极端降雨和持续降雨事件是引起城市内涝灾害的直接原因。城市内涝本质上是区域降雨径流量远远大于排水量，进而在地面大范围、长时间地出现积水现象。

城市地区的人类活动直接影响城市下垫面及其对应的降雨产流过程，进而对城市洪涝灾害的成灾过程产生影响。粗放式的城镇化倾向于高度集约利用城市土地资源，很少能够从生态城市可持续发展角度，从满足城市生态水文的需求出发，在城市内部乃至城市核心区域"留白增绿"。图9.1显示,自清末到2008年,武汉市建成区面积持续增大,明显呈现出"向湖要地"的人水争地趋势。从1996年、2002年及2008年城市建成区范围可以看到,武汉城镇化建成区面积显著增长,与此同时,可以明显看到武汉市内部的湖泊湖域范围缩减、湖岸线被侵占等现象。

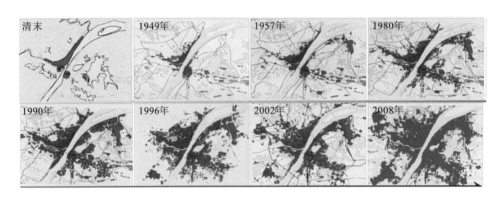

图9.1 武汉市建成区变化趋势图

城镇化扩张带来了原有自然地表向半透水、不透水转变的过程,降低了雨水向地表以下土壤下渗的能力,促使城市地表径流量和径流系数发生变化,进而导致同一地区出现相同强度降雨事件引发洪涝灾害的威胁程度增大。在全球气候变化背景下,城市地区高强度覆盖的不透水面或半不透水面等地物将形成包括洪涝灾害径流量增大、洪峰提前、城市雨岛、城市热岛、城市黑臭水体等城镇化水文效应。

随着城市不断扩张,人口增加,武汉市污水排放量逐年增加,严重污染了水体环境。中心城区合流制区域面积达到80 km²,合流制区域截留倍数普遍较低,导致雨季溢流量大。武汉市近年来开发建设强度较高,降雨时地表径流冲刷地面,携带大量地表沉积的污染物进入水体,加剧了水体污染程度。根据统计,2015年全市黑臭水体达到19个。水质好转的湖泊大都集中在中心城区范围内,而水质变差的湖泊都集中在城市建设用地拓展的边界上。严重的城市内涝与水环境污染状况,制约了城市的可持续发展。

武汉市按照"集中示范、分区试点、全市推进"思路,采用"2+N"的模式开展海绵城市试点工作。武汉市在试点期内打造四新和青山一新一旧共38.5 km²的"2"个集中示点区,如图9.2所示。两个示范区均紧临长江,地面高程低于汛期水位,地势较四周比较低洼,雨洪同期时内涝风险较高。四新示范区位于蔡甸东湖水系,是汉阳"六湖连通"的核心示范区,区域港渠水系发达。青山示范区东部的东湖港、青山港等水系连通长江与东湖,是大东湖水网与长江沟通的重要通道。

武汉市目前已完成青山区和汉阳四新片区两个海绵城市试点片区,包括建筑与小区、城市道路、公园绿地和城市沟渠水系四个大类共计288项工程、38.5 km²的建设,有效消除了6个历史渍水点、3条黑臭水体,新增市民活动场所3.3万 m²。2020年,武汉市建成区20%以上的面积达到目标要求。依据《武汉市海绵城市专项规划》,计划到2025年,武汉建成区50%以上面积达到海绵城市目标要求,为2030年80%达标做准备。

图 9.2 武汉市海绵城市试点建设区分布图

1. 青山示范区海绵城市建设情况

青山示范区是武汉市海绵城市建造的旧城试点区，位于武汉市东北部，面积约23 km²，规划人口约28万人，约85%区域地面高程在20~25 m，枯水季雨水自排出江，汛期时雨水抽排出江。青山示范区以居住用地和绿地广场用地为主，其中，建成区占80%以上，旧城旧厂占50%以上。青山示范区内无调蓄湖泊和排水明渠，区内雨水全部通过管渠汇至港西泵站进行排放，当地表径流超过泵站的抽排能力时就会出现渍水。该区域在2016年7月的内涝中的渍水点如图9.3所示。

序号	道路渍水点
1	旅大街
2	工业三路鄂州街
3	沿港路涵洞
4	红钢三街
5	建设五路涵洞
6	建设四路
7	红钢二街建八路口
8	和平大道建四路口
9	建二路口
序号	小区公建渍水点
10	市49中
11	武钢市二医院
12	友谊社区
13	八大家社区
14	聚友社区
15	江南春城
16	钢城二中

图 9.3 2016年7月武汉市青山示范区内涝渍水点分布图

旧城海绵化改造通常包括社区道路从不透水向透水性的转变，或在排水薄弱环节排水能力的提升等。青山示范区海绵城市改造强调绿色优先、源头减量，通过源头减排、过程控制和末端治理三个层次推进海绵城市建设。青山示范区共有 183 个海绵改造项目，预期改造提升面积约 13.8 km²，辐射区域覆盖整个示范区 23 km²，提高约 28 万人的生活环境品质。

2. 四新示范区海绵城市建设情况

四新示范区是快速开发建设的新城，位于武汉市主城区西南部，长江北岸，是具有"两江相抱，渠湖成网"典型滨水景观特色的生态居住新城，面积为 15.5 km²，规划人口为 20 万人。四新示范区为在开发的城市新区，处于一半建成，一半在建状态，区内开发用地占比 50%以上。四新示范区是典型的河漫滩湖塘区，大部分地面标高低于汛期长江水位。因受蔡甸东湖水系流域蓄排系统不平衡的影响，加上示范区内部局部竖向控制不合理、管网标准不足，在持续极端降雨事件中出现多处渍水（图 9.4）。

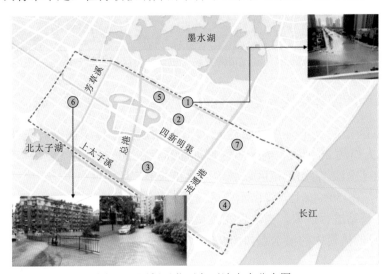

图 9.4 四新示范区主要渍水点分布图

四新独具特色的地理环境，湖泊众多，水网密布，同时也营造了独特的城市水文化。作为武汉新区的重要组成部分和城市副中心，其始终坚持着"生态营城，低碳城市"的建城理念，一是对建成区存在的水问题进行治理，二是对在建和新建区进行管控，按海绵理念进行建设。四新示范区依托本地特色，开展渠网建设、水体整治、湿地营建等综合工程，结合管网、泵站等基础设施建设，通过源头管控与改造，彻底改变了低洼渍水、湖渠淤塞、水污草杂的景象，营造了碧水蓝天的滨湖生态景观。四新片区依托现状水系，打造了"一心三横三纵一张网"海绵化城市排涝干渠体系，构建了源头蓄滞、管渠转输、泵站抽排的完整水安全系统（图 9.5）。

四新海绵城市示范区通过透水铺装、下凹式绿地、雨水花园等海绵措施，减少灰色基础设施的投入，控制雨水径流量、滞留雨水，起到防滞减排、缓解城市热岛效应的作用；通过控源截污、内源治理、生态修复、活水净化等综合措施，明显改善水体水质，确保示范区各渠道出水水质优于进水水质。

图 9.5　四新示范区项目图

9.2.2　武汉市海绵城市遥感监测指标

海绵城市全要素遥感监测为科学、全面地评估海绵城市建设效果提供信息支撑。根据不同建设项目的本底数据存在的差异，主要考核海绵城市建设在生态保护、内涝治理、水环境治理、防洪保障和水环境治理等 5 个维度的改善，武汉市海绵建设的具体考核指标见表 9.2。

表 9.2　武汉市海绵城市建设考核指标

类别	目标	指标
生态保护	水域面积不断缩小	水网密度
		生态岸线率
		自然水面保持率
内涝治理	蓄排平衡、能有效应对 50 年一遇大雨（303 mm/24 h）	汛前湖泊水位控制达标率
		年径流总量控制率
		管网设计重现期
		泵站、渠道设计标准
防洪保障	百年一遇	防洪堤达标率
水环境治理	消除黑臭水体 各水体 COD 指标达到 IV 类	污水控制（混错接改造率）
		污水收集、处理和排放达标率
		内源治理（底泥治理率）
		面源污染控制
		生态排口占比
水资源		雨水资源利用率

遥感技术在武汉市海绵城市建设中的具体监测内容主要包括下垫面监测、湖泊变化监测、地表温度监测、雨量监测、土壤湿度监测 5 个方面，见表 9.3。

表 9.3 武汉市海绵城市建设遥感监测对象

监测对象	监测目标	时间尺度
下垫面	利用不同下垫面在高分辨率遥感影像中光谱物理特征、空间及几何纹理特征等差异，实现城市下垫面不透水面提取，监测海绵城市建设过程中不透水面的变化	月
湖泊变化	监测湖泊面积、湖泊水质、湖泊温度、湖泊蓄水量的长时序变化，评估海绵城市建设对湖泊的保护	月
地表温度	利用热红外遥感技术进行地表温度反演，监测热岛效应，对城市温度和地面热状况进行了解和调查，评估海绵城市对热岛效应的改善	月
雨量	采用高分辨率遥感降水产品对降雨量进行监测	日
土壤湿度	基于热惯量法、植被指数法、微波法及光谱特征空间法反演土壤湿度	月

1. 下垫面遥感监测

海绵城市改造对象多为已建城区的老旧小区，需要高空间分辨率遥感影像提供精细的米级或分米级分辨率的下垫面信息，才能为海绵城市规划、建设和运维提供定量的科学参数。同时，海绵城市透水性改造需要通过高光谱遥感影像进行区分，并且要结合多角度遥感影像解决高层建筑、高大行道树等遮挡问题。

城市化进程影响土地利用类型的变化，增加下垫面中不透水面的比例，造成地表径流增大、水源污染和热岛效应等问题。通过监测海绵城市建设前后不透水面变化情况，可以反映海绵城市建设的效果。因此，高效准确地获取城市下垫面的类型对海绵城市监测具有重要意义。

武汉市下垫面不透水面研究以城市地区时序遥感影像数据为基础，在城市尺度和海绵城市建设示范区等景观尺度上选用不同分辨率的多源遥感影像，通过影像分析、提取技术，进行城市下垫面不透水面分类研究，利用城市下垫面透水性地面与不透水地面的光谱物理特征、空间及几何纹理特征等差异，实现城市下垫面不透水面提取；结合下垫面环境中的透水、不透水、半透水特征的变化情况，参照海绵城市建设总体规划，可以开展海绵城市建设情况变化态势研究。

2. 湖泊变化遥感监测

武汉市虽湖泊众多，但是在城市化发展过程中，向湖泊借地现象严重，1991～2010年武汉市水域面积减少约38%。在海绵城市建设中，水系保护也是重点建设内容之一。遥感技术具有快速、准确、大范围和实时地获取资源环境状况及其变化数据的优越性，是对城市水系诸多要素进行动态监测的重要手段。

城市湖泊面积可以通过对城市内部常态化水体面积监测获得。其中，城市内部水体面积可以通过水体指数法等方法监测获得（程朋根 等，2018），进而得到水域空间分布情况及变化特征。在水体分布范围基础上，进一步识别出江河、湖泊、水库及坑塘等区域内赋存水体，有效实现水资源管理及湖泊水资源的可持续利用。

3. 地表温度遥感监测

城市热岛形成的原因之一是人类活动对城市下垫面地表覆盖物的影响，造成城市内部特性发生变化。城市内有大量的人工构筑物，如混凝土、柏油路面、各种建筑墙面等。这些人工构筑物吸热快而热容量小，在相同的太阳辐射条件下它们比自然下垫面（绿地、水面等）升温快，因此其表面温度明显高于自然下垫面，改变了下垫面的热力属性。

城市地表温度是监测城市热岛效应的重要参数。城市热岛造成城区地表升温快，城区水系统循环中蒸散发效应较郊区具有明显差异，进而促使城市地区降雨量与郊区具有差异的现象。地表温度综合了地表与大气的相互作用及大气和陆地之间的能量交换结果（李召良 等，2016），可以反映城市热岛现象。通过热红外遥感数据利用温度发射率分离法等方法反演海绵城市建设前后的地表温度可以评估海绵城市建设对热岛效应的改善效果。

城市热岛的监测主要有气象站法、运动样带法、定点观测法、遥感监测、模拟预测法。对城市热岛效应的观测与研究，传统的数据获取手段多是点观测或线路观测相结合。由于城市下垫面的类型复杂，各类下垫面的热惯性、热容量、热传导和热辐射不同，各处气温有很大差异，仅用少数气象台站和流动观测点的气温资料，很难对城市热环境作深入研究。遥感手段能够获得城市下垫面的辐射温度（亮温），实现了定性到定量、静态到动态、点状到面状同步监测的转变。

4. 雨量遥感监测

融合星载被动微波、红外、星载降水雷达等多种传感器数据源的多卫星遥感反演降水技术，成为快速获取高质量、高时空分辨率、高覆盖范围降水资料的可靠手段。多卫星遥感反演降水目前已由 TRMM 时代转向 GPM 时代。目前遥感降水产品可以准确描述降水事件中不同强弱阶段的变化，捕捉到降水峰值出现的时间节点。

5. 土壤湿度遥感监测

土壤水分是自然界水分平衡的重要参量，水分在连续体内的运动主要由水势差决定。土壤湿度的监测对水资源管理、水文模拟和预报有重要的意义。遥感可以通过测量土壤表面反射的电磁能量，分析建立其与土壤水分之间的关系进而得到土壤湿度。微波遥感具有全天时、全天候和一定的穿透性的特点，对土壤水分较敏感。充分利用主动微波遥感与被动微波遥感的优点联合反演土壤水分，可以提高空间分辨率，进而提高土壤水分的反演精度（吴黎 等，2014）。

9.2.3 武汉市海绵城市建设监测系统

武汉市在海绵城市建设中搭建了水系统监测平台（图 9.6），涵盖数据采集、传输、处理的监测终端体系和数据统一接收平台，可监测水位、流量、水质、渗透度等众多海绵指标，同时还可接入水务、气象、环保等单位与海绵城市相关的基础数据、监测数据、考核评估指标等。平台由"海绵"一张图、信息查询系统、实时监测系统、统一监测接收平台、建设管理系统、考核评估系统、数据库建设和海绵审批等多模块组成。平台的监测对象分为武汉市、海绵城市建设示范区及具体的海绵城市建设项目三个层次。

图 9.6　武汉市海绵城市水系统监测平台

　　海绵一张图接入武汉市地图作为底图，底图之上包含了海绵城市建设概况、项目统计、考核结果统计、成效对比分析、考核专题图、渍水模型等元素。建设概况包括武汉市海绵城市建设区的建设简介、土地利用现状、规划图、海绵城市建设前后管网建设状况、项目建设的详细情况、项目中的海绵设施建设情况和所有监测站点中的排水管网、水位、雨量的情况。项目统计包括具体海绵城市建设项目的现状、需求和建设原则，还展示了项目建设改造前后的对比。考核统计根据海绵城市建设过程设计的考核指标对示范区的建设情况进行评价。成效对比分析展示了示范区建设情况及各海绵城市项目建设情况，提供可视化平台。其中监测过程所需的数据包括人工核查采集数据、自建监测点数据及与水务局、气象局对接的数据，均纳入实时监测系统。自建监测点实时获取的数据通过远程终端单元（remote terminal unit，RTU）以报文形式传输至统一接收平台。

　　根据武汉市海绵城市建设的具体项目及考核体系，海绵城市监测平台的监测内容应包括降雨、流量、水位、海绵体面积、城市下垫面变化等数据，并结合水力模型对海绵城市建设区域进行考核，为武汉市海绵城市建设管理提供有效的数据支撑。武汉市海绵城市监测平台具体监测对象见表 9.4。

表 9.4　武汉市海绵城市建设监测对象

监测对象	监测目标
降雨量	监测建设区域内降雨情况，提供准确的降雨数据，支持海绵城市设施效能分析及考核评估
海绵体	通过对景观河、人工湖、蓄水池等重要海绵体进行水质水位监测，掌握雨水积蓄状况，确认再生利用方式
排水设施	在项目排出口监测排水量，掌握项目建成区的径流量控制效果；在排水管网的关键节点进行液位、流量监测，将其作为过程监测数据，为运行评估及风险预警提供依据

监测对象	监测目标
地下水位	布设地下水监测点，监测水质变化、地下水水位及积水情况，评估海绵城市水资源保护成效
气温	布设温度监测点实施在线监测，了解气温变化趋势，对热岛效应进行定量化考核
土壤湿度	监测土壤含水量，对地表能量平衡、地表径流和植被覆盖率具有重要影响
下垫面	监测海绵城市建设过程中，城市内透水铺装和不透水铺装的占比

9.3 武汉市多尺度下垫面遥感监测实践

随着武汉市城市化的快速发展，城市不透水面急剧扩张。本节结合武汉市海绵城市建设中对不透水面的监测需求，从城市多尺度下垫面监测和景观尺度下垫面监测两个方面，介绍武汉市海绵城市建设遥感监测实例。

9.3.1 武汉市城市尺度下垫面遥感监测

基于高分辨率遥感影像的武汉市下垫面多尺度分类结果，是支撑武汉市海绵城市规划的重要基底数据。以高分辨率遥感影像为数据源，提取适宜于海绵规划的 3 类、6 类、12 类分类体系的下垫面（图 9.7）可以看出，武汉市不透水面主要集中分布在武汉市中心区域汉口、汉阳和武昌等区，在东西湖区和东湖新技术开发区分布较适中，在黄陂区、新洲区、蔡甸区和江夏区则呈零星分布状态，其空间结构向周边扩散，越靠近中心，密度越大。

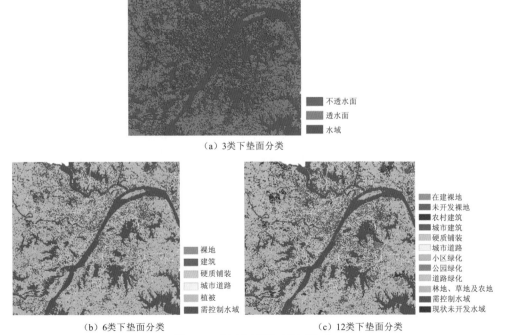

（a）3类下垫面分类

（b）6类下垫面分类　　（c）12类下垫面分类

图 9.7　武汉市城区下垫面信息

遥感技术长时间序列提取的城市下垫面地物分布特征能够在一定程度上反映城市发展进程（蔡博文 等，2019）。Landsat 系列影像具有覆盖范围广、采集成本低、光谱信息丰富的优势，是开展长时间序列城市尺度遥感监测的常用数据。基于 1987～2017 年 Landsat 年际序列遥感影像，利用支持向量机方法提取了武汉市不透水面分布，结果见图 9.8。

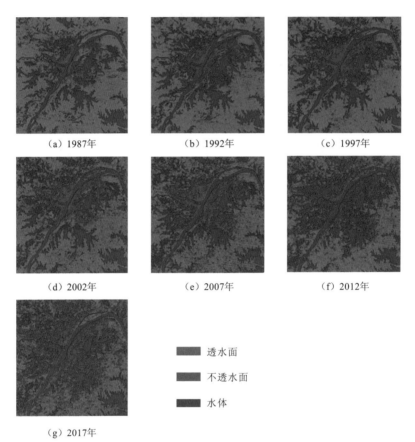

图 9.8　1987～2017 年武汉市下垫面遥感监测图

　　遥感影像反映出的城市下垫面变化情况，直观地展现了武汉市城市化发展的空间分布格局。从 1987～2017 年，武汉市不透水面比例持续扩大。可以观察到，武汉市不透水面呈现圈层发展，从 2015 年开始，武汉市城市中心附近区域的不透水面发展得到了明显控制，主要在原有不透水面外围空间扩展。这个结果反映了武汉市中心城区控制建设用地扩张、改善人居环境，大力发展新城区卫星城，带动小城镇发展。

　　1987～2020 年武汉市下垫面遥感监测统计分布情况如图 9.9 所示。武汉市不透水面总体分布上呈现扩张情况，局部有增有减，不透水面减少的区域主要集中分布在中心城区，从中心城区到远城区不透水面扩张程度增强。随着城市的发展，不透水面面积整体呈现增长趋势，从 1987 年的 237.28 km² 增长到 2020 年的 1 587.06 km²。随着海绵城市生态优先理念的全面推出，城市建设过程中具有针对性的生态修复、生态保护类建设工作加强，武汉市建成区不透水面的增长率呈现出逐渐降低的趋势，不透水面总面积的增长趋势逐渐变缓。

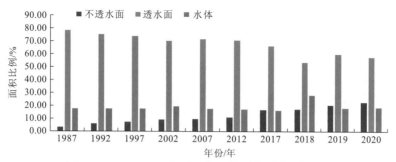

图 9.9 1987～2020 年武汉市下垫面监测结果统计图

9.3.2 武汉市景观尺度下垫面遥感监测

城市景观在一定程度上代表了其区位特色或功能分区，其精细化的下垫面信息提取和监测体现了对城市规划指标的精确分解，是城市人居环境的真实体现。监测景观尺度下垫面是确保城市可持续发展的微观需求。景观尺度的下垫面提取阶段应结合海绵城市建设示范区内高分辨率影像实际情况，综合分析下垫面光谱、空间、几何、语义等特征，寻求不同的分割尺度来提取同质区对象。

为进一步探究武汉市海绵城市建设中示范区内不透水面的分布及变化情况，本小节采用国产高分系列影像数据，进行辐射校正、大气校正、拼接裁剪等数据预处理工作。随后，基于多特征逐层融合的多分类器进行景观尺度下垫面信息提取。主要技术流程如下。

（1）对大尺度对象的下垫面信息进行初始提取，分为建筑、道路、植被、水域、裸地、阴影 6 个大类。

（2）通过阴影检测后在小尺度上结合边缘、语义、光谱异质性等特征对阴影同质区对象进行城市下垫面提取。

（3）对于非阴影区域，在小尺度对象集上结合对象的光谱、空间、语义、形状、几何等特征对同质区对象进行描述，在初始分类的基础上，结合多分类器集成，对武汉市海绵城市建设青山示范区和四新示范区的城市下垫面进行精细提取。

1. 青山旧城区海绵城市建设遥感监测

基于 2014～2018 年高分辨率遥感影像对青山示范区下垫面进行时间序列遥感监测，结果如图 9.10～图 9.13 所示。

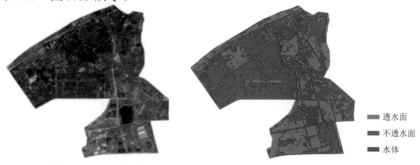

图 9.10 2014 年青山示范区资源 3 号遥感影像及不透水面分布图

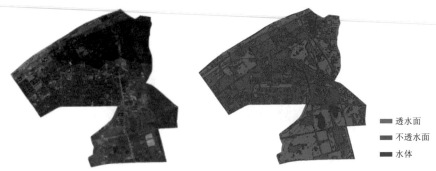

图9.11 2016年青山示范区高分2号遥感影像及不透水面分布图

图9.12 2018年青山示范区高分1号遥感影像及不透水面分布图

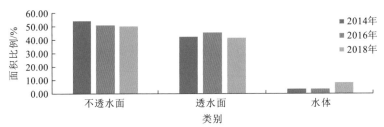

图9.13 2014～2018年青山示范区下垫面遥感监测统计

采用基于VIS-W城市下垫面分类模型对青山区2014～2018年的基准库容量进行监测。青山示范区内的水体主要为居民区域附近用来临时储存雨水的较小面积的调蓄实体。从遥感影像中可以看到，坑塘数据呈现出分布范围广、分散性强、图斑相对较为独立的特点，且其分布在居民地、建筑区域附近，相较于湖泊，不宜安排汛前抽排。坑塘库容量只包括正常调蓄库容量，鉴于坑塘岸不如湖泊高，故采用面积系数为1.0，调蓄深度为0.8 m进行库容量计算。

$$P\_V_{capacity} = \sum_{i=1}^{n} A_i \rho h \qquad (9.1)$$

式中：$P\_V_{capacity}$为坑塘库容量，10^6 m^3；n为坑塘数量；A_i为第i个坑塘的面积，10^6 m^2；ρ为面积计算因子；h为可用于调蓄的水位，m。

青山示范区被规划为海绵城市示范区后，2016年和2018年不透水面逐渐下降，证实了旧城区下垫面海绵化改造是有效的。经估算，青山区内基准库容量从2014年的0.644×10^6 m^{3}上升到2018年的1.472×10^6 m^3，基准库容量不断提升，对于雨洪的调蓄能力显著增强。

2.四新新城区海绵城市建设遥感监测

为监测四新示范区在新城建设时海绵城市规划的效果,利用 2014～2018 年高分辨率遥感影像进行时间序列的不透水面提取及监测, 见图 9.14～图 9.17。在新城区建设过程中, 由于城市建筑和道路的增加与完善, 不透水面占比不可避免地会增加, 但是由于海绵城市建设, 其增加幅度与常规开发的新城区相比较小。

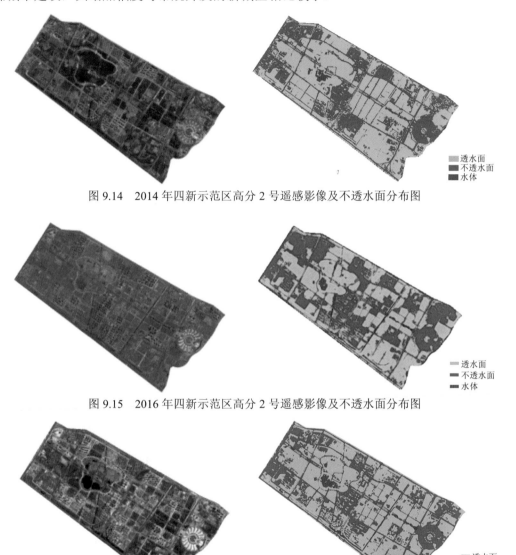

图 9.14　2014 年四新示范区高分 2 号遥感影像及不透水面分布图

图 9.15　2016 年四新示范区高分 2 号遥感影像及不透水面分布图

图 9.16　2018 年四新示范区高分 1 号遥感影像及不透水面分布图

根据下垫面监测结果,可以计算出 2014 年、2016 年和 2018 年四新示范区的基准库容量分别为 0.285×10^6 m³、0.409×10^6 m³ 和 0.446×10^6 m³。在海绵城市建设的规划下,四新示范区的基准库容量是逐年增加的。

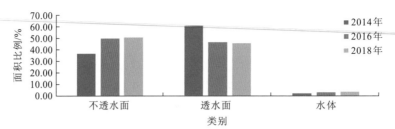

图 9.17　2014～2018 年四新示范区下垫面遥感监测统计

9.4　武汉市海绵城市水系统遥感监测实践

海绵城市建设的本质是通过控制雨水径流，恢复城市原始的水文生态特征，使地表径流尽可能达到开发前的自然状态，即恢复"海绵体"，从而实现修复水生态、改善水环境、涵养水资源、提高水安全、复兴水文化的"五位一体"的目标。而稳定持续的监测系统是建设、检验、管控城市的有效手段。

通过遥感监测，可以获取、积累大量连续的水质水量等相关的监测数据，全面评价海绵城市建设在城市水生态系统保护、水环境质量改善及排水防涝能力提升方面所带来的改善效果，并支持多项、多区域、多层次评价指标的定量化计算，及时发现运行风险及相关问题，进而做出相应的有效更正。水系统由水资源、水安全、水环境、水生态、水文化、水经济 6 个要素组成，城市水系统又包含自然水系统和人工水系统。本节将以武汉市为例，对城市水系统的遥感监测问题进行探讨，介绍通过遥感影像监测武汉市湖泊面积变化的实例，并模拟降雨径流过程。

9.4.1　武汉市自然水系特点

武汉市地处的江汉平原是典型的泛滥平原，现有湖泊基本系长江和汉江演化过程中伴生的浅水湖泊，多为河漫滩与岗地之间的低洼地或河口拥塞积水形成的，湖泊多呈树枝状，港湾多，湖岸线弯曲复杂，汛期长江洪水是这些湖泊的重要补水来源之一。

武汉市梅雨期长，暴雨量大，近 60 年来年降雨量在 700～2 100 mm 波动，多年平均降水量约为 1 260 mm，初夏梅雨季节雨量集中。武汉市水文条件为三高一低，分别为蒸发量高、地下水位高、下垫面硬化比例高、下渗性能低。

（1）蒸发量高。武汉市多年平均水面蒸发量 927.1 mm。根据水量平衡原理，利用区域多年平均降水和多年平均径流量之差推算，武汉市多年平均裸地、水体蒸发和植物蒸腾量合计的陆面蒸发值为 726.6 mm，占多年平均降雨量的 57.67%。

（2）地下水位高。武汉市的表层地下水主要为人工填土中的上层滞水，补给来源为大气降水和生活用水等排放，其水位分布不连续，主要排泄方式为蒸发，因埋藏浅，平均埋深为 1 m 左右，水位季节性变化明显。

（3）下垫面硬化比例高。武汉市主城区内绿化比例相对较低，硬化比例大，其中，汉口地区绿化下垫面仅为 11.8%，汉阳地区为 24.5%，武昌地区为 14.9%。

（4）下渗性能低。武汉市 80%以上地表覆盖以第四系沉积层为主，城市建设区表层多覆盖有 0～5 m 的人工填土，下部以黏土为主，靠近江湖地区的一级台地淤泥质土较多，二级、三级台地逐步为黏土、粉质黏土。全市土壤整体渗透性较差，且武汉市紧邻长江，湖泊水系发达，长江沿岸和湖泊周围的平坦、低洼地区多为灰褐色的冲积砂、亚黏土、亚黏土冲积物或淤泥质褐色亚黏土的湖积物，地下水位较高，一般地面以下 1 m 内可见地下水，进一步影响了雨水下渗。

武汉市新旧水问题复杂交错，传统的洪涝灾害、供水安全等问题尚未完全解决，水环境污染、水生态退化等新问题日益突显；随着经济社会进一步发展，加快武汉市水生态文明建设的需求更加强烈，面临的挑战也更加严峻。

（1）河湖空间受损，水生态空间管控亟待加强。武汉市湖泊萎缩，水生态空间挤占严重，随着经济社会发展，部分湖泊萎缩或消失，导致湖泊生态服务功能下降；修堤建闸、围湖造田与城市建设造成江湖分离，水系湖泊连通受阻，大大削弱了湖泊水体的自净能力、纳污能力、生态修复能力与雨洪调蓄能力；建设项目侵占河流港渠生态空间的现象依然存在，港渠淤积、空间侵占已成为涝水外排的主要制约因素。

（2）河湖水污染形势严峻，水环境治理与保护任务艰巨。武汉市监控的 80 个湖泊中仅 33.8%达标，水质为 V 类或劣 V 类的湖泊达 33 个，18 个河道水功能区仅 66.7%达标，朱家河、通顺河、巡司河、马影河、滠水等河流的部分河段水质为劣 V 类；武汉市废污水排放量增长迅速，主要污染物 COD 及 NH_3-N 排放量达到 14.83 万 t 和 1.79 万 t，受污水处理厂处理规模、处理工艺、雨污合流、管网覆盖范围等诸多因素影响，控污减排压力较大。

（3）城市防洪排涝压力巨大，洪涝水蓄滞空间与出路亟待优化。长江、汉江等骨干河流仍需补充治理；新城区防洪保护区尚不完备，府澴河、举水等主要支流和中小河流急须加快治理，民堤民垸防洪排涝标准有待提高或清退，北部山区山洪灾害危险仍大。现有城市排水设施规模不足，老化失修严重；部分排水港渠淤积严重，排水出路、涝水蓄滞空间受到挤占，排水路径较长，湖泊调蓄功能得不到充分发挥，城市排涝压力巨大。极端天气及下垫面变化进一步加剧城市洪涝风险。

（4）供水系统抗风险能力弱，供水安全保障水平亟待提质升级。现状供水水源单一，长江、汉江过境水为最主要的水源，取水口与排水（污）口交错分布，供水安全隐患大；现有备用水源储备不足，应急供水配套设施不完善，应对突发水事件的能力弱；现状自来水厂及输配水管网规模不足，部分设施老化失修；农业用水效率产出比偏低，农村生活供水厂水质合格率仅为 90%，供水管网漏损率高达 30%。

9.4.2 武汉市湖泊面积遥感监测实例

制定科学保护湖泊的措施与政策，以及评估海绵城市建设效果，需充分了解城市湖泊动态变化情况。本小节选择 1973～2020 年时间跨度涵盖近 50 年的 Landsat 系列影像数据对武汉市湖泊空间分布进行提取，以实现对武汉市湖泊长时间跨度的监测。

武汉市湖泊面积的监测采用多尺度对象分割与改进的归一化差异水体指数结合的方法，即采取面向对象分类的思想，对预处理后的影像进行多尺度分割得到影像对象，再结合改进的归一化差异水体指数作为分类特征，对分割后的图斑进行分类和提取，结果见图9.18。

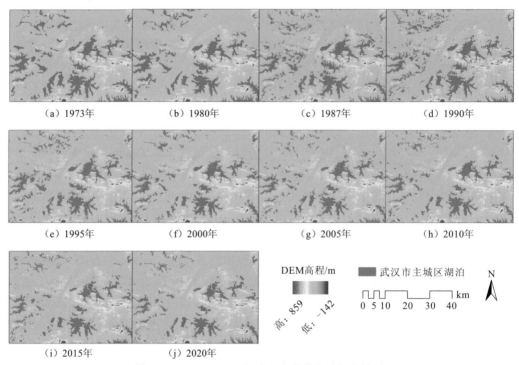

图9.18　1973～2020年武汉市整体湖泊提取结果

为进一步评估海绵城市建设的效果，通过ArcGIS平台的矢量分析功能，对提取的长时间序列武汉市整体湖泊结果进行面积统计，得到1973～2020年各年份的湖泊面积统计结果，绘制柱形图（图9.19）。为了分析武汉市过去近50年湖泊面积的变化趋势，基于最小二乘法构造了武汉市整体湖泊面积与年份的线性变化趋势线，结果如图9.20所示。根据统计发现，1973～2020年武汉市各年份的湖泊总面积大小在743.535～1 070.780 km² 变化。湖泊面积最大的年份是1973年，湖泊面积为1 070.780 km²，湖泊面积最小的年份则是2005年，湖泊面积减少到743.535 km²。最近的2020年，武汉市湖泊总面积为758.575 km²，这表示1973～2020年近50年来武汉市辖区湖泊总面积一共减少了312.205 km²，湖泊水域萎缩面积已经超过了300 km²。

1973～2020年武汉市湖泊总面积整体上呈明显萎缩的趋势（图9.20）。趋势线的R^2为0.918 6，说明武汉市湖泊面积随年份的下降趋势显著。具体到各个时期来看，1973～1995年，武汉市湖泊总面积呈减少趋势；1995～2000年，湖泊面积几乎保持平稳，没有大幅度变化；2000～2005年，武汉市湖泊总面积发生锐减，再次呈现下降趋势，不过在2005～2010年有所回升；2010～2020年，武汉市湖泊总面积又重新恢复为减少的趋势。相比1973～1995年，2010～2020年武汉市湖泊面积的下降幅度减小，湖泊面积大小随年份的变化趋势逐渐趋于平稳，并且在2015～2020年最近的5年期间，武汉市湖泊面积的变化情况趋于稳定。

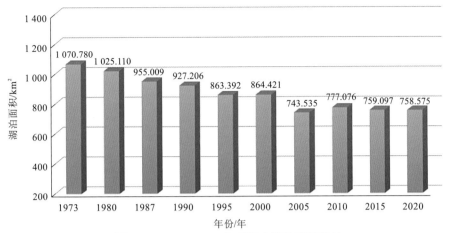

图 9.19　1973～2020 年武汉市湖泊面积统计

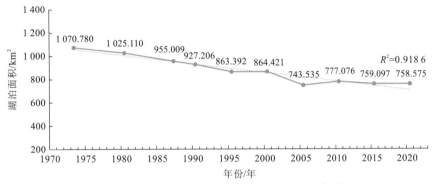

图 9.20　1973～2020 年武汉市湖泊面积变化趋势

为了对 1973～2020 年武汉市湖泊总面积的变化情况进行更加详细的定量描述,对各个时期武汉市湖泊总面积的总变化值大小、平均年变化值、相对变化率和动态度进行了计算和统计。以五年为间隔对 1990～2020 年武汉市整体湖泊水域面积的变化情况进行分析,而 1973～1990 年由于遥感影像数据源的质量问题无法实现每五年为间隔的分析,故只选择了对其中 1973～1980 年、1980～1987 年、1987～1990 年这三个时期进行分析。计算结果如表 9.5 所示,其中平均年变化值指某一时期内湖泊平均每年的变化面积;相对变化率则是这个时期湖泊面积变化值与初年的湖泊面积相比的比例;动态度是平均年变化值和相对变化率这两个指标的综合计算,可以解释为某一时期湖泊平均年变化面积相比于该时期初年湖泊面积的变化比例。根据动态度指标,可以更加直观地了解各个时期内武汉市湖泊水域面积的变化强度;动态度为正时,代表这一时期湖泊面积呈现增加趋势,为负则表示湖泊面积呈现减少趋势,并且,动态度的绝对值越大表征这一时期的湖泊面积变化越为剧烈。

表 9.5　不同时间段武汉市湖泊总面积的变化情况

年份	总变化值/km²	平均年变化值/（km²/a）	相对变化率/%	动态度/%
1973～1980 年	−45.670	−6.524	−4.265	−0.609
1980～1987 年	−70.101	−10.014	−6.838	−0.977
1987～1990 年	−27.803	−9.268	−2.911	−0.970

年份	总变化值/km²	平均年变化值/（km²/a）	相对变化率/%	动态度/%
1990~1995 年	-63.814	-12.763	-6.882	-1.376
1995~2000 年	1.029	0.206	0.119	0.024
2000~2005 年	-120.886	-24.177	-13.985	-2.797
2005~2010 年	33.541	6.708	4.511	0.902
2010~2015 年	-17.979	-3.596	-2.314	-0.463
2015~2020 年	-0.522	-0.104	-0.069	-0.014

2000~2005 年期间武汉市湖泊面积变化最剧烈，湖泊萎缩面积最大，动态度达到了-2.797%。相比于 2000 年的武汉市湖泊面积，2005 年湖泊面积减少了 15.39%。其次，湖泊面积变化第二剧烈的时期是 1990~1995 年，动态度为-1.376%。这五年间湖泊减小面积达到了 63.814 km²，平均每年湖泊面积萎缩 12.763 km²。相较于 1990 年的湖泊面积，1995 年湖泊面积减少了 6.882%。此外，1995~2000 年和 2005~2010 年这两个时间段的武汉市湖泊面积有着不同大小程度的增加，其中 2005~2010 年期间湖泊面积增长的幅度较大。在 2005~2010 年期间湖泊面积总共增加了 33.541 km²，2010 年武汉市湖泊面积相对于 2005 年的湖泊面积增加了 4.511%，动态度为 0.902%。1995~2000 年的湖泊动态度也为正值，湖泊面积有所增加但是增长幅度很小，湖泊面积变化非常轻微。

综合上述内容，武汉市湖泊水域面积在 1973~2020 年期间总体呈现出持续减少的现象。1973~1995 年武汉市整体湖泊水域面积持续萎缩。其中：1995~2000 年为湖泊面积变化的短暂稳定期；2000~2005 年，武汉市湖泊水域面积剧烈减少；2005~2010 年，湖泊面积减少的趋势得到了一定程度遏制，湖泊面积变化不大且表现出较小范围增加的现象；2010~2020 年，湖泊面积继续呈现出持续减少趋势，但较 1973~1996 年和 2000~2005 年两个变化期的变化幅度小。这在一定程度上说明，在武汉市开展海绵建设期间，湖泊面积变化幅度减小，并且湖泊面积逐渐趋于稳定状态。

9.4.3 武汉市模拟径流监测

武汉市海绵城市的建设可以减少城区内的不透水面占比，有效地解决城市内涝问题。建成区扩张直观表现为不透水面的增加（Kuang et al.，2013），不透水面的增加会影响地表径流的持续时间、强度和速度，减少地下水补给和基流量，并增加洪峰流量（Brun et al.，2000）。为验证不同下垫面对相同降雨条件下的地表径流影响，本小节基于 2013 年 7 月 7 日武汉市每小时和 9 点至 12 点每 5 分钟的真实降雨数据，以提取的武汉市 1987~2017 年城市尺度不透水面为下垫面参数，模拟了降雨径流过程（Shao et al.，2019）（图 9.21）。

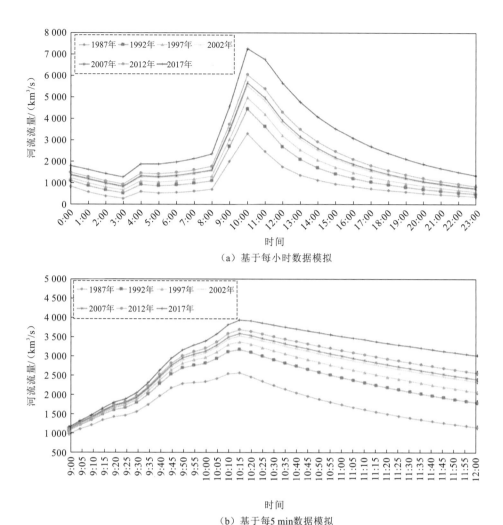

（a）基于每小时数据模拟

（b）基于每5 min数据模拟

图9.21 不同不透水面比率对应下的降雨-径流量水文过程图

　　1987～2017 年，不透水面比率逐年上升，在同样强度降雨过程中的径流量也呈现增加趋势；尤其是随着雨程的变化，9 点至 10 点，各年份的降雨径流均达到峰值[图9.21（a）]。可以看到 1987 年（不透水面比率约 3.4%）的峰值径流量约为 2 500 km³/s，而 2017 年（不透水面比率约 17%）的峰值径流量约为 7 500 km³/s。该结果直观展示了随着城市不透水面比率的增大，在同样降雨强度、同样雨型的情形下，城市排水系统的排水压力显著增大。9 点至 12 点的雨程模拟径流量[图 9.21（b）]显示，各年份在短雨程中的峰现时间为 10∶15。其中，1987 年（不透水面比率约 3.4%）径流量约为 2 250 km³/s，而 1992 年（不透水面比例约 7%）径流量约为 2 750 km³/s，2017 年（不透水面比例约 17%）径流量约为 3 750 km³/s。可以看出，在不透水面比率超过 7%后，降雨径流量变化率明显比不透水面变化更快。这说明城市化达到一定程度后，就会显著影响降雨径流量，充分显示出在海绵城市建设过程中需要适当地控制城市不透水面的比率。

9.5 海绵城市遥感监测面临的挑战

9.5.1 空地协同解决点面遥感监测问题

遥感是面状观测，是周期性的；地面传感器是点状观测，是实时性的。海绵城市监测需要协同遥感数据和地面传感器数据，研究空地协同遥感监测应急服务标准与规范，突破空地一体化协同观测和数据聚合精准信息提取技术。

海绵城市建设过程中需重点解决如何有效利用云平台、大数据与数字地球等现代信息技术，聚合分析空地多源多维异构数据，实现精准监测，以精准监测数据推送为驱动，打破"海量信息漫灌，应用端甄别"的现状，建立"体系机制-数据获取-信息提取-多维聚合-服务定制推送"一体化的链路。

9.5.2 地面传感网建设成本问题

海绵城市建设的推进，离不开国家及地方财政的大力支持。对城市雨水系统进行改造，应当满足城市改造工程的相关造价管理规定。因此，探究海绵城市建设中的成本控制相关问题显得十分重要，在海绵城市建设施工过程中，能够按照实际情况做出实时有效的调整，一定程度保障了海绵城市改造工程的顺利开展。

工程造价控制属于要求较高的工作，尤其是在专业、技术与国家政策层面上，控制效果对海绵城市改造工程投资效果与社会效益具有显著影响。做好工程造价控制工作，能够有效节约投资成本，还能够有效实现海绵城市改造工程经济效益最大化，具有良好社会效益与经济效益（康乾昌 等，2020）。一方面，对海绵城市改造工程前期应做好充足的调研工作，必须落实与城市生态特点相结合，规避风险，实现工程利益最大化；另一方面，通过对海绵建设用材状态的遥感监测，可以客观地辨析哪些材质的透水铺装能够更加长期稳定的发挥海绵作用，进而为后续的海绵规划设计及运行维护提供信息支撑。

海绵城市监测传感网中的一个传感器一般只能监测一个参数或一类参数。而海绵城市建设中监测指标复杂，需要多类型多维度的传感器。一般而言，地面传感器的成本较高。

9.5.3 建成区透水铺装改造后的透水性能监测问题

海绵城市建设的要求是保证城市道路路面具备渗透性、排水性、蓄水性、净化性的优良性能。渗透性主要指城市道路能够保证雨水直接通过路面渗透到地下；排水性主要指透水混凝土对路面排水产生作用，降低排水管网的压力，可以有效降低排水管网的压力；蓄水性主要指透水混凝土直接将雨水渗透到地下水内部，实现水资源的循环利用；净化性主要指透水混凝土能够有效地防止雨水中的垃圾进入地下水中，对雨水起着一定的过滤作用。透水混凝土路面与传统混凝土路面相比，其对原材料、施工工艺等要求都更为严格。透水混凝土需要具备降低噪音、实现水资源循环利用、解决路面积水问题等功能，以满足现代化城市道路建设的需求。

透水铺装材质的选材较多，不同材质在渗透能力、持水能力、抗压能力方面不尽相同。比如，普通透水材料、防堵透水材料、透水瓷砖等具有不同的纹理、颜色和化学组成（图 9.22）。在实际规划中，可以根据海绵改造场景，如停车场、人行道、公园步行绿道、游乐区域等，确定透水铺装材质的大致功能特性。比如，透水混凝土路面可以承载交通荷载的需求，但还需要结合当地水文地质特点，开展相关试验验证，才能够设计出符合本地对于透水混凝土的厚度、透水率、孔隙体积、强度等因素要求的材质（李威威，2019）。

图 9.22　武汉市海绵城市试点青山示范区主要透水材质图

当前，海绵城市建设中透水混凝土路面施工内容不断增多，路面施工质量隐患也随之而来。例如，一些城市的改造人行道已经开始出现不均匀沉降的问题。因此，进一步提高施工工艺，优化底基层施工材料，消除因底基层浸水造成的不均匀沉降等问题成为海绵城市建设中的新挑战。从海绵城市建设工程科学规划设计及理性施工的角度，开展透水铺装材质透水性特征及衰减规律的定量评估，有助于科学评估透水材质性能与成本造价，进而为海绵城市透水铺装选材设计提供辅助信息支持。

就透水性监测来说，遥感技术、三维地质雷达具有探测浅层地表含水量的能力，能够分辨出不同透水材质的透水特征。此外，在长时间序列的室内外监测试验基础上，还能够持续监测不同透水材质物性特征随着时间衰减的规律。从这个角度来说，遥感技术、三维地质雷达技术可以为海绵城市建筑材质的选型提供定量评估的科学依据。图 9.23 为武汉市青山示范区主要透水材质的光谱曲线。

9.5.4　海绵城市遥感监测的尺度问题

海绵城市遥感监测在不同场景所需的监测尺度不同。新建城市区域可以根据海绵城市建设需求来规划和建设，监测比较方便。而老城区的改造比较破碎，需要高空间分辨率遥感影像提供精细的米级或分米级分辨率下垫面信息，才能为海绵城市规划、建设和

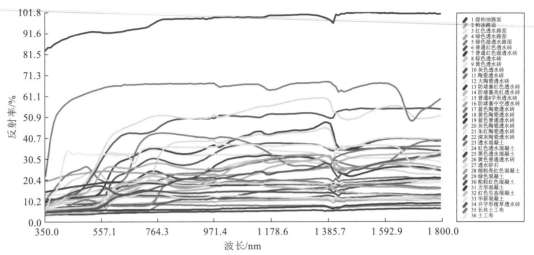

图 9.23 武汉市海绵城市试点青山示范区透水材质光谱曲线

运维提供定量的科学参数。但是大部分卫星遥感影像通常难以感知到这么微小的变化，还需要无人机和地面车载监测技术手段（图 9.24）。

图 9.24 采用车载探地雷达监测海绵城市示范区透水层

对于海绵城市具体海绵体的透水性铺装、雨水花园、绿色屋顶等工程来说，在已建项目的海绵化改造、新建项目的海绵要求落实工作中，调查城市、街区、场地等不同尺度的天然海绵体，分析场地典型的海绵体改造或设计对象，比对不同海绵规划方案对应的生态水文效应，是支撑海绵规划和建设的重要基础技术。海绵城市选区、规划设计及评选方案，是一个长时间筹备的巨大的系统工程。在项目初期，较难全面铺开人工野外调查相关工作，也存在野外样点式的调查，无法掌握场地尺度之外，街区或汇水区尺度生态本底及规划潜力的问题。因此，受多尺度场景调查需求的驱动，遥感技术可以用在大尺度、中尺度及小尺度的下垫面调查中。其中，城市级、汇水区级可用的遥感资源较多；若考虑街区尺度的精细化调查需求，则需要采用空地联合的方式，开展米级甚至分米级的城市下垫面遥感监测。

　　因此，研究海绵城市规划、建设、运行维护不同阶段的遥感监测所需要的尺度，进而更好地评估海绵城市建设效果。对于处在建设、运维阶段的海绵体，也有必要周期性地开展基于分米级高精度遥感数据的海绵体遥感核查研究，进而可以常态化地利用遥感定量评估模型，客观估算海绵城市产生的动态水文效应和城市生态效应。

参 考 文 献

蔡博文, 王树根, 王磊, 等, 2019. 基于深度学习模型的城市高分辨率遥感影像不透水面提取. 地球信息科学学报, 21(9): 1420-1429.

程朋根, 喻晓娟, 钟燕飞, 等, 2018. 基于 Landsat 影像的武汉市沙湖 1987—2016 年面积变化监测与分析. 江西科学, 36(3): 400-407.

康乾昌, 王景芸, 贾智谋, 等, 2020. 海绵城市改造工程前期造价控制的关键因素分析. 价值工程, 39(3): 144-146.

李威威, 2019. 海绵城市视角下透水混凝土路面耐久性研究. 江西建材(7): 29, 31.

李召良, 段四波, 唐伯惠, 等, 2016. 热红外地表温度遥感反演方法研究进展. 遥感学报, 20(5): 899-920.

吴黎, 张有智, 解文欢, 等, 2014. 土壤水分的遥感监测方法概述. 国土资源遥感, 26(2): 19-26.

BRUN S E, BAND L E, 2000. Simulating runoff behavior in an urbanizing watershed. Computers, Environment and Urban Systems, 24(1): 5-22.

KUANG W, LIU J, ZHANG Z, et al., 2013. Spatiotemporal dynamics of impervious surface areas across China during the early 21st century. Chinese Science Bulletin, 58: 1691-1701.

SHAO Z, FU H, LI D, et al., 2019. Remote sensing monitoring of multi-scale watersheds impermeability for urban hydrological evaluation. Remote Sensing of Environment, 232: 111338.